非常规储层压裂地质特征及增产技术

以鄂尔多斯盆地延长组储层为例

窦亮彬　高　辉　王治国　著

中国石化出版社

图书在版编目（CIP）数据

非常规储层压裂地质特征及增产技术：以鄂尔多斯盆地延长组储层为例/窦亮彬，高辉，王治国著.—北京：中国石化出版社，2022.5

ISBN 978 - 7 - 5114 - 6660 - 0

Ⅰ.①非… Ⅱ.①窦… ②高… ③王… Ⅲ.①鄂尔多斯盆地 – 储集层 – 油层水力压裂 – 研究 Ⅳ.①TE357.1

中国版本图书馆 CIP 数据核字（2022）第 062049 号

中国石化出版社出版发行

地址：北京市东城区安定门外大街 58 号
邮编：100011 电话：(010)57512500
发行部电话：(010)57512575
http://www.sinopec-press.com
E-mail：press@sinopec.com
北京艾普海德印刷有限公司印刷
全国各地新华书店经销

*

787×1092 毫米 16 开本 17.5 印张 360 千字
2022 年 5 月第 1 版 2022 年 5 月第 1 次印刷
定价：108.00 元

前　言

随着人们对油气能源需求的持续增长，常规油气资源探明储量增加缓慢，以及超大型常规油气田新发现数量减少，我国面临的油气增储上产难度越来越大，供需矛盾日益突出，未来油气供应将越来越依赖非常规油气资源的勘探开发。虽然非常规油气资源潜力巨大，但其具有开采技术要求高、经济成本高、环境影响大、政策依赖性强等特点。近年来，随着地质认识水平的提高、勘探开发技术的突破、规模化增产的实现等，使得页岩气等非常规油气开发迅速发展，特别是在北美地区的成功开发，促使包括我国在内的国家和地区开始了非常规石油天然气的勘探和开发。

以页岩和致密砂岩为主的非常规储层发育了丰富的纳米－微米级孔隙，可以大量成烃、储烃，形成自生自储型油气聚集，但非常规储层具有低孔（孔隙度小于10%）、低渗（渗透率小于$1 \times 10^{-3} \mu m^2$）特征，无自然工业稳定产量，只有在揭示非常规储层微观孔隙结构、渗流、流体特征的基础上，结合地质力学参数评价，方能进行有效压裂改造，实现并维持高产与稳产。国内外针对非常规储层孔隙结构表征、流体特性、压裂增产技术等各方面研究已经取得了大量成果，但绝大部分研究主要集中于非常规储层某一方面、某一点，缺乏研究的整体性、系统性。

鄂尔多斯盆地非常规油气资源丰富，油气主要分布于伊陕斜坡，呈"满盆气、半盆油""上油下气"的分布格局；石油主要分布在中生界三叠系延长组和侏罗系延安组，天然气主要分布在古生界奥陶系马家沟组和二叠系太原组、山西组、石盒子组；储集层具有低渗透、低压力、低丰度的"三低"特征。本书即以鄂尔多斯盆地延长组非常规储层（长7页岩油储层、长8及部分长6致密砂岩储层）为主要研究对象，其由长7段远源供烃的侏罗系古地貌油藏、近源聚集的延长组三角洲岩性油藏和长7段自身的页岩油油藏构成，成藏主控因素复杂，稳产、上产难度大，但其地质特征与压裂增产技术具有典型代表性，通过优选核心区、实验分析、测井评价、水平井钻探、多级水力压裂和体积压裂等先进技术的应用，形成了非常规储层地质－压裂增产一体化油气开发的思路及方法，这种创新性的油气开发模式是有效应对当前非常规油气资源劣质化的必由之路，也是一条既能有效提高油气勘探开发效果，又能有效降低工程作业成本的新路径。

笔者自 2009 年起跟随中国石油大学（北京）沈忠厚院士、李根生院士在非常规储层钻完井、压裂技术研究及应用方面开展了大量基础性、理论性、前沿性研究工作。在参加工作之后，又主要与李天太、高辉教授从事油气田地质与开发、非常规微观地质与压裂增产相结合方面的研究工作，对我国多个地区非常规储层微观孔隙结构特征、地质力学特征和非常规增产机理等方面开展了大量研究，取得了丰富的成果。同时，笔者先后承担了国家自然科学基金项目、国家科技重大专项、国家科技支撑计划、陕西省重点研发项目及多项油田科技攻关项目。因此，笔者在系统总结多年来的研究成果、借鉴已有学者部分研究结果，以及研究分析现场应用技术的基础上，撰写形成《非常规储层压裂地质特征及增产技术》一书。本书详细分析了非常规储层从微观地质到宏观力学再到压裂改造增产的全过程，具体内容包括：介绍了鄂尔多斯盆地延长组储层特征及增产技术，系统分析了非常规储层微观孔隙结构及渗流特征，评价了非常规储层流体特征，分析了非常规储层地质力学及地应力特征，纵向对比了延长组各储层特点，并揭示了延长组储层与北美典型区块储层特征的差异性，最后总结了非常规储层增产技术的发展方向。希望本书的出版能够为石油科技工作者提供理论和技术指导，对油气田非常规储层科学、高效开发有所裨益。

感谢西安石油大学李天太、周德胜教授在本书编写过程中给予的悉心指导和无私帮助，感谢长庆油田、延长油田相关科技工作者在资料收集、岩心获取与测试方面给予的支持，感谢张明、赵凯、王琛副教授在本书审阅过程中提出的宝贵意见和建议，感谢左雄娣、杨浩杰、孙恒滨、白净等在数据整理及部分图件绘制中提供的帮助，也感谢西安石油大学优秀学术著作出版基金、国家自然科学基金（52074221、52174030）、陕西省青年科技新星计划、陕西省教育厅重点项目（21JY036）、陕西省重点研发计划（2022GY－137）、陕西高校青年创新团队"非常规油气储层微观岩石物理与流体渗流表征创新团队"给予的资助。

由于笔者水平和经验有限，且非常规储层压裂地质特征及增产技术所涉及的学科领域广且跨度大、应用技术工艺复杂多样，书中难免有不足之处，敬请读者批评指正。

目　　录

第1章　延长组储层特征及地质增产技术

1.1　鄂尔多斯盆地延长组储层特征

1.1.1　鄂尔多斯盆地地质概况

鄂尔多斯盆地位于华北地台西部，面积约为 $37 \times 10^4 km^2$，是一个大型多旋回克拉通盆地，在太古宙－古元古代形成的结晶基底之上，经历了中－新元古代拗拉谷、早古生代浅海台地、晚古生代近海平原、中生代内陆湖盆和新生代周边断陷五大沉积演化阶段。固结于古元古代末的结晶基底依次被中元古界长城系碎屑岩和蓟县系碳酸盐岩覆盖；中元古代末的蓟县运动使华北克拉通普遍上升，缺失青白口系，震旦系仅分布于华北克拉通西南缘。早古生代鄂尔多斯地块处于陆表海环境，沉积了以碳酸盐岩为主的寒武系和中、下奥陶统，内部发育一个"L"形的庆阳隆起。中奥陶世末加里东运动造成盆地全面抬升，为东倾大斜坡，经历了长达 140Ma 的沉积间断与风化剥蚀，缺失志留系、泥盆系和下石炭统，形成奥陶系风化壳岩溶古地貌气藏。晚石炭世华北海和祁连海从东西两侧发生海侵，盆地持续沉降，沉积了海相和海陆交互相的上石炭统和下二叠统太原组、山西组煤系地层；中－晚二叠世海水完全退出，发育内陆湖盆－三角洲沉积体系，广覆式生烃的煤系烃源岩与大面积分布的致密砂岩储层相互叠置形成上古生界致密砂岩气藏。晚印支运动结束了南海北陆的古地貌格局，中生代演化为内陆坳陷盆地。

现今，整个鄂尔多斯地区根据基底性质、盖层组合特征、构造变形特征等可以划分为 6 个构造单元：伊盟隆起、西缘逆冲带、天环坳陷、渭北隆起、晋西挠褶带和伊陕斜坡（图 1－1）。

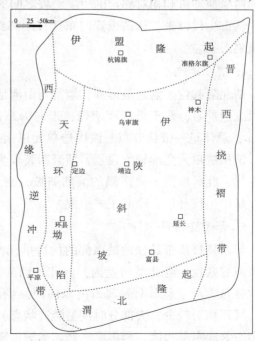

图 1－1　鄂尔多斯盆地构造单元图（马明，2020）

1. 伊盟隆起

伊盟隆起位于盆地最北部，呈东西走向，北与河套盆地、阴山造山带相邻，南至鄂托克旗－鄂尔多斯一线，东西长约为 200～300km，南北宽约为 150km，现今形态呈北高南低、东高西低，表现为一向西南倾斜的单斜构造。在大地构造位置上为东部稳定区与西部活动区之间的过渡地区，基底为太古界、元古界。关于其形成演化自古生代以来一直呈隆起状态，各个时期地层向着古隆起方向超覆、减薄、尖灭、缺失，盖层厚度相比于其他区域有限，介于 1000～3000m 之间。根据镜质体反射率进行剥蚀厚度分析，认为伊盟隆起的剥蚀厚度介于 500～1300m 之间。

2. 西缘逆冲带

西缘逆冲带位于盆地最西部，南北走向，呈狭长带状分布，北至内蒙古乌海地区，南至甘肃陇县地区，西与贺兰构造带、河西走廊－六盘山盆地、北祁连造山带东段相接，东与天环坳陷相邻，南北长约 600km，东西宽约 30～60km。西缘逆冲带是鄂尔多斯地区构造变形最为复杂的地区，这与其构造位置及其与数个不同构造体相邻有关，在早古生代，北段为贺兰裂陷槽，中南段为祁秦洋围限，表现为台地边缘坳陷，构造属性发生变化。后期，尤其是在燕山运动中受到强烈挤压与剪切，发育了一系列逆冲断裂，并对前期构造形态进行强烈改造。

3. 天环坳陷

天环坳陷北与伊盟隆起相接，西邻西缘逆冲带，东与伊陕斜坡接壤，北至渭北隆起，走向呈南北向，南北长约 500km，东西宽约 60km，呈一条带状分布。由于其处于强烈变形的西缘逆冲带和相对稳定的伊陕斜坡之间的过渡带，因此其构造位置在不同时期不断迁移，从古生代以来，构造位置向东迁移距离约 30km，当前构造形态总体表现为西陡东缓的坳陷形态。

4. 渭北隆起

渭北隆起位于盆地最南部，南部与渭河地堑相邻，北部横跨天环坳陷和伊陕斜坡，西接西缘逆冲带，东至晋西挠褶带，走向为东西向，东西长约为 300km，南北宽约为 10～15km，总体呈一带状分布。该构造单元以南是较活跃的渭河地堑和秦岭造山带，受其影响，该构造单元变形较为强烈，褶皱断裂较为发育，但从南至北变形强度逐渐减小。在早古生代，此区域为一向南倾的大陆斜坡，直至晚奥陶世在加里东运动的作用下，斜坡消失，从中生代开始，隆起正式形成。

5. 晋西挠褶带

晋西挠挠褶带是盆地最东部的构造单元，西与伊陕斜坡接壤，东以吕梁造山带为界，北至河套盆地，南北渭河盆内，南北长约为 530km，东西宽约 30～60km，呈一南北走向带状分布，现今形态上表现为由东向西倾斜的单斜构造。从中元古代开始，直至早古生代，沉积相对较少，大部分时期呈隆升状态，从侏罗纪末开始与华北地台分离开始成为鄂尔多斯盆地东部边缘，燕山期，晋西褶皱带隆升，并向西挤压，在基底断裂的影响下，南北向挠褶带逐渐形成。

6. 伊陕斜坡

伊陕斜坡位于盆地腹部，周缘分别被伊盟隆起、天环坳陷、渭北隆起和晋西挠褶带围绕。平面形态长—长方形，南北长约 400～500km，东西宽约为 250～300km，现今形态表现为一向西平缓倾斜的斜坡，倾角小于 1°，以发育鼻状构造为特征。该区域在中元古代以发育北东向的断裂为主，对沉积分布具有明显的控制作用，但从晚元古代开始直至早古生代，部分时期呈古陆形态呈现，没有地层发育，在中寒武世和中奥陶世由于海平面的上升，被海水覆盖，发育海相地层，至晚古生代，受加里东运动的影响，沉积建造逐渐由海相建造变为的陆相建造，斜坡形态主要形成于白垩世。

鄂尔多斯盆地呈"满盆气、半盆油""上油下气"的分布格局；石油主要分布在中生界三叠系延长组和侏罗系延安组，天然气主要分布在古生界奥陶系马家沟组和二叠系太原组、山西组、石盒子组；储集层具有低渗透、低压力、低丰度的"三低"特征。

截至 2020 年底，鄂尔多斯盆地（以中国石油长庆油田分公司为主力）发现油气田共 47 个（部分油田见图 1－2）。其中，在中生界发现油田 35 个，探明石油储量 59.3×10^8 t；开发油田 34 个；在古生界发现气田 13 个，累计探明天然气储量 4.0×10^{12} m³；共开发气田 7 个。

1.1.2　延长组地质概况

华北克拉通的构造格局在印支期开始发生变化，在该时期，华北板块、扬子板块和秦岭路块开始碰撞拼接，大别－秦岭开始造山，使得古特提斯洋北东向逐渐闭合。华北克拉通在中三叠世晚期东部隆起、西部坳陷，表现为北北东向展布。在东部的大型隆起地区，即南华北盆地，普遍缺失上三叠统地层；而在华北克拉通的西部坳陷地区，即鄂尔多斯盆地，则广泛接受晚三叠世沉积。鄂尔多斯盆地在晚三叠世进入鼎盛发育时期。鄂尔多斯盆地上三叠统延长组为前陆盆地背景下的陆相湖泊沉积，为盆地进入鼎盛发育时期，湖盆面积达到最大，沉积范围广阔，面积远远超过了如今鄂尔多斯盆地的边界，古地理面貌总体呈北高南低、水体北浅南深、沉积北薄南厚特征。在差异升降背景下，延长组沉积厚度分布存在非均匀性，具有从 SW 向 NE（南西向北东）逐渐减薄的总体特点，沉积相种类丰富，含有浅、深湖相至曲流河、辫状河及冲积扇等多种类型，总体表现为一套灰绿色、灰色中厚层中细粒砂岩、粉细粒砂岩和深灰色、灰黑色泥岩组合。下部以中、粗粒砂岩河流沉积为主，中部为一套湖泊－河湖三角洲为主的砂泥互层沉积，上部为河流相的砂泥岩沉积。

在晚三叠世延长期，形成了一系列向盆地中心发育的河湖三角洲沉积，纵向上总体表现为由湖进到湖退，体现出较为完整的湖盆形成－扩张－萎缩－消亡的演化历程。长 7 段下伏的长 10、长 9 段主要发育一套灰绿色、灰色的厚层状中、粗粒长石砂岩夹深灰色及暗紫色泥岩的河流相沉积。长 10 油层组厚度大约为 280m，长 9 油层组厚

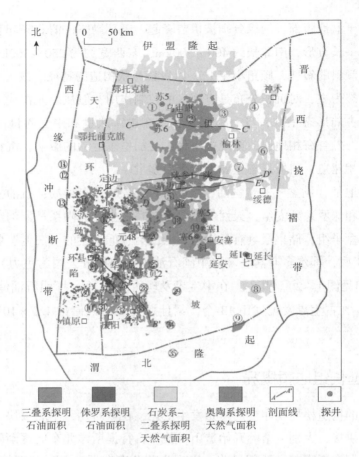

图 1-2　鄂尔多斯盆地油气分布（张才利等，2021）

①—苏里格气田；②—乌审旗气田；③—榆林气田；④—神木气田；⑤—靖边气田；⑥—米脂气田；
⑦—子洲气田；⑧—宜川气田；⑨—黄龙气田；⑩—庆阳气田；⑪—李庄子油田；⑫—马家滩油田；
⑬—摆宴井油田；⑭—红井子油田；⑮—胡尖山油田；⑯—绥靖油田；⑰—姬塬油田；⑱—靖安油田；
⑲—安塞油田；⑳—吴旗油田；㉑—樊家川油田；㉒—元城油田；㉓—华庆油田；㉔—环江油田；
㉕—华池油田；㉖—马岭油田；㉗—庆城油田；㉘—城壕油田；㉙—直罗油田；㉚—演武油田；
㉛—镇北油田；㉜—西峰油田；㉝—合水油田；㉞—黄陵油田；㉟—庙湾油田

度 90~120m。长 8 油层组已开始发育湖泊、河湖三角洲沉积，以灰色、深灰色中细粒长石石英砂岩、长石岩屑砂岩及深灰色、暗色泥岩互层为主，地层厚度为 90~100m；上覆的长 6 油层组沉积期则为三角洲建设高峰期，厚度约 100~135m。自下而上发育了长 6^3、长 6^2、长 6^1 三个反旋回沉积序列，其中以长 6^1 三角洲前缘厚层砂体最为发育。

　　鄂尔多斯盆地所钻遇地层自上而下有第四系、第三系、白垩系、侏罗系安定组、直罗组、延安组、富县组、三叠系上统延长组。由于区域范围较大，不同区块钻遇地层的情况亦有所不同；在研究区西部地层相对发育较全；在东部，第四系直接不整合覆盖在三叠系延长组之上，缺失侏罗系、白垩系和第三系地层；总体来说，平面上，从研究区的西部到东部，由于地层遭受抬升剥蚀，东部地层缺失严重；纵向上，在研究区三叠系延长组长1（长2局部地区）油层组残留厚度变化较大，延长组除长1油层组之外其他层段厚度比较稳定。

鄂尔多斯盆地延长组自下而上为：$T_3y^1 \sim T_3y^5$，同时，根据油层纵向分布规律自上而下又可划分为10个油层组，即长1~长10。考虑到生产单位的习惯，以实际地层的岩性、电性组合特征为出发点，将长2、长6、长8、长9和长10再细分，在长2中按旋回性可分出长2^1、长2^2和长2^3三个油层亚组，长6按旋回分出长6^1、长6^2、长6^3和长6^4四个油层亚组，长8细分为长8^1和长8^2两个油层亚组，长9细分为长9^1和长9^2两个油层亚组，长10^1继续细分出长10^{1-1}和长10^{1-2}两个小层（表1-1）。

表1-1　鄂尔多斯盆地三叠系延长组油组划分对比

地层系统			长庆油田		三普 (1974年)	姚店、川口油田 (1988年)	延长油田 (1991年)	标志层及其位置
系	统	组						
J_{1-2}	J_{1-2}							宝塔砂岩段
三叠系	上统	延长组 T_3y	第五段 T_3y^5	长1	第五段 T_3y^4	长1	长1	凝灰质泥岩（K9）-底部
			第四段 T_3y^4	长2	第四段 T_3y^4	长2	长2+3	凝灰质泥岩（K8）-底部
								高阻泥岩（K7）-底部
				长3		长3		凝灰质泥岩（K6）-底部
			第三段 T_3y^3	长4+5	第三段 T_3y^3	长4+5	长4+5	细脖子段（K5）-中部
				长6^1		长6^1	长6^1	
							长6^2	泥岩（K4）-顶界
				长6^2		长6^2	长6^3	凝灰质泥岩（K3）-底界
				长6^3		长6^3	长6^4	凝灰质泥岩（K2）-底部
						长6^4	长6^5	
				长7		长7	长7	张家滩页岩（K1）-中下部
			第二段 T_3y^2	长8	第二段 T_3y^2			
				长9				李家畔页岩（K0）-顶部
			第一段 T_3y^1	长10	第一段 T_3y^1			长石砂岩段

延长组依次为长1至长10油层组，各油层组根据其旋回性划分为2~3，本书研究区主要以长7页岩/部分砂岩和长8砂岩作为主要分析研究对象，作为对比分析，也包括部分长6砂岩储层，见图1-3。

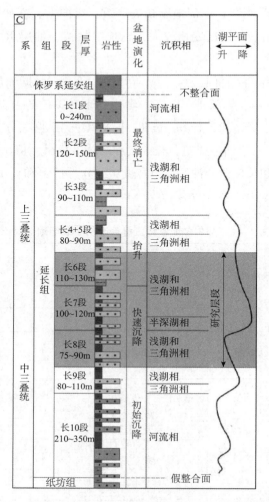

图1-3　延长组地层简图及研究区地层分布示意图（李耀华，2019）

1.1.3　长7页岩油类型及分布

1. 长7页岩分布

大量钻井统计结果表明，长7湖相页岩层大规模发育，厚度大于10m的页岩分布范围可达$3 \times 10^4 km^2$，但是厚度变化较大，最厚可达130m（图1-4）。不同类型的页岩油在平面上的分布具有一定的规律性。"砂岩-页岩互层"型页岩油主要分布于湖盆中部的白豹-华池以及铜川-庆阳、正宁等地区，平面上呈条带状展布，其厚度较大，湖盆中部的白豹-华池地区厚度为50~110m；铜川-庆阳、正宁地区页岩厚度为20~70m（图1-4）。"厚层状Ⅰ类页岩"为主的页岩油主要分布湖盆西南部，与"砂岩-页岩互层"型页岩油相间展布，厚度多小于50m（图1-4）。"厚层状Ⅱ类页岩"为主的页岩油主要分布于湖盆东部、西北部与盆地边缘，厚度较大，塔尔湾以东地区页岩厚度可达130m，大水坑-麻黄山－耿湾一带页岩厚度最厚可达120m，盆地边缘地区厚度变薄（图1-4）。总之，长7湖相页岩层规模展布，厚度较大，提供了页岩油成藏的基本地质条件。

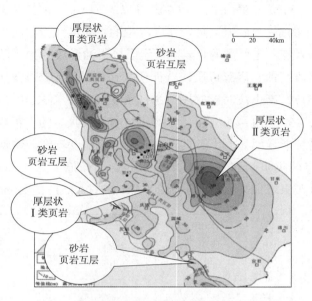

图1-4　长7湖相页岩层厚度展布及各类页岩油分布图

2. 长7页岩油类型

在晚三叠世长7早期，强烈的构造活动使得湖盆快速扩张，形成了大范围的深水沉积，发育了大规模的湖相页岩层，同期存在的地震活动诱发了盆地内重力流沉积，其最大特点是页岩与薄夹层砂岩呈频繁互层沉积。因此，长7底部发育深湖－半深湖相泥页岩；长7中上部发育致密砂岩、暗色泥岩与粉砂质泥岩。就鄂尔多斯盆地而言，可以将页岩油定义为长7湖相页岩层内的油气聚集，储集层以黑色富有机质页岩为主，同时包括不能单独作为油藏单元开发的单个或多个薄砂岩夹层，属典型的源内油（气）藏。与其相对应，长7中上段致密砂岩内的油气聚集被称为致密油。根据张文正等人研究，从岩性组合特征来看，长7湖相页岩层发育"砂岩－页岩互层"（图1-5）和"厚层状页岩层"两种地层组合类型（图1-6、图1-7）。

根据有机质丰度特征、元素地球化学特征可以将长7湖相页岩层划分为Ⅰ类页岩与Ⅱ类页岩。Ⅰ类页岩富含有机质，扫描电镜下常见有机质纹层与大量黄铁矿，TOC含量一般大于6%，最高可达30%以上，异常富集放射性铀元素（平均铀含量为50×10^{-6}，最高可达140×10^{-6}，61个样品），S^{2-}含量极高（平均为8.2%，最高为18.26%，61个样品），而稀土元素含量较低（平均含量为148×10^{-6}，61个样品），反映了有机质快速堆积、陆源碎屑补给速度慢的深湖相缺氧沉积，该类页岩在中国乃至全世界都较为少见，为优质烃源岩，也叫富铀页岩。Ⅱ类页岩（又称黑色泥岩）TOC含量主要为2%~6%，扫描电镜下未见有机质纹层，黄铁矿含量也降低，铀元素含量平均为7.2×10^{-6}（40个样品），S^{2-}含量平均为1.36%（35个样品），稀土元素含量平均为221×10^{-6}（40个样品），说明其形成于陆源补给速度相对较快的湖泊环境中。基于此，两类页岩在平面分布、厚度展布、岩石矿物学特征、储集空间类型等方面都具有一定的规律性与差异性。所以将"厚层状页岩层"页岩油进一步划分为以"厚层状Ⅰ类页岩"为主的页岩油（图1－6）与以"厚层状Ⅱ类页岩"为主的页岩油（图1－7）。需要指出的是，"砂岩－页岩互层"中的页岩绝大多数属于Ⅰ类页岩。

大规模广泛分布且有一定厚度的页岩层奠定了页岩油形成的物质基础，控制了页岩油的资源量。长7页岩段富铀、富有机质的特征使其在测井综合图上表现出高伽马（GR）、高电阻率（RT或ILD）、高声波时差（AC）、低密度（ρ）等显著特征，与砂质、粉砂质泥岩明显不同（图1－6、图1－7）。由于Ⅰ类页岩与Ⅱ类页岩的有机质丰度、铀含量差别较大，其测井响应特征差异明显，Ⅰ类页岩的测井响应幅度较大。数据统计表明，利用伽马与密度测井可以将两类页岩区分开来，Ⅰ类页岩伽马值多大于200API，密度多小于2.4g/cm^3。相反，Ⅱ类页岩伽马值一般小于200API，密度大于2.4g/cm^3。

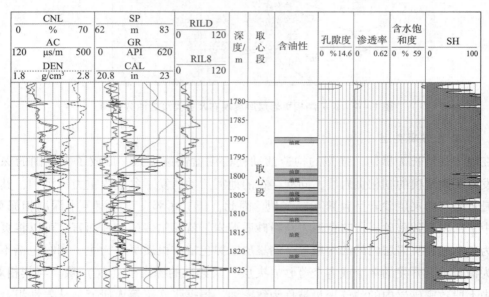

庄233井，1796m，黑色页岩

庄233井，1802m，黑色页岩

(a)庄233井

图1－5　砂泥互层型

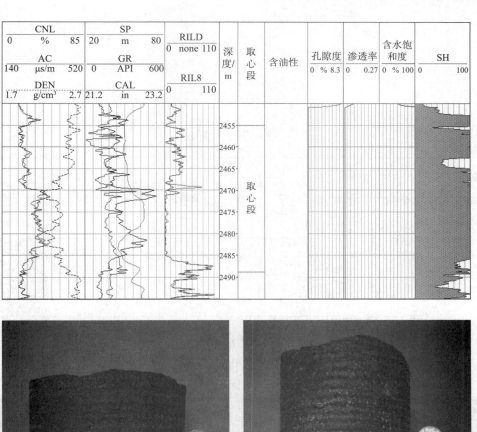

环317井，2470m，黑色页岩　　　　环317井，2480m，黑色页岩

环317井，2460m，灰褐色粉砂岩

环317井，2460m，
灰褐色粉砂岩，上部含油性好

(b)环317井

图1-5 砂泥互层型（续）

CNL			SP			RILD		深度/ m	取心段	含油性	孔隙度	渗透率	含水饱和度	SH	
0	%	80	50	m	80	0	70				0 % 7	0 0.21	0 % 90	0	100
AC			GR												
140	μs/m	490	0	API	600	RIL8									
DEN			CAL			0	70								
1.9	g/cm³	2.7	20	in	26										

正70井，1647.6m，黑色页岩 　　　　　　正70井，1662.3m，砂泥互层

(c)正70井

图1-5　砂泥互层型（续）

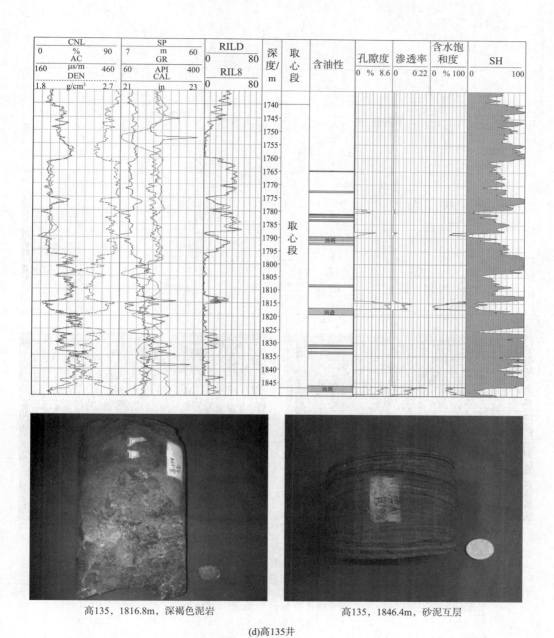

高135，1816.8m，深褐色泥岩　　　　　高135，1846.4m，砂泥互层

(d)高135井

图1-5　砂泥互层型（续）

CNL 0　%　90 AC 150　μs/m　480 DEN 1.6　g/cm³　2.8	SP 0　m　15 GR 0　API　750 CAL 20.5　in　22.5	RILD 0　　　120 RIL8 0　　　120	深度/ m	取心段	含油性	孔隙度 0　%　12	渗透率 0　　0.27	含水饱 和度 0　%　73	SH 0　　　100
			1710 1715 1720 1725	取 心 段					

宁70井，1716m，深褐色泥岩

宁70井，1717m，砂泥互层

(a)宁70井

图 1-6　厚层状 Ⅰ 类页岩

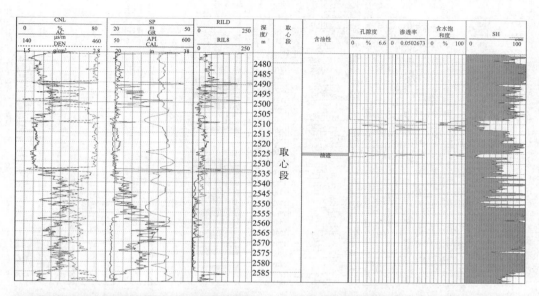

罗254井，2566.43m，黑色页岩

罗254井，2583.1m，碳化黑色页岩

(b)罗254井

图1-6 厚层状Ⅰ类页岩（续）

AC 180 μs/m 380 DEN 2.1 g/cm³ 2.8	SP 30 m 70 GR 20 API 500 CAL 20 in 24	RILD 0 80 RIL8 0 80	深度	取心段	含油性	孔隙度 0 % 10.8	渗透率 0 0.44	含水饱和度 0 % 100	SH 0 100

合检1-1，1810m，黑色页岩

合检1-1，1809m，黑色页岩

(c)合检1-1井

图1-6　厚层状Ⅰ类页岩（续）

CNL			SP			RILD		深度/	取心段	含油性		孔隙度	渗透率	含水饱和度		SH	
0	%	80	15	m	40	0	100	m			0 % 10		0 10	0 % 10		0	100
	AC			GR													
130	μs/m	500	0	API	370	RIL8											
	DEN			CAL		0	100										
1.9	g/cm³	2.7	21.2	in	23.4												

2350
2355
2360
2365
2370
2375
2380

取心段

油斑
油斑

里211，2355m，黑色页岩

里211，2367m，黑色页岩

(d)里211井

图1-6　厚层状Ⅰ类页岩（续）

CNL 5 % 70	SP 40 m 150	RILD 0 180	深度/m	取心段	含油性	孔隙度 0 % 10.8	渗透率 0 0.45	含水饱和度 0 % 100	SH 0 100
AC 120 μs/m 480	GR 0 API 600	RIL8 0 180							
DEN 1.7 g/cm³ 2.7	CAL 21.8 in 25.5								

（测井曲线图，深度范围 2455 ~ 2540 m，取心段，2540m处"油迹"）

黄269，2511.98m，褐色页岩

黄269，2539.20m，褐色页岩

(a)黄269井

图1-7　厚层状Ⅱ类页岩

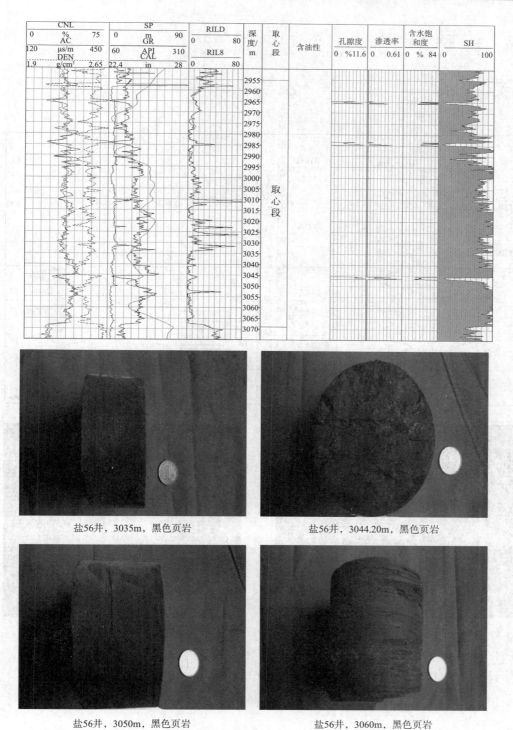

盐56井，3035m，黑色页岩

盐56井，3044.20m，黑色页岩

盐56井，3050m，黑色页岩

盐56井，3060m，黑色页岩

(b)盐56井

图1-7　厚层状Ⅱ类页岩（续）

CNL			SP			RILD		深度/m	取心段	含油性	孔隙度	渗透率	含水饱和度	SH	
0	%	75	80	m	100	0	70				0 %10.4	0 0.17	0 % 83	0	100
AC			GR												
150	μs/m	360	40	API	200	RIL8									
DEN			CAL			0	70								
2.36	g/cm³	2.8	21.5	in	25										

罗188井，2688m，灰褐色页岩

罗188井，2684m，灰褐色页岩

(c)罗188

图1-7　厚层状Ⅱ类页岩（续）

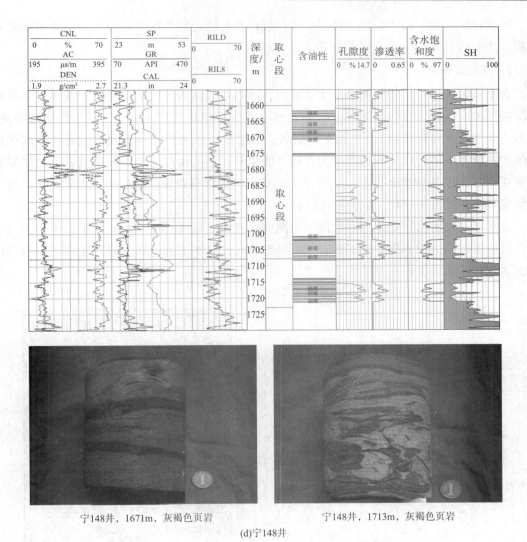

宁148井，1671m，灰褐色页岩　　　　　宁148井，1713m，灰褐色页岩

(d)宁148井

图1-7　厚层状Ⅱ类页岩（续）

1.1.4　长8致密砂岩类型及分布

鄂尔多斯盆地长8储层分布范围广，本书以典型区块合水地区为例。合水区长8油层组在长7张家滩页岩和长9李家畔页岩之间，地层厚度为80~120m，储层物性极差，属于典型低孔低渗、超低渗油藏的范畴，砂体厚度大且连续性较好，延伸较远，紧靠长7油层组生油岩，而东北上倾的湖相泥岩作为区域遮挡盖层，构成了有利的生储盖组合，纵向上处于油气成藏与保存良好的封存箱状态，具有较好的油藏勘探开发潜力。由于受沉积和成岩作用的共同影响，合水地区长8储层储集空间类型多样，碎屑组分、黏土矿物类型、流体物理性质与邻区差异大，导致含油性、敏感性类型和程度表现出不同特征，影响压裂改造效果。因此在宏观地质背景研究的基础上，开展研究区储集空间、碎屑组分、黏土矿

物、渗流特征、储层增产效果和储层伤害程度评价，确定制约压裂改造效果的关键因素对于提高研究区开发效果具有重要意义。

1. 研究区概况

合水地区位于甘肃省庆阳市合水县境内，西临西峰油田，构造位置位于鄂尔多斯盆地伊陕斜坡西南缘，该区构造平缓，局部发育小型鼻状隆起（图1－8），以岩性油藏为主。主力油层为三叠系延长组长8、长6油层组，油层分布相对稳定且含油性较好。合水区位于陕北斜坡西南部，区域构造背景为西倾平缓单斜，局部构造位于庆阳鼻褶带，地层倾角小于0.5°。地层横向分布较稳定，自下而上从上三叠统至白垩系地层相对比较完整。油气富集成藏主要受沉积相带、岩性和物性控制。

合水地区长8储层主体为辫状河三角洲前缘亚相沉积（图1－9），储集砂体主要为水下分流河道微相沉积，为中－细砂岩，沉积物的成分成熟度低，成岩成熟度高，非均质性强，微观孔隙结构复杂。

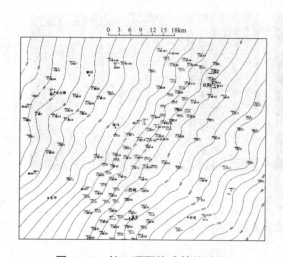

图1－8 长8顶面构造等值线图

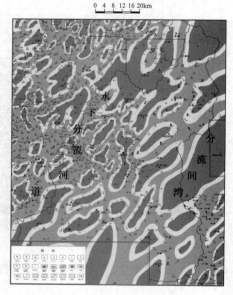

图1－9 合水长8沉积微相平面图

2. 四性关系

根据研究区18口井的测井曲线响应特征，对比了声波时差、自然伽马和电阻率的差异，其中声波时差主要反映孔隙发育程度和储层物性、自然伽马反映岩性变化，而深侧向电阻率反映含油性，对比结果表明：

（1）合水地区长8储层共统计10口井（图1－10），其中声波时差数值介于194.06～279.76μs/m之间，平均值为223.92μs/m；自然伽马数值介于51.84～125.05API之间，平均值为81.57API；深侧向电阻率数值介于14.90～206.85Ω·m之间，平均值为63.69Ω·m。

（2）合水地区长6储层共统计6口井，其中声波时差数值介于199.10～253.89μs/m

之间，平均值为 229.54μs/m；自然伽马数值介于 51.37～147.87API 之间，平均值为 88.24API；深侧向电阻率数值介于 5.03～114.05Ω·m 之间，平均值为 34.16Ω·m。

（3）合水水地区长 7 储层共统计 10 口井，其中声波时差数值介于 186.99～300.14μs/m 之间，平均值为 231.46μs/m；自然伽马数值介于 48.58～250.17API 之间，平均值为 94.48API；深侧向电阻率数值介于 13.69～126.05Ω·m 之间，平均值为 36.12Ω·m。

（4）华庆地区长 8 储层共统计 4 口井（图 1–11），其中声波时差数值介于 184.91～243.50μs/m 之间，平均值为 216.73μs/m；自然伽马数值介于 53.29～112.75API 之间，平均值为 80.31API；深侧向电阻率数值介于 24.66～251.38Ω·m 之间，平均值为 72.98Ω·m。

（5）镇北地区长 8 储层共统计 4 口井（图 1–12），其中声波时差数值介于 188.83～264.49μs/m 之间，平均值为 217.96μs/m；自然伽马数值介于 6.92～137.00API 之间，平均值为 87.83API；深侧向电阻率数值介于 24.08～819.05Ω·m 之间，平均值为 139.28Ω·m。

由此可知，合水地区长 8 储层的自然伽马小于研究区的长 6、长 7 储层，但大于华庆小于镇北地区；声波时差略小于研究区的长 6、长 7 储层，高于华庆和镇北地区；电阻率大于研究区的长 6、长 7 储层，小于华庆和镇北地区。表明，纵向上合水地区长 8 储层物性较长 6、长 7 储层差，泥质含量较华庆和镇北地区高，含油性不如华庆和镇北地区。

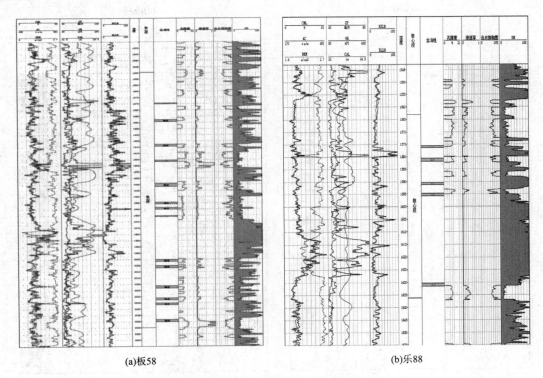

(a)板58　　　　　　　　　　　　(b)乐88

图 1–10　合水地区四性关系图

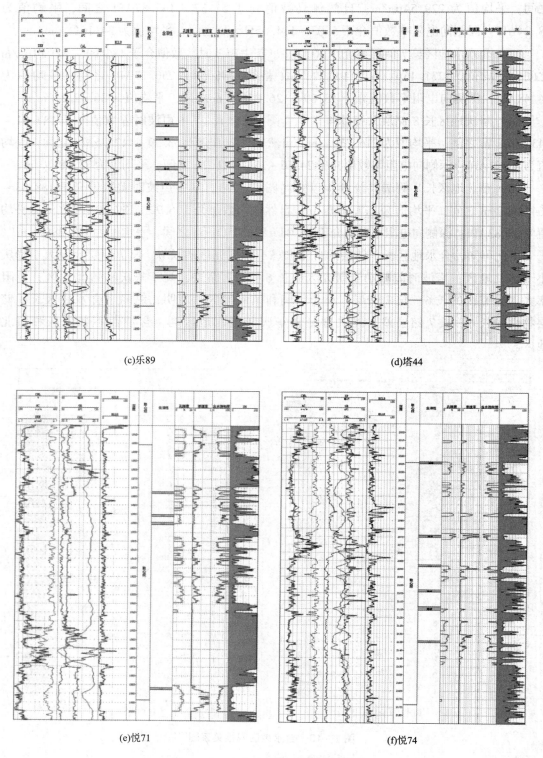

(c)乐89   (d)塔44

(e)悦71   (f)悦74

图1-10 合水地区四性关系图（续）

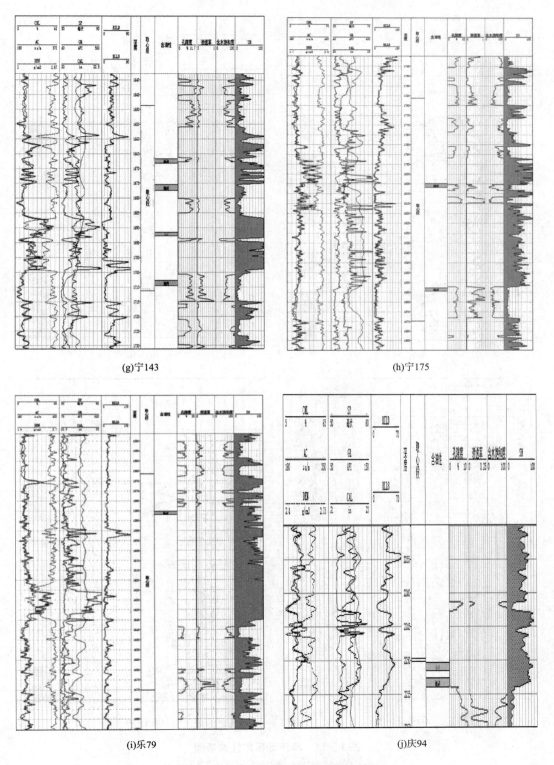

(g)宁143

(h)宁175

(i)乐79

(j)庆94

图1-10 合水地区四性关系图（续）

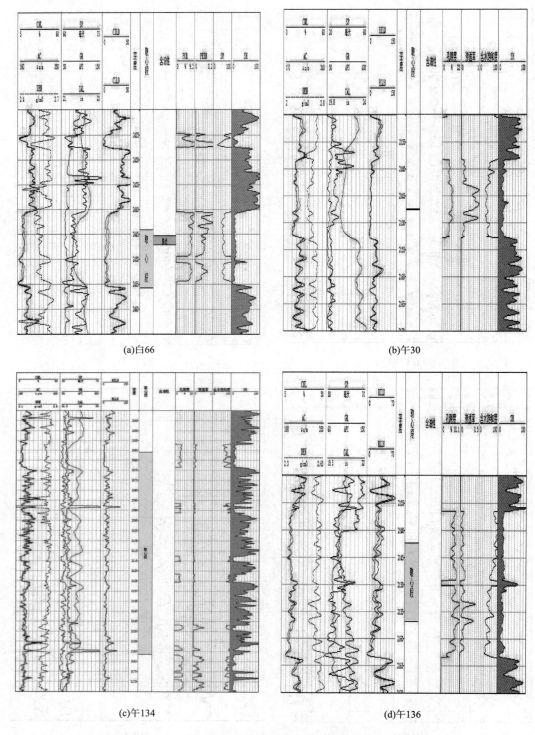

(a)白66

(b)午30

(c)午134

(d)午136

图1-11　华庆地区四性关系图

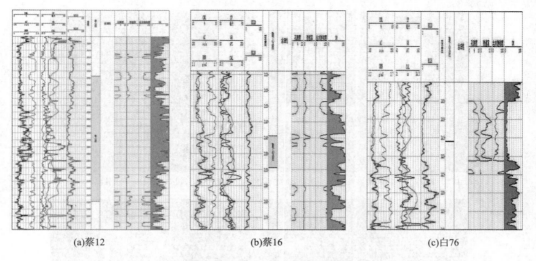

(a)蔡12　　　　　　　　　　　(b)蔡16　　　　　　　　　　　(c)白76

图 1-12　镇北地区四性关系图

3. 岩心观察

根据 18 口井 96 张岩心照片统计，纵向上合水地区长 8 储层含油性较长 6、长 7 储层差，横向上含油性较华庆和镇北差（图 1-13 ~ 图 1-17）。可观察到顶部不含油、底部含油这种含油性突变的情况，也可见部分井有明显的原油沿层理缝渗出，还可见部分明显的钙质胶结孔隙。研究区砂岩中可见较发育的平行层理和块状层理，泥岩中也见到水平层理（图 1-18）。

(a)庆94，2249.94m，含油性差　　　　　　(b)乐88，1636.30m，含油性较好

(c)乐89，1684.80m，含油性较好　　　　　　(d)塔44，2038.10m，含油性好

图 1-13　合水地区长 8 储层岩心照片

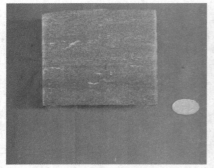
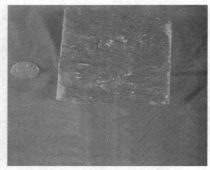

(e)宁175，1863.16m，含油性一般，下部含油性略好　　(f)宁143，1711.10m，含油性较好

(g)悦71，1993.42m，含油性好　　　　　　　　(h)板58，2054.66m，含油性差

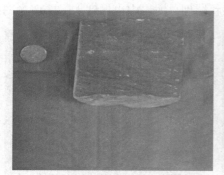

(i)乐79，1675.17m，含油性好　　　　　　　　(j)悦74，2137.13m，含油性差

图1-13　合水地区长8储层岩心照片（续）

(a)悦71，1936.40m，含油性好　　　　　　　　(b)板58，1917.41m，含油性较好

图1-14　合水地区长7储层岩心照片

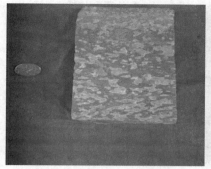

(c)乐79，1568.50m，碳酸盐胶结物　　　(d)宁175，1761.19m，含油性好，原油沿层理缝渗出

图1-14　合水地区长7储层岩心照片（续）

(a)悦71，1850.90m，含油性好　　　　(b)板58，1849.50m，含油性较差

图1-15　合水地区长6储层岩心照片

(a)白66，2448.52m，含油性较差　　　(b)午136，2149.05m，含油性较好

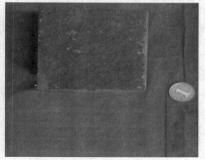

(c)午30，2147.44m，含油性好　　　　(d)午134，2061.6m，含油性好

图1-16　华庆地区长8储层岩心照片

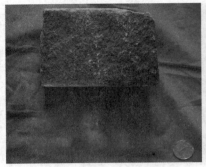

(a)蔡12，2119.27m，含油性较好　　　　　　(b)白81，2353.77m，上部含油性好

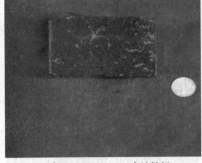

(c)白76，2416.10m，含油性好　　　　　　　(d)蔡19，2144.40m，含油性好

图1-17　镇北地区长8储层岩心照片

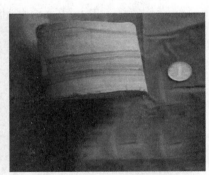

(a)庆94，2249.50m，平行层理　　　　　　　(b)庆94，2243.50m，水平层理

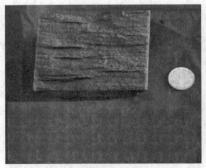

(c)午136，2156.00m，水平层理　　　　　　(d)塔44，2038.00m，水平层理

图1-18　合水长8储层主要层理照片

4. 裂缝发育情况

合水地区、华庆地区、镇北地区的裂缝均以斜交缝为主（图1-19～图1-22），以北东-南西向最为发育，其次为近东西向和北西-南东向。合水地区裂缝最为发育的是宁175井，镇北地区可在2口井中见到裂缝分布，白81井的裂缝最发育，华庆地区4口井中均可见裂缝，白66井的裂缝最为发育。根据统计合水地区长8储层的裂缝发育程度略好于长7储层，但比华庆和镇北地区长8储层差。此外，三个地区的裂缝长度、宽度差异较小，而合水地区长8储层的裂缝倾角分布范围略大于其他两个区块（表1-2）。

表1-2　裂缝参数对比

地　区	层　位	裂缝密度/(条/m)	裂缝长度/cm	裂缝宽度/cm	裂缝倾角/(°)
合水	长7	0.12	8～15	0.1～0.2	20～40
	长8	0.13	5～20	0.1～0.4	13～70
镇北	长8	0.17	7～16	0.2～0.5	15～60
华庆	长8	0.15	8.5～13	0.1～0.4	25～42

(a)乐89，1683.00m,北东向裂缝

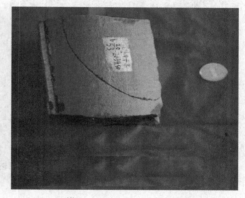

(b)塔44，2034.50m,北东向裂缝

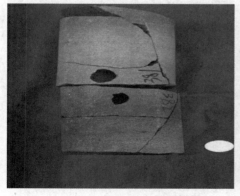

(c)悦71，1992.60m,交错缝

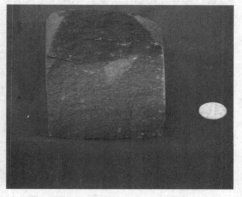

(d)悦71，1992.60m,北西向裂缝

图1-19　合水地区长8储层裂缝照片

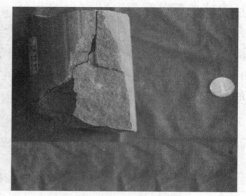

(a)乐88，1565.75m，北东向裂缝　　　　　(b)塔44，1932.40m，北东向裂缝

图1-20　合水地区长7储层裂缝照片

(a)白66，2452.43m，北西向裂缝　　　　　(b)午30，2149.19m，北东向裂缝

图1-21　华庆地区长8储层裂缝照片

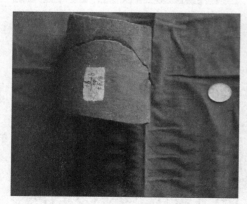

(a)白81，2328.56m，北东向裂缝　　　　　(b)蔡12，2116.81m，北东向裂缝

图1-22　镇北地区长8储层裂缝照片

1.2　地质工程（增产）一体化技术

随着北美地区页岩油气成功的开发和地质理论的发展，人们逐渐认识到暗色页岩发育丰富的纳米-微米级孔隙，可以大量成烃、储烃，形成自生自储型油气聚集。通过优选核心区、实验分析、测井评价、水平井钻探、多级水力压裂和体积压裂等先进技术的应用，成功实现了页岩中的油气开采。目前，页岩/致密砂岩已成为全球油气勘探开发的新目标，在北美、亚太甚至中东地区，已经开始得到重视，各个区域的不同作业者，借鉴北美已经取得的大量经验，采用地质工程一体化的思路，正在对非常规油气勘探开发进行积极的探索。

我国的非常规油气资源相当丰富，但复杂多变的地面和储层条件给中国的油气勘探带来更多挑战。与美国页岩相比，我国页岩气开发面临地面多山地、地下埋藏深度大、非均质性强、技术要求高和开发成本高等诸多挑战。近些年专家学者们借鉴北美页岩气革命的成功经验，积极地探索新的思路方法，来解决非常规油气藏高效益开发的关键技术难题，地质工程一体化作业模式应运而出。2011年，Cipolla等针对非常规储层开发的挑战首次提出"从地震至模拟"一体化工作流程，无缝整合了从地震数据解释至产能模拟的全过程研究方法。2012~2016年，在对Marcellus、Eagle Ford等页岩开发时，广泛应用地质工程一体化方法开展方案设计、参数优化等工作。国内吴奇等（2015）系统地提出了针对中国南方海相页岩气地质工程一体化开发的理念及技术路线，在黄金坝YS108区块率先应用"品质三角形"。胡文瑞（2017）对地质工程一体化的概念内涵、实现条件等进行了详细阐述。

另外，BHGE、斯伦贝谢、哈里伯顿等公司都积极与油田合作，提供地质工程一体化服务及软件平台，为非常规储层开发提供技术保障。实践中逐步摸索出独具特点的地质工程一体化技术。

1.2.1　地质工程一体化内涵

所谓一体化工作方式，是指依托新的工作流程，实现跨学科协作，从而更快地做出更好更有效的决策。具体地讲，是把原来若干个相对独立、相互分散的单元和要素，运用一体化的理念整合到一个平台，相互促进、协同互动，从而达到有效控制、迅速反应、快速决策的目的。一体化的最大优势是消除组织上的工作障碍和技术上的人为切割，工况得到及时准确的监测和控制，任何人均可在任何地方查看实时数据和调整自己工作状况，使之符合工作流程的要求。

地质工程一体化作业模式，是指以提高勘探开发效益为中心，以地质-储层综合研究为基础，优化钻完井设计，应用先进的钻完井技术工艺，采用全方位项目管理机制组织施工，最大限度地提高单井产量和降低工程成本，实现勘探开发效益最大化。其主要内容是地质-油藏-方案研究一体化，钻井和完井设计-施工工艺一体化，质量-安全-环保-评价全过程管理一体化（胡文瑞，2017）。

中国西部地区例如鄂尔多斯盆地低渗特低渗的油气藏，由于迫切需要水平井提高单井产量，也面临着地质与工程的挑战，同时，地表复杂、征地困难等都对井场设计提出了要求。突破常规设计，采用"超大平台"布井方式，并且取得了一定效果。

1.2.2　地质工程一体化设计与实施流程

1. 地质工程一体化设计

通过对地下条件、地面条件等综合因素分析，进行结合地震、岩心和测井的综合地质评价，确定"甜点区"；进行井位部署和水平井轨迹设计，建立精细的三维地质模型；针对不同的钻完井工况，优选压裂施工参数，优化压裂方案；进行压后评估，不断更新三维地质模型，形成动态闭环。

2. 地质工程一体化团队及管理

地质工程一体化不再是狭义的地质学科与工程施工，而是涉及地球物理、测井、录井、地质、油藏、钻完井、压裂、压后评估等多学科综合研究工作及施工过程中一系列工程技术应用优化，要求不同学科的人员能够高效地开展合作。首先应成立项目部，制定出一体化工作流程，明确责任分工，形成一体化的管理机构；通过整合专业技术力量组建地质工程一体化团队，统一管理、统一决策，实现项目从启动到实施再到评价的全流程精细管理。刘合等认为北美页岩气革命带来管理水平的进步值得借鉴和思考，页岩气一体化开发工程管理的提升空间仍然很大，油气公司应抓住机遇积极优化工程管理模式，如建立"日费式"的管理模式、甲乙方协同一致的管理机制等（赵福豪等，2021）。

3. 地质工程一体化平台

地质工程一体化的多学科、复杂性等特征对技术团队内的数据整合提出了更高的要求。所以，需要应用一个一体化的软件工具（平台），团队可以使用依托于该平台的各种软件，实现多学科协同研究和协同工作。目前较成熟的软件平台有 BHGE 公司的 Jewel-Suite、斯伦贝谢的 Petrel 和哈里伯顿的 Landmark，此外还有能新科的 GEPM 地质工程一体化服务、奥伯特的 PE Office 油气生产一体化分析软件等（赵福豪等，2021）。

4. 地质工程一体化实施

吴奇等针对南方海相页岩气的特点提出的"品质三角形"（储层品质、钻井品质和完井品质）概念，将页岩气开发地质工程一体化工厂化实施分为两步进行。第一步：先打导眼井、水平评价井，进行品质评价并更新形成品质模型，结合实践经验形成并优化后续井开发方案；第二步：根据形成的开发方案，进行其他井的工厂化作业，并对开发井进行压后评估，借助不断更新的三维地质模型优化方案和指导施工。

1.2.3　非常规储层地质增产一体化

在区块地质建模的基础上，单井地质建模重点对"甜点""甜度"到可压度的系列评价方法进行了研究，并在评价模型上持续改进，评价结果由定性为主逐渐过渡到定量为主，由近井为主逐渐过渡到远井为主且评价结果与压后产量尤其是累产的相关性进行分析评价。3 种评价方法相互关联，双"甜点"和双"甜度"都是压前段簇优选的手段，地质工程双"甜点"指标可以作为段簇位置初选的依据，双"甜度"可以在双"甜点"的基础上进一步精选段簇位置，而可压度则是压裂中的实时分析手段，可以为其他具有相似双"甜度"的段簇位置的施工参数调整提供依据。然后，再通过对现场数据的反演，能实时分析或反演的储层地质参数主要包括：岩石脆性指数、渗透率、岩石力学、地应力及水平应力差、天然裂缝的位置与发育程度等（蒋廷学等，2021）。

在非常规油气储集层复杂地质条件下，只有依托地质工程一体化组织和研究平台，才能逐步破解开发难题，更好地发挥储集层改造增产的效果。通过搭建地质工程一体化研究"4 个平台"，构建地质工程一体化储集层改造模式，即：①一体化评价平台，用于地质评价、甜点评价、力学评价和完井品质评价。②一体化设计平台，用于建立地质模型、油藏模型、裂缝模型和经济模型。③一体化分析平台，用于压后跟踪、措施评判、效果评价和模型修正。④一体化共享平台，实现实验结果共享、优化方案共享和施工设计共享。

BHGE 公司将地质建模（JOA）、地质力学建模（GMI）及压裂软件（Meyer）三大软件整合成地质工程一体化研究平台，实现了从地质、油藏研究到钻井、压裂、建模分析等一体化分析研究，得到的地质力学、地质建模等结果用于钻井、压裂方案的优化中，通过现场应用，继续完善地质模型，从而提高对储层的认识（赵福豪等，2021）。中国石油勘探开发研究院也已初步开发出了 Fr Smart 地质工程一体化压裂优化设计软件（雷群等，2018，2019，2021），这是一套以压裂优化设计为核心，集地质描述、完井设计、压裂裂缝模拟、压后产能模拟、经济评价、裂缝实时监测等为一体的地质工程一体化压裂系统软件，包括 7 大关键模块。该软件具有如下功能：①地质建模模块通过导入构造模型、属性模型及地质力学模型，建立单井及全区三维地质力学模型。②压前分析模块通过对储集层品质、完井品质的综合评价，优选压裂井段。③压裂裂缝模拟模块和压裂产能模拟模块可优化人工裂缝间距、缝长、施工规模等参数。④经济评价模块根据净现值模型测算不同方案投资回收期及内部收益率，从而进行方案经济性优化。⑤实时决策和数据库及数据分析模块，融合了大数据、现场及远程决策功能，可提高输入参数的准确性、优化设计的合理性。

一体化的评价、设计及分析提高了优质甜点钻遇率，提升了非常规储层压裂增产效果。长庆油田综合黄土山地三维地震、页岩油测井精细评价、水平井轨迹导向等技术，实现页岩油甜点的有效预测，长 7 段页岩油 55 口水平井采用地质导向，油层钻遇率提高15%，压裂后产能明显提高。

第2章 储层微观孔隙结构及渗流特征

2.1 矿物组分及填隙物特征

2.1.1 长7页岩油岩矿组分及填隙物特征

1. 矿物组分

北美页岩油气开采经验表明，富含石英及碳酸盐等脆性矿物的页岩具有较好的可压性，在外力作用下利于形成天然裂缝和诱导裂缝，有利于页岩油开采。岩心观察与岩样粗磨显示，长7湖相页岩质硬、性脆，Ⅰ类页岩（富铀页岩）脆性较高。根据20块样品的X衍射全岩分析，长7页岩油矿物组分由石英、长石（钾长石、斜长石）、碳酸盐（方解石、白云石）、黄铁矿和黏土矿物（伊利石、高岭石和绿泥石）组成。其中，石英含量介于9.7%～52.8%之间，平均为28.99%；长石含量介于1.2%～35.1%之间，平均为14.8%；碳酸盐含量介于0～64.9%之间，平均为20.9%；黄铁矿含量介于2.4%～15.9%之间，平均为5.04%；黏土矿物含量介于11.2%～52.6%之间，平均为30.27%（表2-1）。

表2-1 X衍射全岩分析

井　号	深度/m	石英/%	钾长石/%	斜长石/%	方解石/%	白云石/%	黄铁矿/%	黏土矿物/%
罗254	2540.8	14.1	2.4	5.5	16.2	17.5	3.7	40.6
宁70	1715	36.7		11.8	7.4	17.0	15.9	11.2
合检1-1	1716	41.0		5.3		16.0		37.7
合检1-1	1810	24.8		1.2	23.6	17.0	2.4	31.0
庄233	1802	50.3	4.6	13.8	5.0	7.1	2.6	16.6
庄23	1814	40.6	4.1	12.5	2.2	8.8	4.6	27.2
环317	2464	27.8		9.8		10.9	5.3	46.2
盐56	3010.4	37.9	3.0	13.4	6.6			39.1
盐56	3021	22.2	3.9	8.9	9.7	4.6	4.2	46.5
高135	1790.3	15.3	6.0	16.6		35.1	3.4	23.6

井　号	深度/m	石英/%	钾长石/%	斜长石/%	方解石/%	白云石/%	黄铁矿/%	黏土矿物/%
高135	1846.4	13.2	3.6	11.9	10.2	22.6	2.9	35.6
高135	2355	9.7	0.8	1.3	3.4	61.5	3.4	19.9
高135	2362	26.7	2.9	10.3	2.4	8.6	7.3	41.8
正70	1655.2	26.7		8.6	6.9	23.8		34.0
正70	1668.1	15.6	3.8	11.7	15.9	27.3		25.7
黄269	2520	27.9	2.2	8.5			8.8	52.6
黄269	2539.46	52.8	8.8	21.1	4.8			12.5
罗188	2684	24.7	8.2	21.7	3.0	6.5	2.5	33.4
正79	1416.7	52.1		13.6	5.8		3.6	24.9
耿295	2621.5	19.8	10.0	25.1		10.4		34.7

　　可见，鄂尔多斯盆地长7页岩层脆性矿物较为富集的特征，奠定了页岩油勘探评价的基础，有利于页岩油的储集和开采。与北美Barnett组页岩、Eagle Ford页岩对比，鄂尔多斯盆地长7段页岩的刚性矿物含量与Eagle Ford钙质页岩相当，高于Barnett硅质页岩（表2-2，图2-1）。

表2-2　不同地区矿物组分含量对比

产　层	岩石类型	矿物含量/%						备　注
		刚性组分					黏土	
		石英	长石	碳酸盐	黄铁矿	合计		
长7	页岩（总）	28.99	14.8	20.9	5.04	69.73	30.27	
长7	Ⅰ类	28.18	11.6	26.6	3.93	70.31	29.71	
长7	Ⅱ类	30.88	22.5	7.6	2.58	63.56	36.47	
长7	黑色页岩	28.78	16.5	8.38	16.89	70.55	29.19	
长7	暗色块状泥岩	39.56	13.37	12.23	7.81	72.97	26.97	杨华等. 《石油勘探与开发》. 2016
Barnett	硅质页岩	45.00	7.00	8.00	5.00	65.00	32.00	
Eagle Ford	钙质页岩	4.70	8.90	53.50	2.40	69.50	30.40	

　　有机质极为富集的Ⅰ类页岩中石英含量占28.18%，长石含量11.6%，碳酸盐矿物含量26.6%，黄铁矿含量3.93%，黏土矿物含量29.71%。Ⅱ类页岩（黑色泥岩）的石英含量占30.88%，长石含量22.5%，碳酸盐矿物含量7.6%，黄铁矿含量2.58%，黏土矿物含量36.47%（表2-2）。对比可知，Ⅰ类页岩具有碳酸盐矿物、黄铁矿含量高，石英、长石、黏土矿物含量低的特点。

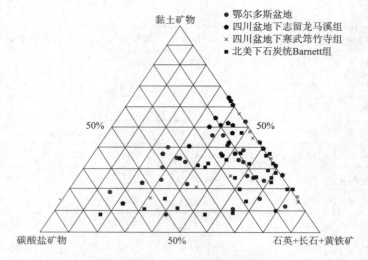

图 2-1 研究区矿物含量与其他地区对比

2. 黏土矿物类型

根据 X 衍射全岩和场发射扫描电镜分析，研究区长 7 页岩油的主要黏土矿物有伊利石、绿泥石、高岭石和伊蒙间层（图 2-2），其中伊利石含量最高，绝对质量百分数介于 10.3%~52.6%，平均为 28.61%；其次为绿泥石，最高相对质量百分数为 9.6%，平均为 1.27%；高岭石含量最低，最高为 3.6%，平均为 0.23%。

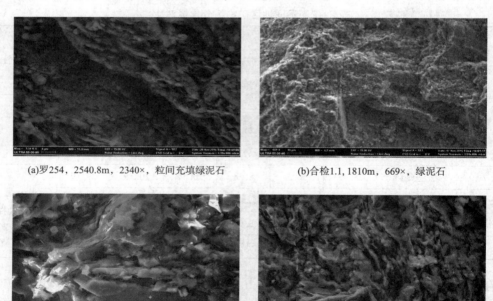

(a)罗254，2540.8m，2340×，粒间充填绿泥石　　　(b)合检1.1，1810m，669×，绿泥石

(c)庄233，1814m，2510×，片状伊利石与蒙脱石混层　　　(d)盐56，3021m，2050×，片状伊利石

图 2-2 研究区主要的黏土矿物

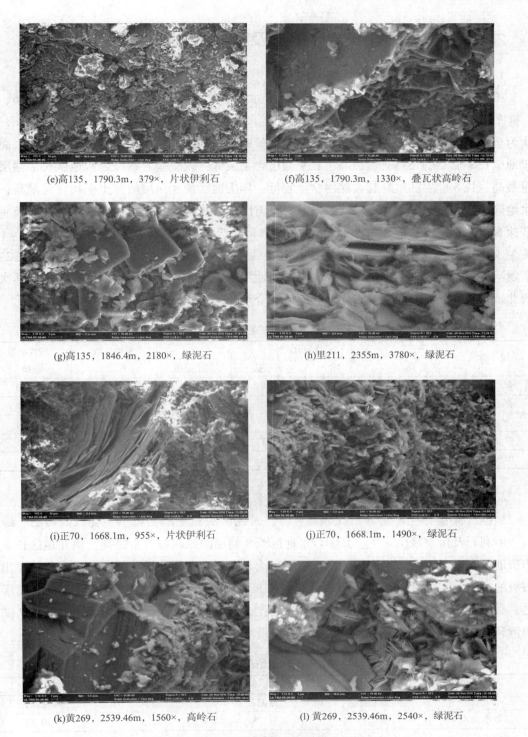

(e)高135，1790.3m，379×，片状伊利石　　　　(f)高135，1790.3m，1330×，叠瓦状高岭石

(g)高135，1846.4m，2180×，绿泥石　　　　(h)里211，2355m，3780×，绿泥石

(i)正70，1668.1m，955×，片状伊利石　　　　(j)正70，1668.1m，1490×，绿泥石

(k)黄269，2539.46m，1560×，高岭石　　　　(l)黄269，2539.46m，2540×，绿泥石

图2-2　研究区主要的黏土矿物（续）

2.1.2 长8致密砂岩矿物组分及填隙物特征

1. 矿物组分

根据 X 衍射全岩分析，三个研究区（合水、镇北和华庆地区）、三个储层（长6、长7 和长8）的矿物组分差异较大。其中合水地区长6储层的石英含量最高，为61.0%，其次为合水地区长7储层，合水长8储层的含量略高于华庆地区长8储层，为44.1%。而合水地区长8储层的长石含量最高、长7储层含量最低；碳酸盐含量以合水地区长7储层含量最高，长6储层和镇北长8储层含量较低。华庆地区长8储层的黏土矿物含量最高，合水地区长8和长6储层含量较低。根据岩石脆性指数的计算方法1：脆性指数＝（石英＋碳酸盐含量）/（石英含量＋碳酸盐含量＋黏土含量）×100%，和计算方法2：脆性指数＝（石英＋碳酸盐含量）/（石英含量＋碳酸盐含量＋黏土含量＋长石含量）×100%。通过表2-3矿物组分对比可知，合水地区长6储层的脆性指数最大，合水地区长7储层次之，其次为镇北地区长8储层，而后分别为华庆地区和合水地区长8储层。

表2-3　矿物组分对比

层 位	矿物组分/%				脆性指数（方法1）	脆性指数（方法2）
	石英	长石	碳酸盐	黏土总量		
合水长8	44.1	36.2	5.8	13.9	78.21	49.90
合水长6	61.0	21.5	3.0	13.5	82.58	64.65
合水长7	51.7	20.9	12.0	14.1	81.88	64.54
镇北长8	49.0	33.3	3.3	14.0	78.88	52.51
华庆长8	42.3	31.3	8.0	18.3	73.32	50.35

2. 黏土矿物类型

根据 X 衍射黏土矿物分析（表2-4），研究区的黏土矿物类型主要以高岭石、绿泥石、伊利石及伊蒙混层为主。其中合水地区长8储层的绿泥石含量最高，镇北地区长8和华庆地区长8储层次之，虽然绿泥石抗压实能力强，有利于粒间孔保存，但也是储层出现酸敏的主要潜在因素。同时合水地区长8储层的高岭石含量最高，镇北地区长8储层次之，高岭石的存在会产生大量的高岭石晶间孔，但也会诱发速敏伤害。合水地区长7储层的伊利石含量最高，合水地区长8储层含量最小，伊利石是水敏伤害的主要诱因之一。

表2-4　黏土矿物类型对比

层 位	黏土矿物相对含量/%			
	高岭石	绿泥石	伊利石	伊/蒙混层
合水长8	17.0	41.3	21.3	20.4
合水长6	6.5	23.0	37.5	33.0
合水长7	6.6	22.6	42.4	28.4
镇北长8	10.3	37.8	25.0	27.0
华庆长8	8.0	36.8	29.0	26.3

根据扫描电镜镜下观察（图2-3~图2-5），绿泥石多以针叶状沿岩石颗粒生长，导致孔喉尺寸减小，流体渗流阻力增大，还有部分以绒球状充填孔喉；而伊利石多以毛发状充填孔喉生长，使大孔隙被割裂为若干个小孔，使储层物性降低；高岭石主要以充填孔喉的形式存在，高岭石发育的区域一般晶间孔含量都比较高，但是由于晶间孔尺寸很小，故流体渗流阻力很大，对于油气渗流来讲意义不大。此外，电镜下还可观察到高岭石的伊利石化，以及绿泥石和伊利石的蚀变现象。

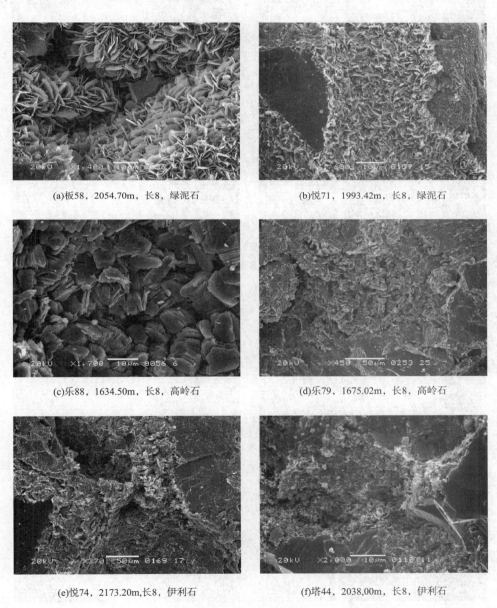

(a)板58，2054.70m，长8，绿泥石　　　　　(b)悦71，1993.42m，长8，绿泥石

(c)乐88，1634.50m，长8，高岭石　　　　　(d)乐79，1675.02m，长8，高岭石

(e)悦74，2173.20m，长8，伊利石　　　　　(f)塔44，2038.00m，长8，伊利石

图2-3　合水地区黏土矿物赋存特征

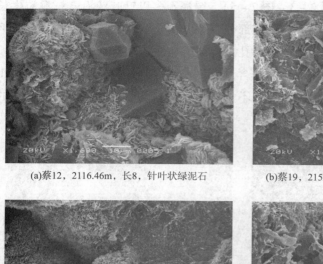

(a)蔡12，2116.46m，长8，针叶状绿泥石

(b)蔡19，2152.80m，长8，高岭石被伊利石化

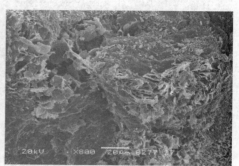

(c)白81，2353.67m，长8，绿泥石

(d)白76，2415.90m，长8，伊利石

图2-4　镇北地区长8储层黏土矿物赋存特征

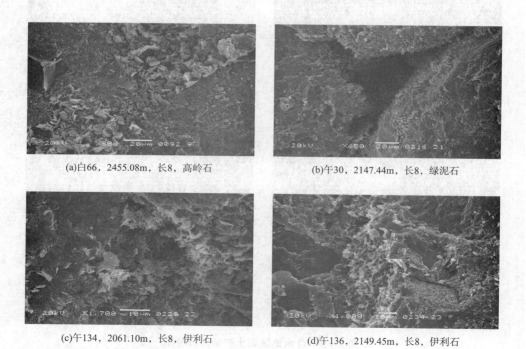

(a)白66，2455.08m，长8，高岭石

(b)午30，2147.44m，长8，绿泥石

(c)午134，2061.10m，长8，伊利石

(d)午136，2149.45m，长8，伊利石

图2-5　华庆地区长8储层黏土矿物赋存特征

2.2　孔隙结构特征

2.2.1　长7页岩油孔隙结构特征

1. 储集空间类型

高分辨率扫描电镜图像分析结果表明，长7段烃源岩中粒间孔、粒内孔和有机质孔并存，但不同类型孔隙的丰度、分布和孔隙连通性存在较大的差异。

1）粒间孔

粒间孔是指颗粒之间、颗粒与晶体之间、有机质/晶体与晶体之间的孔隙，其中颗粒有石英、长石等粉砂级脆性颗粒和黏土塑性颗粒2种。长7段烃源岩发育脆性颗粒间、脆性颗粒与黏土间、黏土集合体间、有机质与黏土间、黄铁矿晶粒与黏土间5种粒间孔类型。脆性颗粒间孔形态多样，从线性、三角形到棱角状均有，其显著特征为呈孔隙群出现、孔隙间连通好；该类孔隙发育程度受陆源碎屑组分含量和分布控制，与黑色页岩相比，在暗色块状泥岩中更为发育（图2-6）。脆性颗粒与黏土间粒间孔的形态、尺度大小受脆性颗粒边缘形态的控制作用明显：在脆性颗粒边缘形态不规则的组合中，常形成尺度大、形态多样的孔隙；而在脆性颗粒边缘形态平直的组合中，其与黏土间紧密接触，基本不发育孔隙（图2-6）。黏土集合体间粒间孔是研究样品中最为发育的孔隙类型，且连通性好（图2-6）。有机质、黄铁矿晶粒与黏土间的粒间孔类型在研究样品中数量较少（图2-6）。

2）粒内孔

粒内孔是指颗粒内部的孔隙。长7段烃源岩中可识别出黏土颗粒内（片状、不规则形）、伊利石晶间、黄铁矿晶间、颗粒溶蚀和化石体腔5种粒内孔隙。黏土颗粒片状孔在黏土内分布广泛，平行分布、成组出现，相对而言，不规则形粒内孔较片状孔少见。伊利石晶间孔在长7段烃源岩中发育普遍，以纳米级尺度孔隙构成的互为连通的孔隙群形态发育（图2-7）。长7段烃源岩中黄铁矿微球粒中晶间孔（图2-7）孔径以纳米级为主，小于 Barnett 页岩的微米级尺度，长7段黑色页岩中此类孔隙较发育。研究样品中颗粒溶蚀孔数量较少，且多为长石溶蚀孔（图2-7），这与以碳酸盐溶蚀孔为主要孔隙类型的陆相咸水型烃源岩不同。长7段烃源岩化石粒内孔同其他盆地泥页岩特征相似，孔隙受体腔形状的控制，数量少、多为孤立状（图2-7）。在研究的样品中，除黄铁矿晶间孔外，其他粒内孔的丰度与岩相类型的相关性不明显，但丰度差异显著。在两种岩相类型中，伊利石晶间粒内孔出现频率最高，其次为黏土颗粒内片状粒内孔，二者构成长7段烃源岩最主要的粒内孔类型。

3）有机质孔

长7段烃源岩中有机质孔发育差，且呈分散、孤立状分布（图2-8）。吴松涛等基于

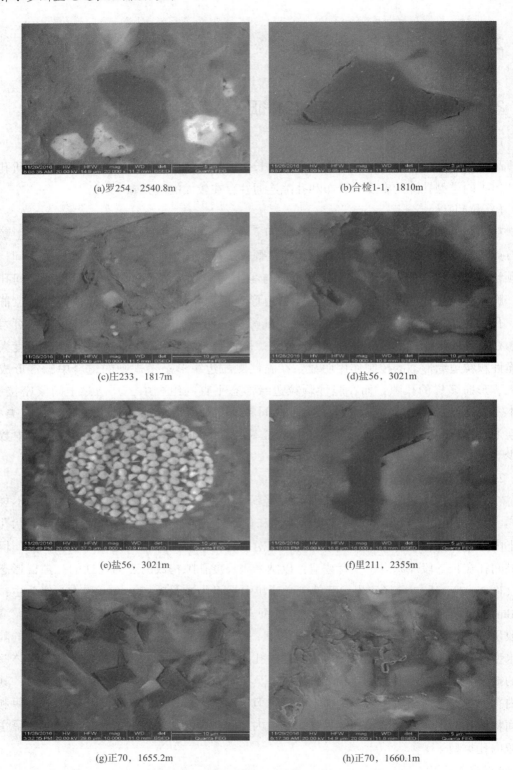

(a)罗254，2540.8m

(b)合检1-1，1810m

(c)庄233，1817m

(d)盐56，3021m

(e)盐56，3021m

(f)里211，2355m

(g)正70，1655.2m

(h)正70，1660.1m

图2-6　粒间孔

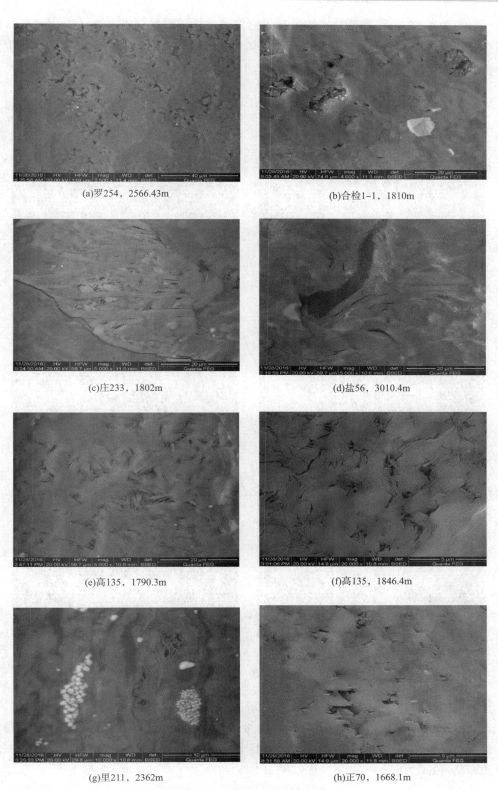

(a)罗254，2566.43m

(b)合检1-1，1810m

(c)庄233，1802m

(d)盐56，3010.4m

(e)高135，1790.3m

(f)高135，1846.4m

(g)里211，2362m

(h)正70，1668.1m

图2-7 粒内孔

温压模拟与纳米 CT 三维表征技术的最新研究发现，长 7 段泥页岩在 R_o 值大于 1.2% 时有机质孔开始大量发育。然而，长 7 段烃源岩镜质体反射率 R_o 分布于 0.7%~1.2%。据此分析，热演化程度较低是长 7 段烃源岩中有机质孔发育差的主导因素。

(a)罗254，2540.8m

(b)合检1-1，1810m

(c)庄233，1802m

(d)环317，2464m

(e)盐56，3010.4m

(f)里211，2355m

图 2-8　有机孔

4）晶间孔

　　扫描电镜下可见比较发育的黄铁矿晶间孔，黄铁矿多成几何体圆形、条带性分布（图 2-9），部分样品中黄铁矿含量高，最高含量可达 15.9%，实验样品中黄铁矿晶间孔发育的样品占 64.7%。

(a)庄233，1798.2m

(b)环317，2464m

(c)里211，2362m

(d)黄269，2520m

图2-9　晶间孔

5）微裂缝

李吉君等（2014年）对泌阳凹陷泌页1井和安深1井研究表明，泌阳凹陷无机孔隙（裂缝）主要包括宏观的页理、高角度构造裂缝以及微观的纹理（图2-10）。而本次通过14口取心井岩心观察，未发现宏观的高角度构造裂缝。因此，微观裂缝成为改善页岩油的主要因素之一。

岩心块号4(38/83)；井段：2437.20~2437.35m；岩性：灰褐色页岩；反映特征：钙质条纹及垂直微裂缝

岩心块号3(68/80)；井段：2430.09~2430.35m；岩性：灰褐色页岩，反映特征：裂缝见原油

(a)

(b)

图2-10　沁页1井泥页岩层理及高角度裂缝（李吉君等，2014年）

本书仅对岩心中微裂缝在地面上作静态观察，在地下原始条件下，这些微裂缝可能规模更大，也可能闭合消失。扫描电镜结果显示，长7页岩油中发育微米-纳米级微裂缝，具有定向排列特征，或穿透黏土基质，或切穿黄铁矿等结晶矿物，缝宽为$10nm \sim 1\mu m$，

缝长为 10～100μm 不等（图 2－11）。根据统计，20 块样品 161 张场发射扫描电镜照片（自然断面）中观察到有微裂缝的为 31 张，占 19.25%；212 张场发射扫描电镜（氩离子抛光）照片中观察到有微裂缝的为 73 张，占 34.43%。总的来说，长 7 泥页岩观察到的微裂缝比例并不高，这一结论与吴松涛等人研究结果一致。

根据微裂缝参数统计和计算，样品微裂缝长度最小为 5.27μm，最大为 89.46μm，平均为 27.75μm；微裂缝开度最小为 81.69μm，最大为 879.58μm，平均为 286.63μm（表 2－5）；样品微裂缝孔隙度至少是基质孔隙度的 2 倍，最大可为基质孔隙度的 9 倍；微裂缝渗透率至少是基质渗透率的 5 倍，最大可为基质渗透率的 513 倍。

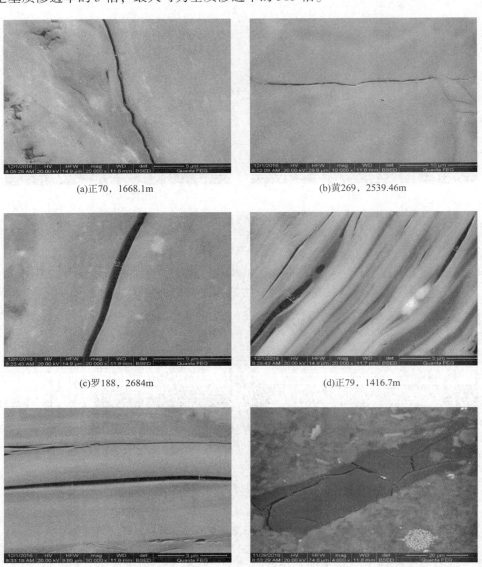

(a)正70，1668.1m

(b)黄269，2539.46m

(c)罗188，2684m

(d)正79，1416.7m

(e)耿295，2621.5 m

(f)黄269，2520m

图 2－11　微裂缝

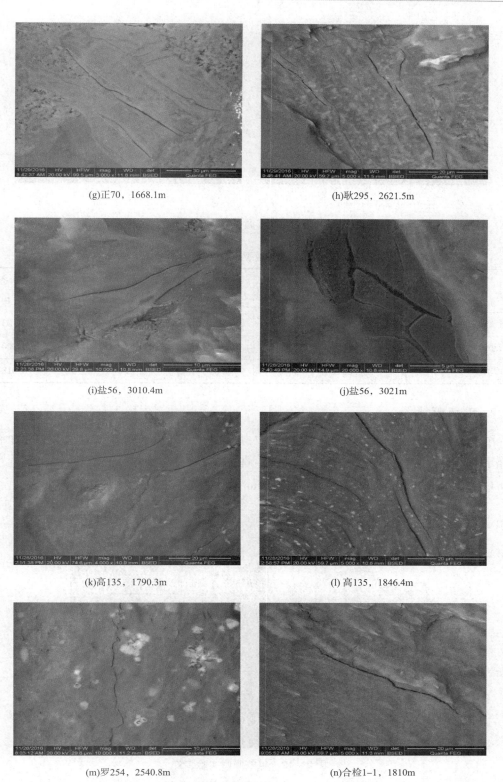

(g)正70，1668.1m

(h)耿295，2621.5m

(i)盐56，3010.4m

(j)盐56，3021m

(k)高135，1790.3m

(l) 高135，1846.4m

(m)罗254，2540.8m

(n)合检1-1，1810m

图2-11 微裂缝（续）

(o)庄233，1802m   (p)庄233，1817m

图2-11　微裂缝（续）

表2-5　微裂缝参数对比

参　数	裂缝长度/ μm	裂缝开度/ μm	裂缝间距/ μm	裂缝孔隙 度/%	基质孔隙 度/%	裂缝渗透率/ 10^{-3} μm²	基质渗透率/ 10^{-3} μm²
最大值	89.46	879.58	7.09	15.79	2.1	10.25	0.03
最小值	5.27	81.69	1.28	2.74	0.5	0.09	0.0004
平均值	27.75	286.63	3.70	9.03	1.59	1.74	0.0182

2. N_2 吸附

图2-12为等温吸附实验装置，根据17块样品的气体等温吸附测试结果，BET比表面介于 1.81～11.43m²/g，平均为5.22m²/g；BJH总孔体积介于0.0095～0.03mL/g，平均为0.0203mL/g；平均孔隙直径9.79～18.87nm，平均为14.81nm（表2-6）。

图2-12　氮气吸附实验装置

表2-6 等温吸附测试结果

井 号	深度/m	BET 比表面/(m²/g)	BJH 总孔体积/(mL/g)	平均孔直径/nm
罗 254	2566.43	4.1649	0.021169	17.6092
宁 70	1715	2.7028	0.012983	17.3485
合检 1-1	1716	11.4310	0.027764	9.7878
	1810	6.8263	0.030032	15.2298
庄 233	1798.2	6.3211	0.024285	14.3835
	1817	4.3914	0.019982	15.8772
环 317	2464	7.6815	0.029040	13.4212
盐 56	3010.4	8.4609	0.021433	10.1659
	3021	5.2295	0.022778	15.4011
高 135	1846.4	4.0763	0.018618	15.3115
里 211	2355	3.8855	0.015886	14.3734
	2362	5.2343	0.020566	14.2955
正 70	1660.1	1.8111	0.009460	18.8684
黄 269	2520	4.7837	0.021600	15.9722
	2539.46	2.6987	0.012352	15.9204
正 79	1416.7	3.5266	0.015261	14.9709
耿 295	2621.5	5.5679	0.022143	12.8769

3. 高压压汞测试

根据 16 块样品的高压压汞测试结果，排驱压力介于 0.36～34.69MPa 之间，平均为 12.51MPa；最大孔喉半径介于 0.02～2.04μm 之间，平均为 0.26μm；喉道均值介于 9.99～15.63μm 之间，平均为 14.57μm；分选系数介于 0.39～2.58 之间，平均为 1.21；最大进汞饱和度介于 26.15%～91.34% 之间，平均为 50.11%；退汞效率介于 0.016%～62.46% 之间，平均为 37.22%（表 2-7）。整体表现为样品孔喉差异大，排驱压力高，孔喉分选较差，退汞效率低的特点（图 2-13）。

表2-7 压汞结果参数统计

参 数	渗透率/10⁻³μm²	排驱压力/MPa	最大孔喉半径/μm	喉道均值	分选系数	最大进汞饱和度/%	退汞效率/%
最大值	0.0611	34.89	2.04	15.63	2.58	91.34	62.46
最小值	0.0004	0.36	0.02	9.99	0.39	26.15	0.016
平均值	0.00207	12.51	0.26	14.57	1.21	50.11	37.22

氮气吸附法能较为准确地反映出页岩的微孔、中孔分布情况；压汞法能弥补氮气吸附法的不足，对页岩的大孔进行分析。把氮气吸附法与压汞法结合使用，能够详细地描述泥页岩从微孔径到大孔径的分布情况。据表 2-8，长 7 页岩油孔隙直径分布在 1.59～5846.6nm 范围内。

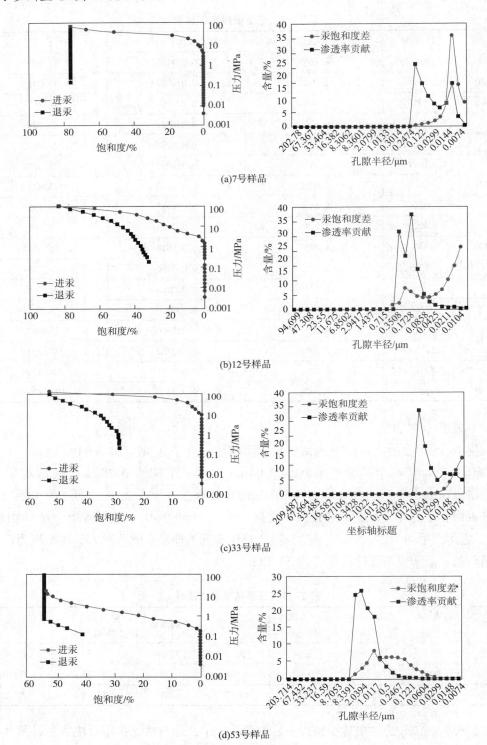

(a)7号样品

(b)12号样品

(c)33号样品

(d)53号样品

图2-13 典型样品的毛管曲线和孔喉分布

表2-8 孔隙直径分布表

井 号	岩心编号	孔隙直径/nm（N₂吸附）	孔隙直径/nm（高压压汞）	孔隙直径/nm
罗254	3	1.62~163.53	—	1.62~163.53
宁70	7	1.65~175.43	14.8~244.0	1.65~244
合检1-1	9	1.87~178.56	15.2~244.4	1.81~244.4
	12	1.61~164.66	14.6~701.6	1.61~701.6
庄233	14	1.84~161.89	—	1.84~161.89
	16	—	15.3~59.8	15.3~59.8
	17	1.59~153.21	—	1.59~153.21
环317	24	1.76~156.37	—	1.76~156.37
盐56	30	1.90~148.92	14.9~85.0	14.9~148.92
	31	1.65~154.16	—	1.65~154.16
高135	33	—	15.1~171.8	15.1~171.8
	35	1.60~148.15	14.8~701.0	14.8~701.0
里211	36	1.66~141.59	14.8~703.6	1.66~703.6
	37	1.72~162.03	15.0~703.8	1.72~703.8
正70	39	—	14.6~491.6	14.6~491.6
	40	1.62~172.50	—	1.62~172.50
黄269	43	1.66~156.40	—	1.66~156.4
	46	1.61~171.26	14.7~1426.8	1.61~1426.8
罗188	47	—	14.8~346.0	14.8~346.0
正79	53	1.66~152.42	15.2~5846.6	1.66~5846.6
耿295	57	1.70~153.14	15.1~243.8	1.70~243.8

4. CT扫描孔隙三维空间分布

利用纳米级CT对5块岩心进行了测试，实验装置如图2-14所示，对比发现5块样品中均不同程度发育黄铁矿，2号样品（罗254井，2565.8m）孔隙发育程度高，孔隙较大，孔隙连通性较好；8号样品（宁70，1720m）孔隙细小，但发育程度较好，连通性较好；22号样品（环317，2470m）孔隙更为细小，孔隙发育程度和连通性变差；30号样品（盐56，3010.4m）有机孔发育程度高，粒间孔和次生孔隙发育程度差；19号样品（庄233，1808m）孔隙发育程度差，发育部分较大孔隙，在空间呈孤立状分布（图2-15）。

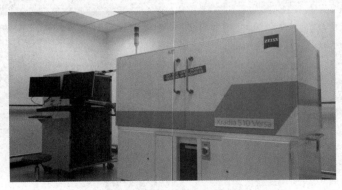

图2-14 CT扫描实验装置

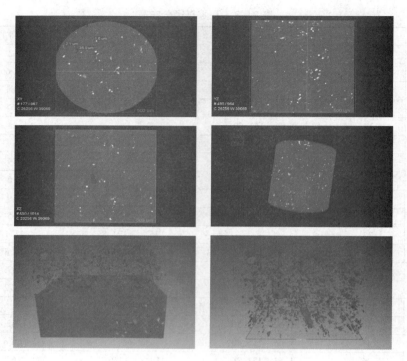

(a)罗254，2565.8m

(b)宁70，1720m

图 2－15 纳米 CT 成像图

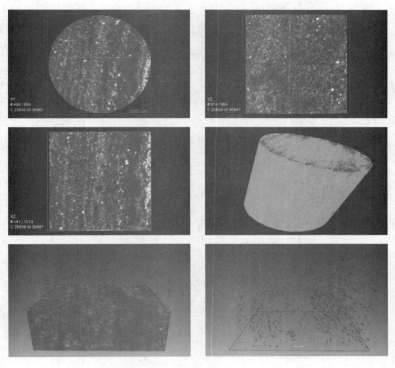

(c)环317，2470m

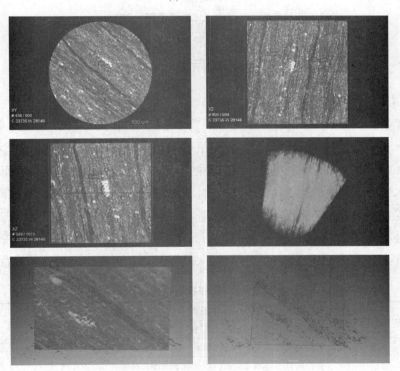

(d)盐56，3010.4m

图2-15　纳米CT成像图（续）

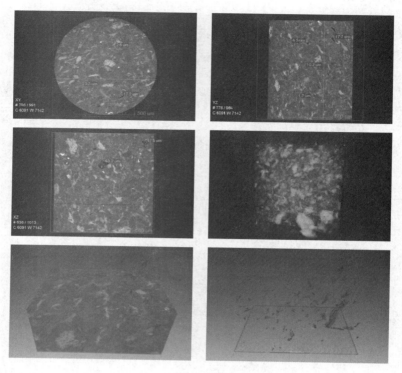

(e)庄233，1808m

图2-15 纳米CT成像图（续）

2.2.2 长8砂岩储层孔隙结构特征

1. 孔隙类型

根据112张铸体薄片、286张扫描电镜统计合水地区长8、长6、长7储层、镇北地区长8以及华庆地区长8储层的孔隙类型均以粒间孔为主，长石溶孔和岩屑溶孔次之（表2-9，图2-16～图2-19）。其中镇北地区孔隙最为发育，粒间孔含量最高，面孔率达到了5.70%；合水地区长7储层孔隙发育程度次之，但溶蚀孔最为发育，其次为粒间孔，面孔率为3.30%；合水长8储层的孔隙发育程度最差，粒间孔含量较高，溶蚀孔次之，面孔率仅为2.19%，此外可见很少的微裂缝。此外薄片镜下分析可知，镇北地区长8储层的孔隙尺寸最大，连通性最好；而合水地区长8储层孔隙尺寸差异大，孤立不连通孔隙发育程度高。

表2-9 孔隙发育程度对比

地　区	层　位	孔隙类型	面孔率/%
合水	长8	粒间孔（64%）、长石溶孔（31%）、岩屑溶孔（3%）	2.19
合水	长6	粒间孔（29%）、长石溶孔（51%）、岩屑溶孔（15%）	3.00
合水	长7	粒间孔（28%）、长石溶孔（56%）、岩屑溶孔（16%）	3.30
镇北	长8	粒间孔（54%）、长石溶孔（29%）、岩屑溶孔（14%）	5.70
华庆	长8	粒间孔（62%）、长石溶孔（29%）、岩屑溶孔（6%）	2.30

(a)板58，2054.66m，粒间孔

(b)悦74，2173.20m，粒间溶孔

(c)乐88，1634.49m，长石溶孔

(d)乐79，1675.00m，粒间溶孔

(e)乐88，1634.49m，微裂缝

(f)乐88，1634.49m，长石溶孔

(g)宁143，1711.10m，溶蚀孔

(h)宁175，1874.60m，溶蚀孔

图2-16 合水地区长8储层孔隙类型

(a)悦71，1936.30m，长7，发育的粒间孔

(b)悦71，1850.90m，长6，粒间孔和溶蚀孔

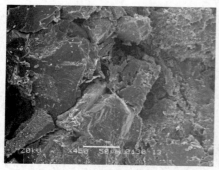

(c)悦71，1850.90m，长6，粒间孔和溶蚀孔

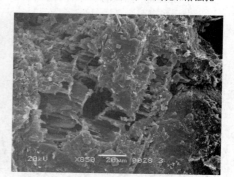

(d)板58，1971.41m，长7，溶蚀孔

图2-17　合水地区长6、长7储层孔隙类型

(a)白66，2455.08m，长8，粒间孔

(b)午30，2147.44m，长8，粒间孔

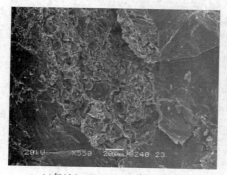

(c)午136，2149.45m，长8，微裂缝

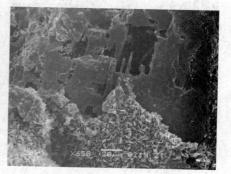

(d)午30，2147.44m，长8，溶蚀孔

图2-18　华庆地区长8储层孔隙类型

(a)蔡12，2116.5m，长8，粒间孔和长石溶孔　　(b)白76，2415.9m，长8，粒间孔和长石溶孔

(c)白81，2353.67m，长8，粒间孔和长石溶孔　　(d)白81，2353.67m，长8，溶蚀孔

图2-19　镇北地区长8储层孔隙类型

2. 喉道类型

喉道为连通两个孔隙的狭窄通道，每支喉道可以连通两个孔隙，而每个孔隙可以和3个以上的喉道相连通，有的甚至可以和6~8个喉道相连通。喉道是岩石中流体运移能力及渗透率大小的主要控制因素，而喉道大小和形态主要取决于岩石的颗粒接触关系、胶结类型以及颗粒本身的形状和大小。砂岩储层的喉道主要有如下5种类型（图2-20）。

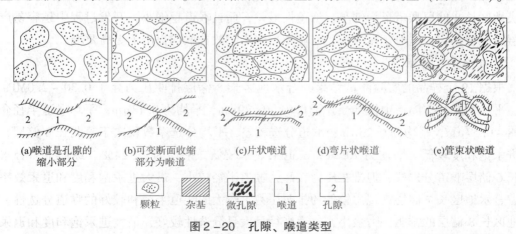

(a)喉道是孔隙的　　(b)可变断面收缩　　(c)片状喉道　　(d)弯片状喉道　　(e)管束状喉道
缩小部分　　　　　部分为喉道

颗粒　杂基　微孔隙　喉道　孔隙

图2-20　孔隙、喉道类型

孔隙缩小型喉道：即喉道是孔隙的缩小部分［图2-20（a）］，这种喉道类型主要发育在以粒间孔为主的砂岩储集层中，孔隙与喉道常难以区分。颗粒支撑、飘浮状颗粒接触

及无胶结物类型中多见。该类孔隙结构孔隙大、喉道粗，孔喉直径比接近于 1，孔隙几乎都是有效的。

缩颈型喉道：可变断面收缩部分为喉道 [图 2 – 20 (b)]，砂岩颗粒受压实而紧密排列时，保留下来的孔隙可能比较大，但颗粒间的喉道却明显变小。该储集层可能具有较高的孔隙度，但渗透率可能较低，孔喉直径比很大，孔隙有些是无效的。颗粒支撑、接触式和点接触类型中常见。

片状或弯片状喉道：喉道形态呈片状或弯片状 [图 2 – 20 (c)、(d)]，砂岩压实程度较强或晶体再生长时，喉道实际上是晶体之间的晶间隙。张开密度较小，一般小于 1μm，个别为几微米。颗粒间发生溶蚀后，亦可形成较宽的片状或弯片状喉道。所以这种类型喉道变化比较大，可以是小孔隙细喉道，受溶蚀作用改造后亦可以形成大孔隙粗喉道，孔喉直径比一般在中等~较大范围内。接触式、线接触和凹凸接触类型中常见。

管束状喉道：当杂基和胶结物含量较高时，原生粒间孔隙有时被完全堵塞。杂基及胶结物中的微孔隙（<0.5μm 的孔隙）本身即是孔隙又是喉道，这些微孔隙就像一支支毛细管交叉地分布在杂基和胶结物中 [图 2 – 20 (e)]。孔隙度一般中等或较低，渗透率非常低，大多小于 $0.1 \times 10^{-3} \mu m^2$，多形成致密储层。因为孔隙本身就是喉道，所以孔喉直径比接近于 1。杂基支撑、基底式及孔隙式和缝合接触类型中较为常见。

根据铸体薄片和扫描电镜观察与统计，合水地区长 8 储层的喉道类型以片状、弯片状和管束状为主，其中弯片状喉道发育程度高（图 2 – 21）。而长 7 储层和长 6 储层的喉道类型更为丰富，有片状和弯片状喉道、管束状喉道，还发育一部分缩径状喉道（图 2 – 22）。华庆地区的喉道也以片状、弯片状和管束状为主，但相对于合水地区长 8 储层而言，喉道更为细小（图 2 – 23）。镇北地区长 8 储层的喉道较粗，类型以孔隙缩小型、缩颈状、片状和弯片状为主，管束状喉道含量较低（图 2 – 24）。喉道决定着储层的渗透率大小，镇北地区长 8 储层较粗故渗透率最高，而合水地区长 8 储层的喉道类型细小，渗透率较低，华庆地区长 8 储层喉道最为细小，渗透性最差，而且喉道越细小，开发过程中越容易产生储层敏感性伤害，这对于压裂液类型和压裂施工参数选取均提出了更高要求。

3. 孔喉变化特征

根据 19 个样品的实验测试结果，合水地区长 8 储层排驱压力介于 0.30 ~ 2.0MPa 之间，平均为 0.88MPa；中值半径介于 0.01 ~ 0.29μm，平均为 0.13μm；平均喉道半径介于 0.08 ~ 0.57μm，平均为 0.25μm；喉道分选较差，平均分选系数仅次于镇北长 8 储层，最大进汞饱和度较低，平均为 70.71%，退汞效率较低，平均为 28.24%。纵向上，合水地区长 6 储层喉道分选好，但排驱压力较高，喉道半径较小，最大进汞饱和度和退汞效率较高。合水地区长 7 储层表现出较低的排驱压力、较大的喉道半径和较好的喉道分选性。镇北地区长 8 储层的排驱压力最小，喉道半径最大且分选性较好，最大进汞饱和度和退汞效率较高。华庆地区长 8 储层的排驱压力较大，喉道分选差且尺寸较小，最大进汞饱和度较低。对比结果见表 2 – 10。

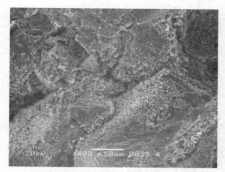

(a)板58，2054.66m，长8，弯片状喉道

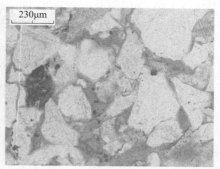

(b)板58，2054.66m，长8，弯片状喉道

(c)宁175，1874.60m，长8，片状和弯片状喉道

(d)庆94，2249.94m，长8，管束状喉道

图2-21　合水长8储层喉道类型

(a)乐88，1563.00m，长7，管束状喉道

(b)悦71，1850.90m，长6，弯片状喉道

(c)悦71，1850.90m，长6，缩颈状喉道

(d)宁175，1761.19m，长7，片状和弯片状喉道

图2-22　合水长6、长7储层喉道类型

(a)午30，2147.44m，长8，弯片状喉道 (b)白66，2455.08m，长8，弯片状喉道

(c)午134，2061.10m，长8，管束状喉道 (d)白66，2455.08m，长8，管束状喉道

图2-23 华庆长8储层喉道类型

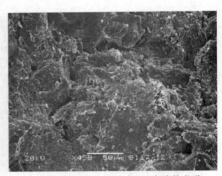

(a)蔡12，2116.46m，长8，弯片状喉道 (b)蔡19，2152.80m，长8，弯片状喉道

(c)白81，2353.67m，长8，缩颈型喉道 (d)白76，2415.90m，长8，弯片状喉道

图2-24 镇北长8储层喉道类型

表2-10 压实结果对比

地区层位	参数	渗透率/ $10^{-3}\mu m^2$	排驱压力/ MPa	中值半径/ μm	平均喉道 半径/μm	喉道分选 系数	最大进汞 饱和度/%	退汞效率/ %
合水长8	最大值	0.37	2.00	0.29	0.57	5.16	92.81	34.10
	最小值	0.01	0.30	0.01	0.08	1.77	21.83	16.60
	平均值	0.12	0.88	0.13	0.25	3.16	70.71	28.24
合水长6	最大值	0.32	2.00	0.16	0.17	2.51	91.44	41.64
	最小值	0.02	1.20	0.06	0.10	1.19	69.00	32.00
	平均值	0.15	1.50	0.13	0.14	1.84	89.78	37.47
合水长7	最大值	0.40	1.50	0.18	0.18	2.31	90.13	29.35
	最小值	0.01	0.30	0.01	0.10	1.85	84.94	23.70
	平均值	0.22	1.03	0.13	0.14	2.01	86.67	24.39
镇北长8	最大值	0.44	0.50	0.65	0.65	2.55	97.36	36.00
	最小值	0.02	0.30	0.12	0.31	1.68	62.78	24.20
	平均值	0.26	0.37	0.32	0.43	1.97	84.17	31.90
华庆长8	最大值	0.11	2.00	0.15	0.28	4.83	87.95	35.41
	最小值	0.01	0.30	0.01	0.06	2.11	56.94	31.04
	平均值	0.06	1.03	0.09	0.19	3.31	72.69	33.77

由压汞曲线图2-25可知,合水地区长8储层的毛细管压力进汞曲线平台端很短,反映孔喉分选差,且不同渗透率级别毛细管曲线差异很大,根据孔喉分布和渗透率贡献计算,样品的孔喉分布范围比较宽,但渗透率主要由占少数的较大孔喉来贡献。相比较而言,合水地区长6、长7储层的样品的毛细管进汞曲线平台端明显,喉道分布比较集中。镇北地区长8储层的毛细管进汞曲线平台端最长,孔喉分布多表现为双峰态。而华庆地区长8储层的毛细管进汞曲线平台端较短,孔喉差异大,分选差。

4. 孔喉空间分布

本次工作3块样品(图2-26~图2-29)进行了纳米CT扫描,结果表明12-1号样品平均孔隙半径6.8μm,其主要孔隙半径分布在1~10μm,占60%左右;其中5~10μm孔隙最为发育,占总孔隙的34%。平均喉道半径1.2μm,其主要喉道半径分布在1~5μm,占44%左右;小于5μm的喉道占总喉道的80%。最大孔喉配位数3.8,孔喉连通性好。29-1号样品平均孔隙半径1.2μm,其主要孔隙半径分布在<1μm,占45%左右。平均喉道半径0.29μm,其主要喉道半径分布在<1μm,占52%左右。孔喉配位数0.7,孔喉连通性较差。93-1号样品平均孔隙半径2.6μm,其主要孔隙半径分布在<5μm,占61%左右,其中1~5μm孔隙最为发育,占总孔隙的35%。平均喉道半径0.65μm,其主要喉道半径分布在<5μm,占80%左右,其中<1μm喉道最为发育,占总孔隙的41%。孔喉配位数2.4,孔喉连通性较好。

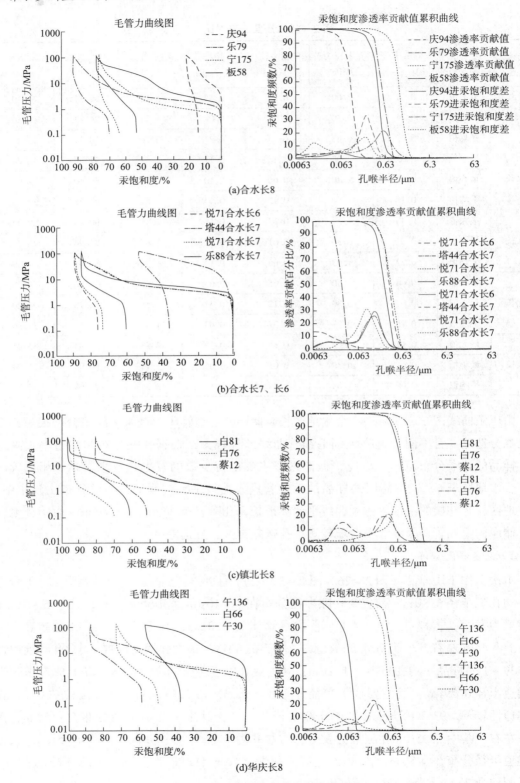

图 2-25　典型压汞曲线和孔喉分布

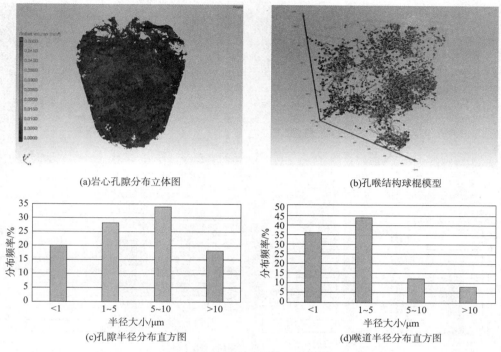

(a)岩心孔隙分布立体图　　　　　　　　(b)孔喉结构球棍模型

(c)孔隙半径分布直方图　　　　　　　　(d)喉道半径分布直方图

图 2 –26　12 –1CT 扫描结果（板 58，2054.66m，长 8）

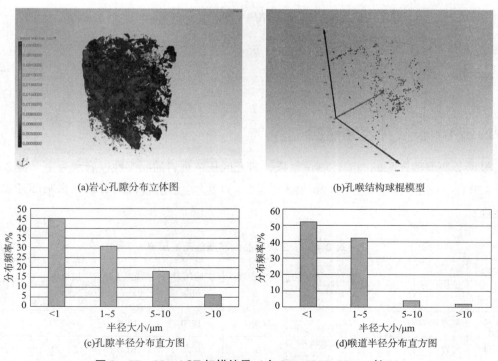

(a)岩心孔隙分布立体图　　　　　　　　(b)孔喉结构球棍模型

(c)孔隙半径分布直方图　　　　　　　　(d)喉道半径分布直方图

图 2 –27　29 –1CT 扫描结果（白 81，2353.89m，长 8）

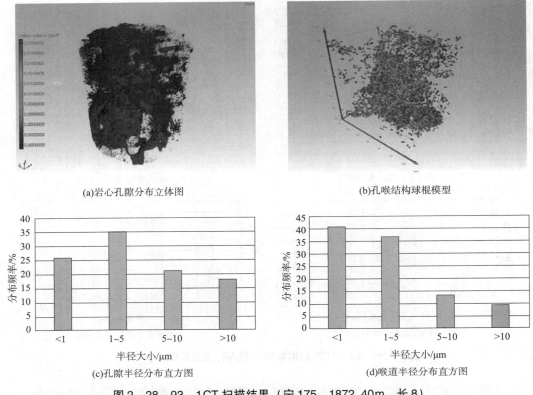

(a)岩心孔隙分布立体图　　　　　　　(b)孔喉结构球棍模型

(c)孔隙半径分布直方图　　　　　　　(d)喉道半径分布直方图

图2-28　93-1CT扫描结果（宁175，1872.40m，长8）

2.3　润湿性特征

2.3.1　长7页岩油储层

根据2块典型样品的润湿性测试结果，研究区长7页岩油润湿性以亲水为主（图2-29、图2-30），接触角介于6.57°~36.12°（表2-11），亲水的特征为页岩油自吸驱油提供了可能性。

表2-11　2块样品的润湿性测试结果

岩心号	矿片名称	实验介质	实验温度/℃	实验压力/MPa	稳定时间/min	接触角/(°)	润湿类型
15号	岩片	中性煤油 25000mg/L 标准盐水	60.0	18.0	10.0	6.57	亲水
16号	岩片		60.0	18.0	10.0	36.12	亲水

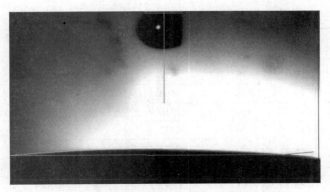

图 2-29　15 号样品的润湿接触角测试

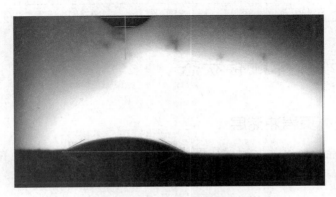

图 2-30　16 号样品的润湿接触角测试

2.3.2　长 8 致密砂岩储层

合水地区长 8 储层主要以亲水为主，纵向上长 6，长 7 以亲水为主，横向上镇北、华庆地区长 8 储层以亲水为主，其中合水地区长 8 储层亲水性更强，润湿接触角平均为 57.5°，长 6 储层的润湿接触角平均为 32.1°，长 7 储层的润湿接触角平均为 68.0°。而镇北地区长 8 储层的润湿接触角小于合水地区长 8 和长 7 储层，为 42.7°，华庆地区长 8 储层的润湿接触角最大，平均为 70.4°，结果见表 2-12。根据毛细管自发渗吸驱油机理，合水地区长 8 储层较好的亲水性为自发渗吸驱油提供了条件，建议注水后焖井一段时间充分发挥毛细管渗吸驱油特征，以提高开发效果。

表 2-12　润湿性测试结果对比

地　区	层　位	井　号	岩心编号	深度/m	接触角/(°)	稳定时间/min	润湿类型
合水	长 8	板 58	13	2054.9	29.8	10	亲水
合水	长 8	乐 88	20	1636.3	19.7	10	亲水
合水	长 8	庆 94	74	2250.3	134.2	10	亲油
合水	长 8	宁 175	82	1872.6	46.2	10	亲水
合水	长 6	悦 71	46	1851.1	31.6	10	亲水
合水	长 6	板 58	86	1849.4	32.5	10	亲水

续表

地 区	层 位	井 号	岩心编号	深度/m	接触角/(°)	稳定时间/min	润湿类型
合水	长7	塔44	38	1932.4	44.8	10	亲水
合水	长7	板58	79	1912.4	36.2	10	亲水
合水	长7	乐79	102	1566.3	123.1	10	亲油
镇北	长8	蔡12	5	2116.9	46.5	10	亲水
镇北	长8	白81	26	2322.9	43.8	10	亲水
镇北	长8	白81	96	2353.7	37.8	10	亲水
华庆	长8	白66	31	2444.2	66.1	10	亲水
华庆	长8	午30	63	2147.5	65.5	10	亲水
华庆	长8	午134	65	2161.6	63.8	10	亲水
华庆	长8	午136	68	2156.8	86.3	10	亲水

2.4 可动流体赋存状态

2.4.1 长7页岩油储层

根据11块样品的核磁共振测试结果，实验样品核磁共振 T_2 谱以单峰和双峰态为主（图2-31），其中单峰样品6块，占54.55%，双峰态占45.45%（表2-13），$T_{2cutoff}$ 分布范围宽，最小为1.32ms，最大为174.75ms，平均为27.78ms（表2-13），明显高于致密油、超低渗透、特低渗透砂岩样品。11块样品可动流体百分数介于1.57%~40.86%之间，平均为12.47%（表2-13），明显低于致密油的可动流体百分数。

根据宁方兴（2015年）通过对东营凹陷不同岩相页岩样品的测试，建立了可动油比例变化剖面，可动油比例在8%~32%，随深度增加可动油比例明显增大。张林晔等（2014）对渤海湾盆地济阳坳陷东营凹陷古近系沙河街组湖湘页岩进行了研究认为 Es_3x 和 Es_4s 页岩的含油饱和度主体为1%~80%，通过计算认为 Es_3x 总可动油率为8%~28%，Es_4s 为9%~30%。对比可知，鄂尔多斯盆地长8可动油含量与东营凹陷页岩差异不大。

为了评价岩心压裂后的可动流体百分数，对2块样品进行了三轴应力实验，目的是为了造出人工裂缝，在样品没有损坏的前提下进行离心前后的核磁共振可动流体测试，实验结果如图2-32所示，对比发现，可动流体百分数明显增加，介于26.07%~27.12%之间，平均为26.60%（表2-14）。

表2-13 实验样品的核磁共振测试结果

井 号	样品编号	深度/m	$T_{2cutoff}$/ms	可动流体百分数/%	T_2谱形态	核磁共振孔隙度/%
耿295	56	2613.3	174.75	2.72	单峰	0.96
正79	52	1410.3	2.65	23.44	双峰	1.44
宁148	51	1717.1	5.33	19.43	双峰	1.67
罗188	48	2688	1.32	40.86	双峰	2.18

续表

井　号	样品编号	深度/m	$T_{2cutoff}$/ms	可动流体百分数/%	T_2谱形态	核磁共振孔隙度/%
高135	32	1782.1	18.73	6.22	双峰	1.19
盐56	29	3069.4	43.28	8.55	单峰	1.55
盐56	28	3061	5.33	3.67	单峰	1.07
环317	23	2480	7.05	20.35	单峰	2.06
环317	21	2460	21.54	5.86	单峰	0.96
庄233	20	1815	16.29	4.49	双峰	1.36

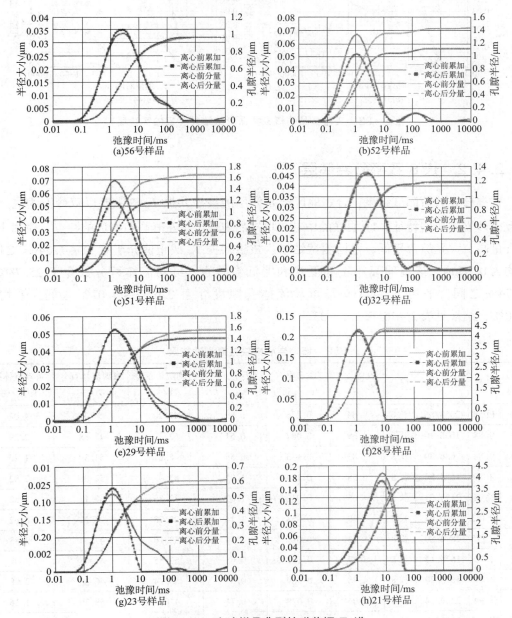

图2-31　实验样品典型核磁共振 T_2 谱

表2-14   实验样品的核磁共振测试结果（三轴实验后）

井　号	样品编号	深度/m	$T_{2cutoff}$/ms	可动流体百分数/%	T_2 谱形态	核磁共振孔隙度/%
宁70	5	1713	32.74	27.12	双峰	1.7176
黄269	44	2533	3.51	26.07	双峰	1.8317

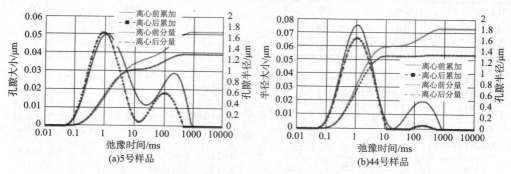

图2-32   实验样品的核磁共振测试结果（三轴实验后）

2.4.2   长8致密砂岩储层

根据核磁共振测试结果，合水地区长8储层的核磁共振 T_2 谱主要以双峰态为主，也是致密砂岩的典型特征，11块样品中有8块样品表现出了左峰高右峰低的特点，说明小孔隙含量高，大孔隙含量低。根据测试结果，核磁共振 T_2 截止值介于 0.51～1.34ms 之间，平均为 0.85ms，该值明显小于超低渗和特低渗砂岩。可动流体百分数介于 25.78%～53.74% 之间，平均为 44.81%；可动流体孔隙度介于 0.62%～4.07% 之间，平均为 2.30%，结果见表2-15和图2-33。

表2-15   岩心核磁共振测试结果

样品编号	井号	深度/m	层位	孔隙度/%	渗透率/$10^{-3}\mu m^2$	$T_{2cutoff}$/ms	可动流体百分数/%	束缚流体百分数/%	可动流体孔隙度/%
13	板58	2054.86	长8	9.64	0.276	0.69	42.20	57.8	4.07
19	乐88	1636.10	长8	4.39	0.007	0.51	52.12	47.88	2.29
20	乐88	1636.30	长8	3.83	0.143	0.55	48.61	51.39	1.86
25	乐89	1684.90	长8	6.58	0.184	1.01	42.92	57.08	2.82
54	悦74	2173.51	长8	4.63	0.032	1.03	32.85	67.15	1.52
55	宁143	1940.65	长8	2.40	0.053	1.14	25.78	74.22	0.62
61	宁175	1874.80	长8	5.43	0.011	1.34	52.16	47.84	2.83
72	乐79	1675.17	长8	5.77	0.131	0.65	52.55	47.45	3.03
81	乐79	1675.20	长8	4.98	0.369	0.59	53.74	46.26	2.68
88	庆94	2249.74	长8	3.06	0.028	0.71	41.24	58.76	1.26
93	宁175	1872.40	长8	4.80	0.175	1.17	48.78	51.22	2.34

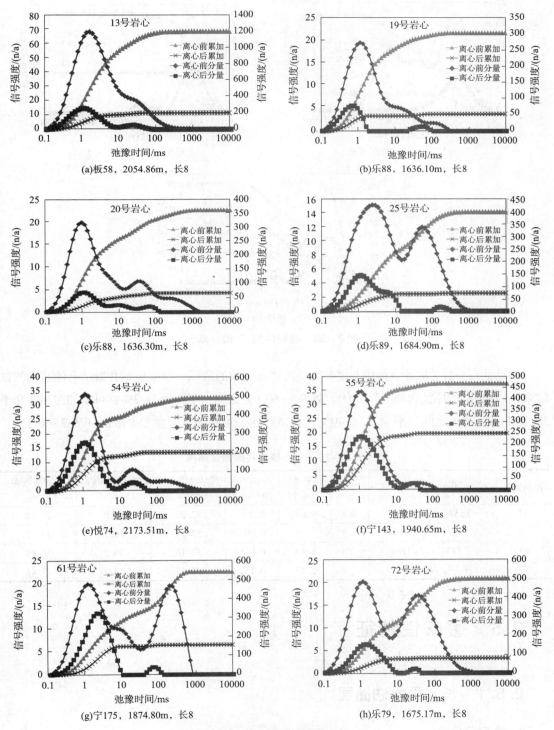

图2-33 核磁共振 T_2 谱

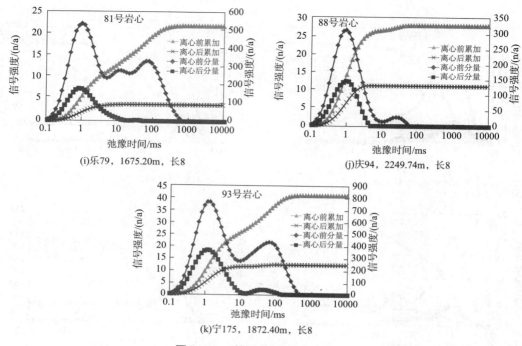

(i)乐79, 1675.20m, 长8

(j)庆94, 2249.74m, 长8

(k)宁175, 1872.40m, 长8

图2-33 核磁共振 T_2 谱（续）

可动油百分数为原始含油饱和度与可动流体百分数的乘积，根据核磁共振结合油驱水测试结果，4块样品的原始含油饱和度介于38.9%~66.9%之间，平均为54.3%；可动油饱和度介于20.27%~30.88%之间，平均为26.70%，该值可作为水驱油效率参考上限值（表2-16）。

表2-16 岩心核磁共振测试结果

样品编号	井号，深度	层位	孔隙度/%	渗透率/$10^{-3}\mu m^2$	可动流体百分数/%	含油饱和度/%	可动油饱和度/%
13	板58, 2054.86m	长8	9.64	0.276	42.20	66.9	28.23
19	乐88, 1636.10m	长8	4.39	0.007	52.12	38.9	20.27
61	宁175, 1874.80m	长8	5.43	0.011	52.16	59.2	30.88
72	乐79, 1675.17m	长8	5.77	0.131	52.55	52.2	27.43

2.5　敏感性特征

2.5.1　长7页岩油储层

1. 速敏评价

参考 SY/T 5358—2010：流量为初始流量0.01mL/min 时，驱替压力梯度已大于2MPa/cm；流量为0.05mL/min 时，压差已大于地层压力（18MPa）。结束实验，实验结果如图2-34

所示，实验流速下，岩心速敏损害率均小于5%，判断岩心速敏损害为"无"（表2-17、表2-18、表2-19）。

表2-17 实验样品基本信息

样品编号	井　号	气测渗透率/$10^{-3}\mu m^2$	孔隙度/%	初始渗透率（基块）$K_i/10^{-3}\mu m^2$	样品长度/cm	样品直径/cm
10	合检1-1	0.0330	1.1	0.000980	2.465	2.549
49	宁148	0.0150	0.9	0.000671	2.197	2.560

表2-18 10号样品实验结果统计

流量/(cm^3/min)	岩心进出口压差/MPa	流体渗透率 $K_n/10^{-3}\mu m^2$	渗透率比率 K_n/K_i/%	速敏损害率 D_n/%
0.010	5.5	0.000980	100	—
0.025	13.8	0.000976	99.6	0.4
0.050	27.8	0.000969	98.9	1.1

表2-19 49号样品实验结果统计

流量/(cm^3/min)	岩心进出口压差/MPa	流体渗透率 $K_n/10^{-3}\mu m^2$	渗透率比率 K_n/K_i/%	速敏损害率 D_n/%
0.010	7.1	0.000671	100	—
0.025	18.2	0.000654	97.5	2.5
0.050	36.8	0.000647	96.5	3.5

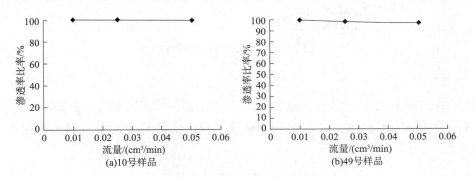

图2-34 速敏实验结果曲线

2. 水敏评价

两块样品的水敏损害率分别为84.6%、72.1%（图2-35），根据SY/T5358—2012中判别标准，水敏损害程度判定为"强"（表2-20~表2-22）。

表2-20 实验样品基本信息

样品编号	井　号	气测渗透率/$10^{-3}\mu m^2$	孔隙度/%	初始渗透率$K_i/10^{-3}\mu m^2$（人造微裂缝）	样品长度/cm	样品直径/cm
10	合检1-1	0.0330	1.0	0.0552	1.998	2.565
49	宁148	0.0150	1.1	0.226	2.554	2.536

表2-21　10号样品实验结果统计

流体介质	矿化度/ (mg/L)	流量/ (cm³/min)	累计注入倍数/ PV	流体渗透率 K_n/ $10^{-3} \mu m^2$	渗透率比率 K_n/ K_i/%
模拟地层水	25000	0.700	15	0.0552	100
1/2 地层水	12500	0.700	15	0.0270	48.9
蒸馏水	0	0.700	15	0.0085	15.4

表2-22　49号样品实验结果统计

流体介质	矿化度/ (mg/L)	流量/ (cm³/min)	累计注入倍数/ PV	流体渗透率 K_n/ $10^{-3} \mu m^2$	渗透率比率 K_n/ K_i/%
模拟地层水	25000	1.000	20	0.226	100.0
1/2 地层水	12500	1.000	20	0.082	36.3
蒸馏水	0	1.000	20	0.063	27.9

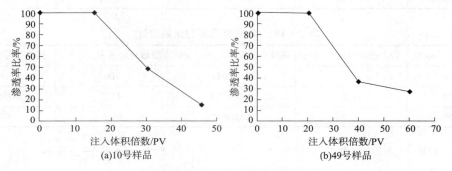

(a)10号样品　　　　(b)49号样品

图2-35　水敏实验结果曲线

3. 盐敏评价

　　两块样品盐敏实验结果如图2-36所示，1/2 地层水盐敏损害率已大于20%（表2-23～表2-25），根据SY/T 5358—2012 中判别标准，判定临界矿化度为地层水矿化度，即为25000mg/L。

表2-23　实验样品基本信息

样品 编号	井　号	气测渗透率/ $10^{-3} \mu m^2$	孔隙度/ %	初始渗透率 $K_i/10^{-3} \mu m^2$ （人造微裂缝）	样品长度/ cm	样品直径/ cm
10	合检1-1	0.0330	1.0	0.0552	1.998	2.565
49	宁 148	0.0150	1.1	0.226	2.554	2.536

表2-24　10号样品实验结果统计

流体介质	矿化度/ (mg/L)	流量/ (cm³/min)	累计注入倍数/ PV	流体渗透率 $K_n/10^{-3} \mu m^2$	渗透率比率 K_n/K_i/%	盐敏损害率 D_{sn}/%
模拟地层水	25000	0.700	15	0.0552	100.0	/
1/2 地层水	12500	0.700	15	0.0270	48.9	51.1

续表

流体介质	矿化度/ （mg/L）	流量/ （cm³/min）	累计注入倍数/ PV	流体渗透率 $K_n/10^{-3}\mu m^2$	渗透率比率/ $K_n/K_i/\%$	盐敏损害率 $D_{sn}/\%$
1/4 地层水	6250	0.700	15	0.0114	20.7	79.3
1/8 地层水	3125	0.700	15	0.0096	17.4	82.6
蒸馏水	0	0.700	15	0.0085	15.4	84.6

表 2 – 25　49 号样品实验结果统计

流体介质	矿化度/ （mg/L）	流量/ （cm³/min）	累计注入倍数/ PV	流体渗透率 $K_n/10^{-3}\mu m^2$	渗透率比率/ $K_n/K_i/\%$	盐敏损害率 $D_{sn}/\%$
模拟地层水	25000	1.000	20	0.226	100.00	—
1/2 地层水	12500	1.000	20	0.082	36.3	63.7
1/4 地层水	6250	1.000	20	0.071	31.4	68.6
1/8 地层水	3125	1.000	20	0.067	29.6	70.4
蒸馏水	0	1.000	20	0.063	27.9	72.1

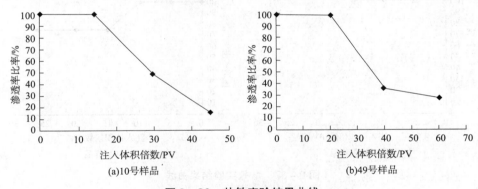

(a)10号样品　　　　　　　　　(b)49号样品

图 2 – 36　盐敏实验结果曲线

4. 酸敏评价

两块样品表 2 – 26 实验结果如图 2 – 37 所示，10 号样品酸敏损害率为 66.5%（表 2 – 27），根据 SY/T 5358—2012 中判别标准，酸敏损害程度判定为"中等偏强"。49 号样品酸敏损害率为 26.1%（表 2 – 28），根据 SY/T 5358—2012 中判别标准，将酸敏损害程度判定为"弱"。

表 2 – 26　实验样品基本信息

样品编号	井　号	气测渗透率/ $10^{-3}\mu m^2$	孔隙度/%	初始渗透率 $K_i/10^{-3}\mu m^2$ （人造微裂缝）	样品长度/ cm	样品直径/ cm
10	合检 1 – 1	0.0330	1.0	0.576	2.465	2.549
49	宁 148	0.0150	0.9	0.111	2.197	2.560

表2-27　10号样品实验结果统计

实验过程	流体介质	矿化度/浓度	流量/(cm³/min)	累计注入倍数/PV	阶段渗透率/10⁻³μm²	
正向渗透率测试	KCl 溶液	25000mg/L	3.000	15	酸前渗透率 K_i	0.576
反向注酸反应	HCl 溶液	15%	0.100	1	关闭进出口阀门反应1h	
正向渗透率测试	KCl 溶液	25000mg/L	3.000	15	酸后渗透率 K_{ac}	0.193

表2-28　49号样品实验结果统计

实验过程	流体介质	矿化度/浓度	流量/(cm³/min)	累计注入倍数/PV	阶段渗透率/10⁻³μm²	
正向渗透率测试	KCl 溶液	25000mg/L	1.000	10	酸前渗透率 K_i	0.111
反向注酸反应	HCl 溶液	15%	1.000	1	关闭进出口阀门反应1h	
正向渗透率测试	KCl 溶液	25000mg/L	1.000	15	酸后渗透率 K_{ac}	0.082

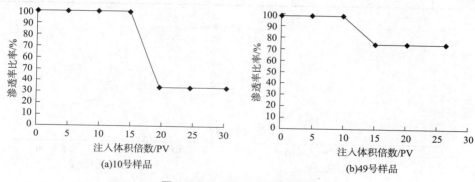

图2-37　酸敏实验结果曲线

5. 碱敏评价

两块样品（表2-29）实验结果如图2-38所示，对于10号样品，pH为8.5时，伤害率已大于20%，碱敏最大损害率为87.6%（表2-30），根据 SY/T 5358—2012 中判别标准，碱敏损害程度判定为"强"，临界 pH 值为7.0。对于49号样品，pH 为8.5 时，伤害率已大于20%，碱敏最大损害率为70.7%（表2-31），根据 SY/T5358—2012 中判别标准，碱敏损害程度判定为"强"，临界 pH 值为7.0。

表2-29　实验样品基本信息

样品编号	井号	气测渗透率/10⁻³μm²	孔隙度/%	初始渗透率 K_i/10⁻³μm²（人造微裂缝）	样品长度/cm	样品直径/cm
10	合检1-1	0.0330	1.0	0.105	2.328	2.553
49	宁148	0.0150	0.9	19.209	2.379	2.543

表2-30　10号样品实验结果统计

流体介质名称	pH 值	注入倍数/PV	流体渗透率 $K_n/10^{-3}\mu m^2$	渗透率比率 $K_n/K_i/\%$	渗透率变化率 $D_{aln}/\%$
矿化度为 25000mg/L 的 KCl 溶液 + NaOH 溶液调节至需要的 pH 值	7.0	15	0.105	100.0	/
	8.5	15	0.040	38.1	61.9
	10.0	15	0.022	21.0	79.0
	11.5	15	0.019	18.1	81.9
	13.0	15	0.013	12.4	87.6

表2-31　49号样品实验结果统计

流体介质名称	pH 值	注入倍数/PV	流体渗透率 $K_n/10^{-3}\mu m^2$	渗透率比率 $K_n/K_i/\%$	渗透率变化率 $D_{aln}/\%$
矿化度为 25000mg/L 的 KCl 溶液 + NaOH 溶液调节至需要的 pH 值	7.0	20	19.209	100.0	0.00
	8.5	15	13.413	69.8	30.2
	10.0	15	11.095	57.8	42.2
	11.5	15	6.127	31.9	68.1
	13.0	15	5.630	29.3	70.7

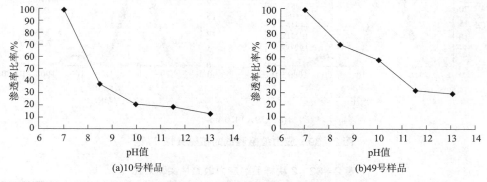

(a)10号样品　　　　　　(b)49号样品

图2-38　碱敏实验结果曲线

6. 应力敏感评价

为了评价岩心的应力敏感程度，利用核磁共振实验高压驱替设备对 2 块样品进行了增压和降压过程的应力敏感程度测试，围压从 2.5MPa 依次增加到 18MPa，每个压力下保持1h，测核磁共振 T_2 谱，之后再依次减压至 2.5MPa，实验过程流体介质为水。51 号样品（宁 148，1717.1m）应力敏感程度较弱，当围压增加后，中等孔隙（左峰）有小幅变化，围压较小时变化幅度较大，当围压增加到 9MPa 后峰值变化很小，代表较大孔隙的右峰在增压实验过程中的变化均较小。降压过程中当压力降低至 15MPa，核磁共振 T_2 谱左峰明显升高，但继续降压后，T_2 谱左峰值变化幅度很小。同样地，整个实验过程中右峰变化很小（图2-39）。

对于 52 号样品（正 79，1410.3m）而言，应力伤害程度较大，当围压介于 2.5 ~ 11MPa

时，中等孔隙（T_2 谱左峰）均有不同程度下降，但幅度较小，当围压达到 14MPa，中等孔隙（T_2 谱左峰）下降幅度明显增加，增加至 18MPa，下降幅度减小，同样，较大孔隙（T_2 谱右峰）在增压过程中变化较小，随着围压增加，T_2 值表现出减小的趋势。降压过程中，当压力降至 14MPa，核磁共振 T_2 谱左峰幅度明显增加，继续降压至 11MPa，左峰上升幅度明显，之后缓慢上升；对比发现降压过程中代表大孔隙的右峰恢复程度差（图 2-39、表 2-32）。

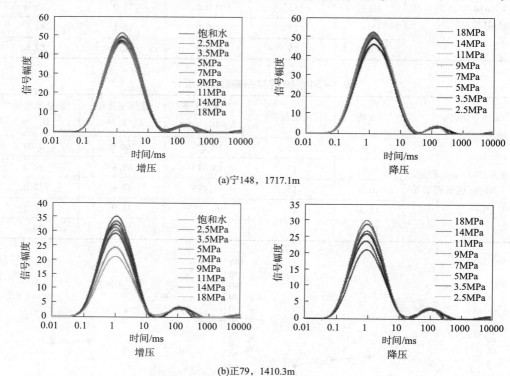

(a)宁148，1717.1m

(b)正79，1410.3m

图 2-39 应力敏感测试的核磁共振 T_2 谱

表 2-32 2 块样品的应力敏感性实验对比

样品编号	增 压				降 压			
	测试时间	T_2 谱面积	变化量	变化幅度/%	测试时间	T_2 谱面积	变化量	变化幅度/%
宁148	饱和水	1189.33	0.00	0.00	—	—	—	—
	2.5MPa	1150.94	38.39	3.23	18MPa	1092.47	0.00	0.00
	3.5MPa	1133.66	17.28	1.50	14MPa	1150.29	57.82	5.29
	5MPa	1125.18	8.48	0.75	11MPa	1167.74	17.45	1.52
	7MPa	1096.83	28.35	2.52	9MPa	1194.89	27.15	2.33
	9MPa	1092.47	4.36	0.40	7MPa	1197.82	2.93	0.25
	11MPa	1091.72	0.75	0.07	5MPa	1202.26	4.44	0.37
	14MPa	1077.84	13.88	1.27	3.5MPa	1206.83	4.57	0.38
	18MPa	1068.85	8.99	0.83	2.5MPa	1215.89	9.06	0.75

样品编号	增 压				降 压			
	测试时间	T_2谱面积	变化量	变化幅度/%	测试时间	T_2谱面积	变化量	变化幅度/%
正79	饱和水	756	0.00	0.00	—	—	—	—
	2.5MPa	709.52	46.48	6.15	18MPa	477.75	0.00	0.00
	3.5MPa	694.54	14.98	2.11	14MPa	527.88	50.13	10.49
	5MPa	681.72	12.82	1.85	11MPa	561.12	33.24	6.30
	7MPa	678.75	2.97	0.44	9MPa	575.67	14.55	2.59
	9MPa	645.82	32.93	4.85	7MPa	587.48	11.81	2.05
	11MPa	633.83	11.99	1.86	5MPa	612.57	25.09	4.27
	14MPa	534.79	99.04	15.63	3.5MPa	621.17	8.60	1.40
	18MPa	477.75	57.04	10.67	2.5MPa	647.43	26.26	4.23

2.5.2　长8致密砂岩储层

本实验严格执行标准SY/T 5358—2010《储层敏感性流动实验评价方法》。针对合水地区长8储层，开展储层敏感性分析实验；确定合水地区长8储层敏感性类型以及敏感性伤害程度。

1. 速敏评价

（1）将完全饱和的岩样装入岩心夹持器中，应使液体在岩样中的流动方向与测定气体渗透率时的气体的流动方向一致，然后缓慢将围压调至2.0MPa，检测过程中始终保持围压值大于岩心入口压力1.5～2.0MPa。

（2）按照0.10cm³/min、0.25cm³/min、0.50cm³/min、0.75cm³/min、1.0cm³/min、2.0cm³/min、3.0cm³/min、4.0cm³/min、5.0cm³/min以及6.0cm³/min的流量进行依次测定。对于低渗透的致密岩样，当流量尚未达到6.0cm³/min，而压力梯度大于2MPa/cm，即可结束实验。

（3）测定渗透率时，要求岩样两端的压差或驱替流速保持10min以上不发生改变，连续测定3次，其相对误差应该小于3%。

实验结果见表2-33、图2-40。

表2-33　流速敏感性实验结果表

岩心编号	9（板58，长6）	25（乐89，长8）	71（乐79，长8）	55（宁175，长8）
速敏指数	16.67%	5.54%	5.26%	38.84%
损害程度	弱	弱	弱	中等偏弱

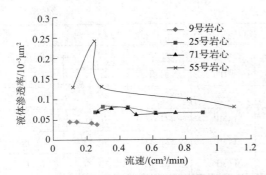

图2-40 流速敏感性评价实验曲线图

2. 水敏评价

（1）将完全饱和的岩样装入岩心夹持器中，应使液体在岩样中的流动方向与测定气体渗透率时的气体的流动方向一致，然后缓慢将围压调至2.0MPa，检测过程中始终保持围压值大于岩心入口压力1.5～2.0MPa。

（2）采用地层水测定岩样的初始液体渗透率。测定岩样初始液体渗透率后，用中间测试流体驱替，驱替速度与初始流速保持一致，驱替10～15倍岩样孔隙体积，停止驱替，保持围压和温度不变，使中间测试流体充分与岩石矿物发生反应12h以上；将驱替泵流速调至初始流速再用中间流体驱替测定岩心的渗透率；同样的方法记录蒸馏水驱替实验并测定蒸馏水下的岩样渗透率。

（3）测定渗透率时，要求岩样两端的压差或驱替流速保持10min以上不发生改变，连续测定3次，其相对误差应该小于3%。

实验结果见表2-34、图2-41。

表2-34 水敏感性实验结果统计表

岩心编号	12（板58，长8）	26（白81，长8）	93（宁175，长8）	94（悦71，长8）
水敏指数	—	26.32%	22.22%	14.29%
损害程度	—	弱	弱	弱

3. 盐敏评价

（1）将完全饱和的岩样装入岩心夹持器中，应使液体在岩样中的流动方向与测定气体渗透率时的气体的流动方向一致，然后缓慢将围压调至2.0MPa，检测过程中始终保持围压值大于岩心入口压力1.5～2.0MPa。

（2）盐度降低敏感性评价实验中间测试流体矿化度的选择：根据水敏感性实验中间测试流体及蒸馏水所测定的岩样渗透率结果选择实验流体的矿化度，相邻两种矿化度盐水损害率大于20%是加密盐度间隔，选择不少于4种流体矿化度的盐水进行实验，本次实验流体选择分别为：地层水、50%浓度地层水、25%浓度地层水和蒸馏水。

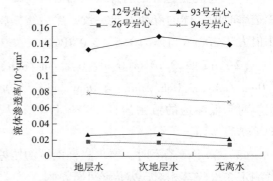

图2-41 水敏感性评价实验曲线图

（3）测定渗透率时，要求岩样两端的压差或驱替流速保持10min以上不发生改变，连续测定3次，其相对误差应该小于3%。

实验结果见表2-35、图2-42。

表2-35 盐敏感性实验结果统计表

岩心编号	28（白81，长8）	33（白66，长8）	41（蔡19，长7）	49（悦71，长8）
盐敏指数	40.00%	14.29%	36.00%	16.67%
损害程度	中等偏弱	弱	中等偏弱	弱
临界盐度	2mg/L	2mg/L	5mg/L	25mg/L

4. 酸敏评价

（1）本次实验用水为模拟地层水，实验所用酸液选择为15% HCl。

（2）将完全饱和的岩样装入岩心夹持器中，应使液体在岩样中的流动方向与测定气体渗透率时的气体的流动方向一致，然后缓慢将围压调至2.0MPa，检测过程中始终保持围压值大于岩心入口压力1.5~2.0MPa。

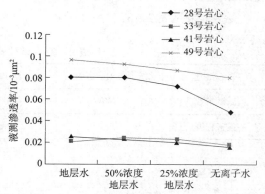

图2-42 盐敏感性评价实验曲线图

（3）用地层水测定岩样酸处理前的液体渗透率。岩样反向注入0.5~1.0倍孔隙体积酸液，停止驱替，关闭夹持器进出口阀门，反映时间为1h，酸岩反应后正向驱替地层水，测定岩样酸处理后的液体渗透率。

（4）测定渗透率时，要求岩样两端的压差或驱替流速保持10min以上不发生改变，连续测定3次，其相对误差应该小于3%。

实验结果见表2-36、图2-43。

表2-36 酸敏感性实验结果统计表

岩心编号	20（乐88，长8）	40（塔44，长8）	52（悦74，长7）	61（宁175，长8）
酸敏指数	34.62%	5.88%	37.88%	19.12%
损害程度	中等偏弱	弱	中等偏弱	弱

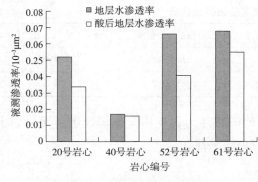

图2-43 酸敏感性评价实验结果

5. 碱敏评价

（1）本次实验用水为模拟地层水，实验选择使用氢氧化钠溶液来改变实验流体的pH值。

（2）将完全饱和的岩样装入岩心夹持器中，应使液体在岩样中的流动方向与测定气体渗透率时的气体的流动方向一致，然后缓慢将围压调至2.0MPa，检测过程中始终保持围压值大于岩心入口压力1.5~2.0MPa。

（3）用地层水测定岩样的初始渗透率。向岩样中注入已调好 pH 值的碱液，驱替 10～15 倍岩样孔隙体积，停止驱替，使碱液充分与岩石矿物发生反应 12h 以上，再用该 pH 值的碱液驱替，测量液体渗透率。实验过程中保持流速一致，重复操作到 pH 提高到 13 为止。

（4）测定渗透率时，要求岩样两端的压差或驱替流速保持 10min 以上不发生改变，连续测定 3 次，其相对误差应该小于 3%。

实验结果见表 2-37、图 2-44。

表 2-37　碱敏感性实验结果统计表

岩心编号	27（白81，长8）	41（蔡19，长7）	54（悦74，长8）	83（白81，长8）
碱敏指数	25.00%	2.00%	7.62%	26.32%
损害程度	弱	无	弱	弱

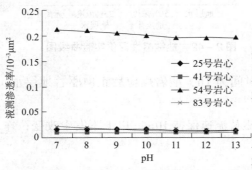

图 2-44　碱敏感性评价实验曲线

6. 应力敏感评价

（1）本次应力敏感性实验过程中围压保持不变，岩心出口加载回压，初始回压与储层原始压力相同，通过改变围压大小来实现岩心所承受的净应力变化。

（2）以初始净应力为起点，缓慢增加净应力，净应力加至最大净应力值时停止增加，每个净应力点处保持 30min，当净应力达到最大净应力值后，按照相应的静应力间隔，依次缓慢降低净应力至原始净应力点，每个净应力处应保持 1h。

（3）测定渗透率时，要求岩样两端的压差或驱替流速保持 10min 以上不发生改变，连续测定 3 次，其相对误差应该小于 3%。

实验结果见表 2-38、图 2-45。

表 2-38　应力敏感性实验结果统计表

岩心编号	74（庆94，长8）	32（白66，长8）	31（白66，长8）	89（悦74，长7）
应力敏感指数	76.41%	54.29%	58.82%	75.93%
损害程度	强	中等偏强	中等偏强	强

根据上述敏感性实验，合水地区长 8 储层的敏感性为弱 - 中等偏弱速敏、无 - 弱水敏、弱盐敏、弱 - 中等偏弱酸敏、弱碱敏、强应力敏感性。

2.6 油水相渗特征

2.6.1 长7页岩油储层

选取4块岩心进行了水驱油相渗测试，结果表明，研究区长7页岩表现出束缚水饱和度高，油相相对渗透率低，油水两相共渗区窄的特点（表2-39）。曲线对比发现，水相相对渗透率抬升缓慢，油相相对渗透率见水后迅速降低（图2-46）。

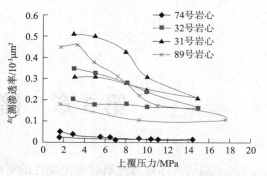

图2-45 应力敏感性评价实验曲线图

表2-39 实验样品的相渗结果

样品编号	孔隙度/%	空气渗透率/$10^{-3}\mu m^2$	束缚水饱和度/%	油的有效渗透率/$10^{-3}\mu m^2$	油水两相共渗区/%
42	3.9	0.0241	42.1	0.000575	16.4
10	4.11	0.043	43.5	0.096	16.9
36	1.1	0.008	60.80	0.0003	17.63
37	0.9	0.001	80.89	0.0002	13.79

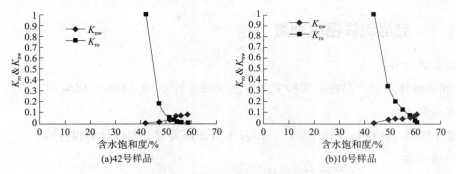

图2-46 实验样品相渗曲线

2.6.2 长8致密砂岩储层

根据19块样品的油水相渗测试，合水地区长8储层实验样品的束缚水饱和度最高，平均为45.70%，其次为合水地区长6储层，镇北地区长8储层的束缚水饱和度最低，为36.00%。油水两相共渗区决定着油水两相共同渗流时的空间大小，决定着最终驱油效率的大小，根据对比，合水地区长8储层的油水两相共渗区最窄，仅为21.20%，最高为镇北地区长8储层，平均为28.40%。最终驱油效率对比来看，镇北地区长8储层的驱油效率最高，平均为44.27%，合水地区长7储层次之，而华庆地区长8储层和合水地区长6储层相等，合水地区长8储层驱油效率最低，为37.83%。

第3章　储层流体特征

为了揭示流体物理性质对可流动性的影响，对合水长7、长8储层开展流体密度、黏度、表面张力等参数测试20组，纵向上与合水长6进行对比，横向上将合水长8与镇北长8、华庆长8进行对比流体物理性质的差异。

3.1　储层流体物理性质测试

储层流体物理性质测试包括储层流体密度、黏度、表面张力等参数测试。通过纵向对比合水地区长6、长7、长8储层流体，横向对比合水、镇北、华庆地区长8储层流体，对长7、长8储层流体物理性质作出评价，解释流体的可流动性以及流体物理性质对渗流特征的影响。

3.1.1　储层流体密度测量

1. 实验执行标准

《原油和液体石油产品密度实验室测定法（密度计法）》（GB/T 1884—2000）。

2. 实验仪器

密度计量筒、密度计（图3-1）、恒温水浴加热装置、温度计和搅拌棒。

3. 实验样品

地层原油、地层水。

4. 实验步骤

（1）实验温度下将样品转移到温度稳定的密度计量筒中，避免样品飞溅和生成空气泡。

（2）使用清洁滤纸除去样品表面形成的气泡。

（3）将装有样品的量筒垂直放置在无空气流动的地方，实验期间环境温度变化不大于2℃，如环境温度变化大于±2℃则使用恒温水浴。

（4）使用搅拌棒垂直旋转搅拌样品，使整个量筒中的样品的密度和温度达到均匀，使用温度计测量样品温度。

（5）将合适的密度计放入液体中，达到平衡位置时放开，使密度计自由漂浮，同时应注意避免弄湿液面以上的干管，对于原油测量时应等待密度计缓慢沉入液体中，对于地层水将密度计压入其中约两个刻度再放开；需有充分的时间让密度计静止，等待所有气泡升至液体表面，读数前需除去所有气泡（图3-2）。

（6）在实验完成后，重复上述步骤，多次测量并求取均值（表3-1）。

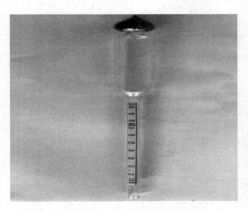

图3-1 密度计（0.8～0.9g/cm³）

图3-2 密度计法测量原油密度

表3-1 地层流体密度测量统计表

井 号	地 区	流体性质	层 位	密度/(g/cm³)			
				1次	2次	3次	平均值
板92	合水	地层水	长8	0.99	1.07	1.03	1.03
板80	合水	地层水	长7	1.02	1.02	1.03	1.02
乐76	合水	地层水	长6	1.01	1.01	1.04	1.02
板92	合水	地层原油	长8	0.84	0.85	0.84	0.84
板80	合水	地层原油	长7	0.82	0.81	0.86	0.83
固平17-57	合水	地层原油	长6	0.81	0.84	0.78	0.81
蔡21	镇北	地层原油	长8	0.91	0.88	0.85	0.88
悦79	华庆	地层原油	长8	0.81	0.84	0.84	0.83
蔡21	镇北	地层水	长8	1.02	1.01	1.06	1.03
悦79	华庆	地层水	长8	1.01	1.00	1.02	1.01
虎32	环江	地层水	长9	0.99	1.03	1.03	1.02
巴43	环江	地层水	长8	1.03	1.02	1.02	1.02
巴34	环江	地层水	长4+5	1.04	1.05	1.04	1.05
悦79	华庆	地层水	长6	1.03	1.06	1.08	1.06
木199	环江	地层水	长8	1.01	1.01	1.04	1.02
白94	华庆	地层水	长7	1.01	1.02	1.00	1.01
巴43	环江	地层原油	长8	0.82	0.83	0.83	0.83
巴34	环江	地层原油	长4+5	0.82	0.86	0.2	0.83
悦79	华庆	地层原油	长6	0.85	0.86	0.85	0.85
木199	环江	地层原油	长8	0.84	0.87	0.88	0.87
孟19	平凉	地层原油	长6	0.83	0.87	0.87	0.86

由表 3 – 1 可知合水长 8 油样地面原油密度为 0.84g/cm³，长 7 油样密度 0.83g/cm³，长 6 油样密度 0.81g/cm³，属于轻质原油。

合水长 8 储层地层水水型主要为 CaCl₂ 型，水样密度 1.03g/cm³，合水长 7 储层地层水水型主要为 CaCl₂ 型，水样密度为 1.02g/cm³，合水长 6 储层地层水水型主要为 CaCl₂ 型，水样密度为 1.02g/cm³。

3.1.2　储层流体黏度测量

1. 实验执行标准

《石油产品运动黏度测定法和动黏度计算法》（GB/T 265—1998）。

2. 实验仪器

品氏毛管计、恒温水浴加热装置、温度计、烧杯和秒表。

3. 实验样品

地层原油、地层水。

4. 实验步骤

（1）测量黏度之前，先使用溶剂将黏度计清洗，然后放入恒温箱中烘干。

（2）在测定运动黏度时，选取内径符合要求且清洁干燥的毛细管黏度计；在测量之前将橡皮管套在支管一端，用手堵住管身 2 的管口，同时倒置黏度计将管身 1 插入装有样品的烧杯中，使试样液面稍高于标线 a，提起黏度计，并迅速恢复其正常状态，擦去管身 1 外壁所沾的多余试样，取下橡胶管。

（3）观察样品在管身中的流动情况，当液面正好达到 a 时开启秒表，液面正好流动到标线 b 时，停止秒表（图 3 – 3、图 3 – 4）。

（4）在实验完成后，重复上述步骤，多次测量并求取均值（表 3 – 2）。

图 3 – 3　地层水样黏度测量

图3－4　地层原油黏度测量

表3－2　地层流体地面黏度测量统计表

井　号	地　区	流　体	层　位	黏度/mPa·s			
				1次	2次	3次	平均值
板92	合水	地层水	长8	1.02	1.04	1.01	1.02
板80	合水	地层水	长7	0.96	0.96	0.99	0.97
乐76	合水	地层水	长6	1.00	1.03	1.00	1.01
板92	合水	地层原油	长8	6.18	6.17	6.13	6.16
板80	合水	地层原油	长7	6.14	6.15	6.17	6.15
固平17－57	合水	地层原油	长6	6.22	6.18	6.17	6.19
蔡21	镇北	地层原油	长8	6.79	6.66	6.80	6.75
悦79	华庆	地层原油	长8	6.10	6.11	6.00	6.07
蔡21	镇北	地层水	长8	1.05	1.05	1.04	1.05
悦79	华庆	地层水	长8	1.05	1.01	1.03	1.03
虎32	环江	地层水	长9	0.88	0.88	0.85	0.87
巴43	环江	地层水	长8	0.99	0.94	0.95	0.96
巴34	环江	地层水	长4＋5	1.02	1.05	1.02	1.03
悦79	华庆	地层水	长6	0.98	0.89	1.07	0.98
木199	环江	地层水	长8	0.98	0.97	0.97	0.97
白94	华庆	地层水	长7	0.89	0.89	0.95	0.91
巴43	环江	地层原油	长8	6.18	6.17	6.17	6.17
巴34	环江	地层原油	长4＋5	6.04	6.05	6.01	6.03
悦79	华庆	地层原油	长6	6.00	6.02	6.00	6.01
木199	环江	地层原油	长8	6.18	6.20	6.20	6.19
孟19	平凉	地层原油	长6	6.05	6.04	6.05	6.05

由表 3 - 2 可知合水长 8 油样地面黏度 6.16mPa·s，合水长 7 油样地面黏度为 6.15mPa·s；合水长 6 油样地面黏度为 6.19mPa·s。

合水长 8 水样黏度在 1.02mPa·s，合水长 7 水样黏度为 0.97mPa·s，合水长 6 水样黏度为 1.01mPa·s。

3.1.3 储层流体表面张力测量

1. 实验执行标准

《表面及界面张力测定方法》（SY/T 5370—2018）。

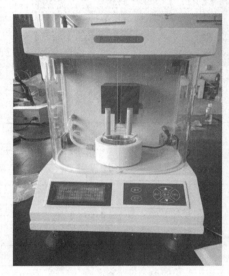

图 3 - 5 流体表面张力仪

2. 实验仪器

表面张力仪（图 3 - 5）、恒温循环水浴、表面皿和烧杯。

3. 实验样品

地层原油、地层水。

4. 实验步骤

（1）使用铬酸液浸泡测试挂片 12h 以上，用蒸馏水冲洗干净后干燥。

（2）连通表面张力仪，预热 15min，使用粗细旋钮调零。

（3）将样品倒入表面皿中，使表面皿的液面高度不低于 5mm，然后将程有样品的表面皿放入仪器测试托台，启动仪器进行测试，读取读数。

（4）在实验完成后，重复上述步骤，多次测量并求取均值（通过温度计保证每次测量实验温度保持一致）。

表 3 - 3 地层流体表面张力测量统计表

井 号	地 区	流体类型	层 位	表面张力/(mN/m)			
				1 次	2 次	3 次	均值
板 92	合水	地层水	长 8	38.72	41.05	40.08	39.95
板 80	合水	地层水	长 7	35.27	35.46	35.44	35.39
乐 76	合水	地层水	长 6	36.98	37.15	37.56	37.23
板 92	合水	地层原油	长 8	24.49	26.51	26.19	25.73
板 80	合水	地层原油	长 7	25.31	25.73	25.77	25.6
固平 17 - 57	合水	地层原油	长 6	24.90	24.91	25.05	24.95
蔡 21	镇北	地层原油	长 8	23.01	24.18	24.33	23.84
悦 79	华庆	地层原油	长 8	25.13	24.50	26.00	25.21

井 号	地 区	流体类型	层 位	表面张力/（mN/m）			
				1 次	2 次	3 次	均值
蔡 21	镇北	地层水	长 8	38.87	40.24	40.02	39.71
悦 79	华庆	地层水	长 8	38.88	39.71	40.00	39.53
虎 32	环江	地层水	长 9	25.68	27.03	27.69	26.8
巴 43	环江	地层水	长 8	57.22	58.77	60.11	58.7
巴 34	环江	地层水	长 4+5	31.23	30.15	30.42	30.6
悦 79	华庆	地层水	长 6	44.18	43.94	41.48	43.2
木 199	环江	地层水	长 8	25.84	25.88	26.58	26.1
白 94	华庆	地层水	长 7	51.90	52.71	52.89	52.5
巴 43	环江	地层原油	长 8	24.87	26.98	26.75	26.2
巴 34	环江	地层原油	长 4+5	27.90	26.81	25.69	26.8
悦 79	华庆	地层原油	长 6	28.44	28.95	28.11	28.5
木 199	环江	地层原油	长 8	26.22	26.41	26.27	26.3
孟 19	平凉	地层原油	长 6	26.90	27.85	28.05	27.6

由表 3-3 可知合水长 8 油样表面张力为 25.73mN/m，合水长 7 油样表面张力为 25.60mN/m，合水长 6 油样表面张力为 24.95mN/m。

合水长 8 水样表面张力为 39.95mN/m，合水长 7 水样表面张力为 35.39mN/m，合水长 6 水样表面张力为 37.23mN/m。

3.1.4 储层流体色泽对比

1. 实验仪器

量筒、比色管、标准比色板。

2. 实验样品

地层原油、地层水。

3. 实验步骤

（1）取地层流体，置于量筒之中静置2h。

（2）将量筒置于光线较好处，根据标准比色板，对比记录流体颜色。

由图 3-6 可知，合水地区长 8 原油从颜色上看呈黄绿色，原油相对较稀，合水地区长 7 原油从颜色上看呈浅黄绿色，原油较稀，合水地区长 6 原油从颜色上看呈褐色，原油较稀；以上均反映合水地区原油中胶质和沥青质较少，油品质量好。

合水地区长 8、长 6 地层水以无色为主，透光性较好；长 7 地层水呈淡黄色，透光性相对较差，地层水中均含有悬浮杂质。

(a)长8油样

(b)长8地层水样

(c)长7油样

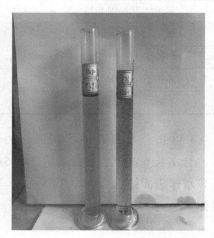

(d)长7地层水样

(e)长6油样

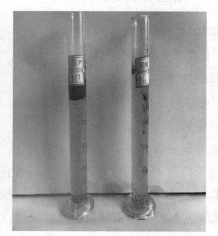

(f)长6地层水样

图3-6 油水样比色

3.2 储层流体物理性质对比及可流动性分析

3.2.1 储层流体物理性质对比

（1）纵向对比合水地区长6、长7流体物性：合水长8油样密度略大于长6油样与长7油样差异不大，原油地面黏度与长6、长7相近，表面张力略大于长6、长7；合水长8水样密度与长6、长7相近，黏度相近，长8表面张力大于长6、长7表面张力。

（2）横向对比合水与华庆、镇北地区长8流体物性：合水长8油样密度与华庆长8相近且小于镇北长8，原油地面黏度高于华庆长8油样且小于镇北长8油样，表面张力小于华庆长8大于镇北长8；水样密度与华庆、镇北接近，黏度与华庆地区相近且低于镇北地区，水样表面张力均大于华庆、镇北地区。

3.2.2 储层流体可流动性分析

为了评价黏度对流体流动性能的影响，开展了3块样品饱和不同黏度模拟地层水的核磁共振实验，结果表明，当地层水的黏度增大，可动流体百分数均表现出减小的趋势，增加前3块样品的可动流体百分数分别为25.78%、42.20%和48.78%，地层水黏度增加后3块样品的可动流体百分数分别为19.21%、38.35%和47.62%，对比可知渗透率越低的样品，可动流体百分数减小幅度越大（图3-7）。

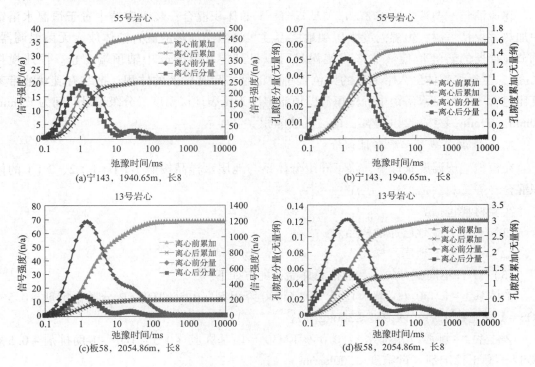

(a)宁143，1940.65m，长8   (b)宁143，1940.65m，长8

(c)板58，2054.86m，长8   (d)板58，2054.86m，长8

图3-7 核磁共振 T_2 谱对比

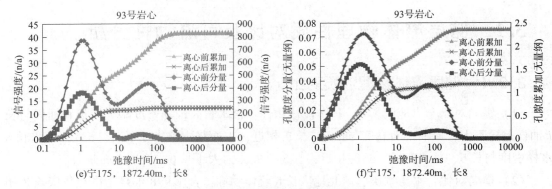

(e)宁175, 1872.40m, 长8   (f)宁175, 1872.40m, 长8

图3-7 核磁共振 T_2 谱对比 （续）

3.3 储层流体与压裂液配伍性

为实现压裂工艺评价优化及下一步增产措施的进行，优选最佳压裂液体系，为现场压裂储层改造措施的实施提供理论指导，基于国家行业标准《水基压裂液性能评价方法》（SY/T 5107—2016），建立切实可行的压裂液体系优选评价方案，开展11种不同配方下的压裂液体系与流体配伍性能测试实验，优选适用于区块压裂改造的压裂液体系。

3.3.1 实验方法

1. 破乳率测定

将原油与压裂液分别按3:1、2:1、1:1的体积混合，装入容器中置于恒温水浴锅中加热并保持恒温，恒温温度为压裂地层温度。将恒温加热的混合液体放入无菌混调器，调节搅拌器的转速值使液体形成旋涡且可以见到搅拌器桨叶中轴顶端为止。恒速搅拌10min，然后将液体倒入带刻度的比色管中，记录实际乳状液的体积，把装有乳状液带刻度比色管放入恒温水浴锅中静置恒温，恒温温度为压裂地层温度。分级记录时间为15min、30min、60min及4h、24h分离出的破乳液体积。

2. 压裂液与地层水配伍性评价

在模拟地层温度条件下，将不同组分体系与地层水样品按照1:1、1:2、2:1的体积混合，静置观察是否产生沉淀。

实验材料包括：

（1）合水长6地层原油样品。

（2）合水长6地层水样品。

（3）11种不同配方的压裂液体系样品，配方如下：

①体系1-EM30（滑溜水）：0.25% EM30降阻剂 + 0.5% TOF-2分散稳定剂 + 0.5% TOS-1黏土稳定剂（砂浓度≤300kg/m³）。

②体系2-胍胶（滑溜水）：0.08% EM30羟丙基胍胶 + 0.5% TOF-1助排剂 + 0.5% TOS-1黏土稳定剂（砂浓度≤300kg/m³）。

③体系3-EM30S（滑溜水）：0.10% EM30S多功能减阻剂 + 0.5% TOS-1黏土稳定

剂（砂浓度≤240kg/m³）。

④体系4－低浓度胍胶（交联液）：0.25% CJ2－6 羟丙基胍胶＋0.5% TOF－1 助排剂＋0.5% TOS－1 黏土稳定剂＋0.1% CJSJ－3 杀菌剂＋0.3% TJ－1pH 调节剂＋0.3% JL－13 交联剂（砂浓度＞240kg/m³）。

⑤体系5－EM30S（高黏携砂液）：0.20%～0.30% EM30S 多功能减阻剂＋0.3%～0.5% AS25 结构稳定剂＋0.25% TOS－1 黏土稳定剂（砂浓度＞240kg/m³）。

⑥体系6－混合压裂液体系1：EM30 滑溜水＋30% 低浓度胍胶。

⑦体系7－混合压裂液体系2：EM30S 滑溜水＋30% EM30S（高黏携砂液）。

⑧体系8－低浓度胍胶（交联液）：0.25% CJ2－6 羟丙基胍胶＋0.5% TOF－1 助排剂＋0.5% TOS－1 黏土稳定剂＋0.1% CJSJ－3 杀菌剂＋0.3% TJ－1pH 调节剂＋0.3% JL－13 交联剂（砂浓度＞240kg/m³）＋破胶剂。

⑨体系9－EM30S（高黏携砂液）：0.20%～0.30% EM30S 多功能减阻剂＋0.3%～0.5% AS25 结构稳定剂＋0.25% TOS－1 黏土稳定剂（砂浓度＞240kg/m³）＋破胶剂。

⑩体系10－混合压裂液体系1：EM30 滑溜水＋30% 低浓度胍胶＋破胶剂。

⑪体系11－混合压裂液体系2：EM30S 滑溜水＋30% EM30S（高黏携砂液）＋破胶剂。

3.3.2 实验结果

实验一：在模拟地层温度（55℃）、压力（14MPa）条件下，开展体系1－EM30（滑溜水）：0.25% EM30 降阻剂＋0.5% TOF－2 分散稳定剂＋0.5% TOS－1 黏土稳定剂（砂浓度≤300kg/m³）配方压裂液与流体配伍性实验。

（1）在配制体系1压裂液样品的过程中，各组分之间混合后未见沉淀生成（图3－8）。

（2）体系1压裂液样品在地层条件下与合水地区延长组地层水按照1:1、1:2、2:1 的比例混合后，在静置24h的过程中，混合溶液内均未发生沉淀生成，压裂液与地层水流体配伍性好。

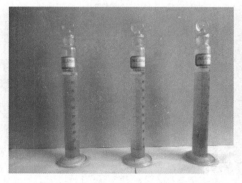 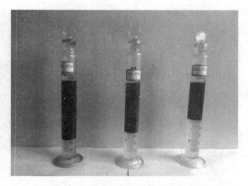

图3－8　体系1压裂液样品与地层水混合　　图3－9　体系1压裂液样品与地层
并静置24h未见沉淀生成　　　　　　　原油破乳实验展示

（3）针对压裂液样品与合水地区延长组地层原油混合后生成乳化物的问题，开展不同配方下的压裂液体系样品与地层原油破乳实验（图3－9），定量计算二者反应过程中的乳化物含量，进而定量计算不同压裂液体系的破乳率，优选最佳配方下的压裂液体系，实验结果见表3-4。

表3-4 体系1压裂液样品破乳率测定结果

原油与压裂液配比	时间点/h	破乳率/%
3∶1	0.5	100
	1	100
	4	100
2∶1	0.5	100
	1	100
	4	100
1∶1	0.5	100
	1	100
	4	100

根据压裂液与地层原油破乳实验结果分析，体系1配方下的压裂液样品破乳效果好，破乳效率高，不同配比下的破乳率在30min内均能达到100%，故本配方可以作为优选的压裂液。

实验二：在模拟地层温度（55℃）、压力（14MPa）条件下，开展体系2-胍胶（滑溜水）：0.08% EM30羟丙基胍胶 + 0.5% TOF - 1助排剂 + 0.5% TOS - 1黏土稳定剂（砂浓度≤300kg/m³）配方压裂液与流体配伍性实验。

（1）在配制体系2压裂液样品的过程中，各组分之间混合后未见沉淀生成（图3-10）。

（2）体系2压裂液样品在地层条件下与合水地区延长组地层水按照1∶1、1∶2、2∶1的比例混合后，在静置24h的过程中，混合溶液内有沉淀生成，压裂液与地层水流体配伍性效果差。

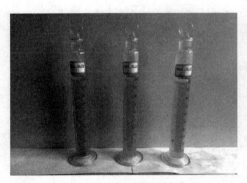

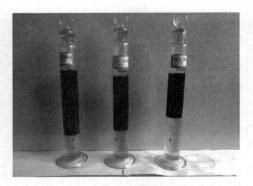

图3-10 体系2压裂液样品与地层水混合　　　图3-11 体系2压裂液样品与地层
并静置24h有沉淀生成　　　　　　　　原油破乳实验展示

（3）针对压裂液样品与合水地区延长组地层原油混合后生成乳化物的问题，开展不同配方下的压裂液体系样品与地层原油破乳实验（图3-11），定量计算二者反应过程中的乳化物含量，进而定量计算不同压裂液体系的破乳率，优选最佳配方下的压裂液体系，实验结果见表3-5。

表3-5　体系2压裂液样品破乳率测定结果

原油与压裂液配比	时间点/h	破乳率/%
	0.5	62
3:1	1	84
	4	94
	0.5	68
2:1	1	89
	4	97
	0.5	74
1:1	1	94
	4	98

根据压裂液与地层原油破乳实验结果分析，体系2配方下的压裂液样品破乳效果好，破乳效率高，但与地层水的配伍性差，有沉淀生成，故本配方不可以作为优选的压裂液。

实验三：在模拟地层温度（55℃）、压力（14MPa）条件下，开展体系3-EM30S（滑溜水）：0.10% EM30S多功能减阻剂＋0.5% TOS-1黏土稳定剂（砂浓度≤240kg/m³）配方压裂液与流体配伍性实验。

（1）在配制体系3压裂液样品的过程中，各组分之间混合后未见沉淀生成（图3-12）。

（2）体系3压裂液样品在地层条件下与合水地区延长组地层水按照1:1、1:2、2:1的比例混合后，在静置24h的过程中，混合溶液内未见沉淀生成，压裂液与地层水流体配伍性效果好。

图3-12　体系3压裂液样品与地层水混合
并静置24h未见沉淀生成

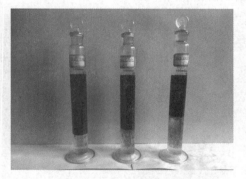

图3-13　体系3压裂液样品与地层
原油破乳实验展示

（3）针对压裂液样品与合水地区延长组地层原油混合后生成乳化物的问题，开展不同配方下的压裂液体系样品与地层原油破乳实验（图3-13），定量计算二者反应过程中的乳化物含量，进而定量计算不同压裂液体系的破乳率，优选最佳配方下的压裂液体系，结果见表 3 - 6。

表 3 - 6   体系 3 压裂液样品破乳率测定结果

原油与压裂液配比	时间点/h	破乳率/%
3 : 1	0.5	79
	1	96
	4	98
2 : 1	0.5	76
	1	94
	4	97
1 : 1	0.5	74
	1	94
	4	98

根据压裂液与地层原油破乳实验结果分析，体系 3 配方下的压裂液样品未能完全消除乳化现象，与地层水的配伍性较好，无沉淀生成，故本配方不可以作为优选的压裂液。

实验四：在模拟地层温度（55℃）压力（14MPa）条件下，开展体系 4 - 低浓度胍胶（交联液）：0.25% CJ2 - 6 羟丙基胍胶 + 0.5% TOF - 1 助排剂 + 0.5% TOS - 1 黏土稳定剂 + 0.1% CJSJ - 3 杀菌剂 + 0.3% TJ - 1pH 调节剂 + 0.3% JL - 13 交联剂（砂浓度 > 240kg/m³）配方压裂液与流体配伍性实验。

（1）在配制体系 4 压裂液样品的过程中，各组分之间混合后未见沉淀生成（图 3 - 14）。

（2）体系 4 压裂液样品在地层条件下与合水地区延长组地层水按照 1 : 1、1 : 2、2 : 1 的比例混合后，在静置 24h 的过程中，混合溶液内有沉淀生成，压裂液与地层水流体配伍性效果差。

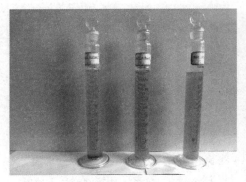 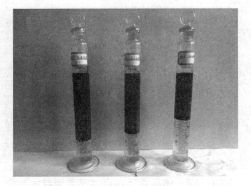

图 3 - 14   体系 4 压裂液样品与地层水混合
并静置 24h 有沉淀生成

图 3 - 15   体系 4 压裂液样品与地层
原油破乳实验展示

（3）针对压裂液样品与合水地区延长组地层原油混合后生成乳化物的问题，开展不同配方下的压裂液体系样品与地层原油破乳实验（图 3 - 15），定量计算二者反应过程中的乳化物含量，进而定量计算不同压裂液体系的破乳率，优选最佳配方下的压裂液体系，实验结果见表3－7。

表3－7　体系4压裂液样品破乳率测定结果

原油与压裂液配比	时间点/h	破乳率/%
3∶1	0.5	79
	1	96
	4	100
2∶1	0.5	84
	1	98
	4	100
1∶1	0.5	88
	1	99
	4	100

根据压裂液与地层原油破乳实验结果分析，体系4配方下的压裂液样品能有效消除乳化现象，但与地层水的配伍性较差，有沉淀生成，故本配方不可以作为优选的压裂液。

实验五：在模拟地层温度（55℃）、压力（14MPa）条件下，开展体系5－EM30S（高黏携砂液）：0.20%～0.30% EM30S多功能减阻剂＋0.3%～0.5% AS25结构稳定剂＋0.25% TOS－1黏土稳定剂（砂浓度＞240kg/m³）配方压裂液与流体配伍性实验。

（1）在配制体系5压裂液样品的过程中，各组分之间混合后有沉淀生成（图3－16）。

（2）体系5压裂液样品在地层条件下与合水地区延长组地层水按照1∶1、1∶2、2∶1的比例混合后，在静置24h的过程中，混合溶液内有杂质生成，压裂液与地层水流体配伍性效果差。

图3－16　体系5压裂液样品与地层水混合
并静置24h有沉淀生成

图3－17　体系5压裂液样品与地层
原油破乳实验展示

（3）针对压裂液样品与合水地区延长组地层原油混合后生成乳化物的问题，开展不同配方下的压裂液体系样品与地层原油破乳实验（图3－17），定量计算二者反应过程中的乳化物含量，进而定量计算不同压裂液体系的破乳率，优选最佳配方下的压裂液体系，实验结果见表3－8。

表 3 – 8　体系 5 压裂液样品破乳率测定结果

原油与压裂液配比	时间点/h	破乳率/%
3 : 1	0.5	46
	1	69
	4	78
2 : 1	0.5	57
	1	75
	4	84
1 : 1	0.5	62
	1	78
	4	89

根据压裂液与地层原油破乳实验结果分析，体系 5 配方下的压裂液样品未能有效消除乳化现象，与地层水的配伍性较差，有沉淀生成，故本配方不可以作为优选的压裂液。

实验六：在模拟地层温度（55℃）、压力（14MPa）条件下，开展体系 6 – 混合压裂液体系 1（EM30 滑溜水 + 30% 低浓度胍胶）配方压裂液与流体配伍性实验。

（1）在配制体系 6 压裂液样品的过程中，各组分之间混合后未见沉淀生成（图 3 – 18）。

（2）体系 6 压裂液样品在地层条件下与合水地区延长组地层水按照 1 : 1、1 : 2、2 : 1 的比例混合后，在静置 24h 的过程中，混合溶液内未见沉淀生成，压裂液与地层水流体配伍性效果好。

（3）针对压裂液样品与合水地区延长组地层原油混合后生成乳化物的问题，开展不同配方下的压裂液体系样品与地层原油破乳实验（图 3 – 19），定量计算二者反应过程中的乳化物含量，进而定量计算不同压裂液体系的破乳率，优选最佳配方下的压裂液体系，实验结果见表 3 – 9。

图 3 –18　体系 6 压裂液样品与地层水混合
并静置 24h 未见沉淀生成

图 3 –19　体系 6 压裂液样品与地层
原油破乳实验展示

表 3 –9　体系 6 压裂液样品破乳率测定结果

原油与压裂液配比	时间点/h	破乳率/%
3 : 1	0.5	78
	1	89
	4	100

原油与压裂液配比	时间点/h	破乳率/%
2:1	0.5	84
	1	92
	4	100
1:1	0.5	88
	1	94
	4	100

根据压裂液与地层原油破乳实验结果分析，体系6配方下的压裂液样品未能在短时间内有效消除乳化现象，与地层水的配伍性较好，未见沉淀生成，故本配方可作为备选压裂液。

实验七：在模拟地层温度（55℃）、压力（14MPa）条件下，开展体系7－混合压裂液体系2：EM30S滑溜水＋30％EM30S（高黏携砂液）配方压裂液与流体配伍性实验。

（1）在配制体系7压裂液样品的过程中，各组分之间混合后未见沉淀生成（图3－20）。

（2）体系7压裂液样品在地层条件下与合水地区延长组地层水按照1:1、1:2、2:1的比例混合后，在静置24h的过程中，混合溶液内未见沉淀生成，压裂液与地层水流体配伍性效果好。

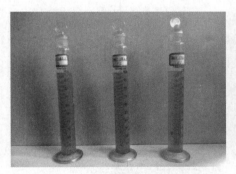

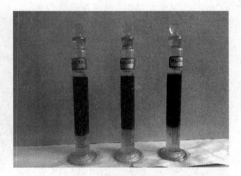

图3-20 体系7压裂液样品与地层水混合并静置24h未见沉淀生成

图3-21 体系7压裂液样品与地层原油破乳实验展示

（3）针对压裂液样品与合水地区延长组地层原油混合后生成乳化物的问题，开展不同配方下的压裂液体系样品与地层原油破乳实验（图3－21），定量计算二者反应过程中的乳化物含量，进而定量计算不同压裂液体系的破乳率，优选最佳配方下的压裂液体系，实验结果见表3－10。

表3－10 体系7压裂液样品破乳率测定结果

原油与压裂液配比	时间点/h	破乳率/%
3:1	0.5	65
	1	82
	4	96

续表

原油与压裂液配比	时间点/h	破乳率/%
2 : 1	0.5	63
	1	79
	4	90
1 : 1	0.5	58
	1	74
	4	82

根据压裂液与地层原油破乳实验结果分析，体系 7 配方下的压裂液样品未能消除乳化现象，与地层水的配伍性较好，未见沉淀生成，故本配方不可以作为优选的压裂液。

实验八：在模拟地层温度（55℃）、压力（14MPa）条件下，开展体系 8 - 低浓度胍胶（交联液）：0.25% CJ2 - 6 羟丙基胍胶 + 0.5% TOF - 1 助排剂 + 0.5% TOS - 1 黏土稳定剂 + 0.1% CJSJ - 3 杀菌剂 + 0.3% TJ - 1pH 调节剂 + 0.3% JL - 13 交联剂（砂浓度 > 240kg/m³）+ 破胶剂配方压裂液与流体配伍性实验。

（1）在配制体系 8 压裂液样品的过程中，各组分之间混合后未见沉淀生成（图 3 - 22）。

（2）体系 8 压裂液样品在地层条件下与合水地区延长组地层水按照 1：1、1：2、2：1 的比例混合后，在静置 24h 的过程中，混合溶液内未见沉淀生成，压裂液与地层水流体配伍性效果好。

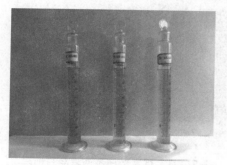 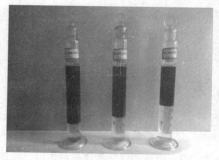

图 3 - 22　体系 8 压裂液样品与地层水混合并静置 24h 未见沉淀生成　　　图 3 - 23　体系 8 压裂液样品与地层原油破乳实验展示

（3）针对压裂液样品与合水地区延长组地层原油混合后生成乳化物的问题，开展不同配方下的压裂液体系样品与地层原油破乳实验（图 3 - 23），定量计算二者反应过程中的乳化物含量，进而定量计算不同压裂液体系的破乳率，优选最佳配方下的压裂液体系，实验结果见表 3 - 11。

表 3 - 11　体系 8 压裂液样品破乳率测定结果

原油与压裂液配比	时间点/h	破乳率/%
3 : 1	0.5	100
	1	100
	4	100

续表

原油与压裂液配比	时间点/h	破乳率/%
2∶1	0.5	100
	1	100
	4	100
1∶1	0.5	100
	1	100
	4	100

根据压裂液与地层原油破乳实验结果分析，体系8配方下的压裂液样品能有效消除乳化现象，且与地层水的配伍性较好，未见沉淀生成，故本配方可以作为优选的压裂液。

实验九：在模拟地层温度（55℃）、压力（14MPa）条件下，开展体系9 – EM30S（高黏携砂液）：0.20%～0.30% EM30S 多功能减阻剂 + 0.3%～0.5% AS25 结构稳定剂 + 0.25% TOS – 1 黏土稳定剂（砂浓度 >240kg/m³）+ 破胶剂配方压裂液与流体配伍性实验。

（1）在配制体系9压裂液样品的过程中，各组分之间混合后未见沉淀生成（图3 – 24）。

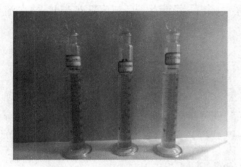 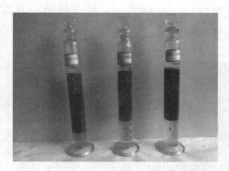

图3 – 24 体系9压裂液样品与地层水混合 并静置24h 未见沉淀生成

图3 – 25 体系9压裂液样品与地层 原油破乳实验展示

（2）体系9压裂液样品在地层条件下与合水地区延长组地层水按照1∶1、1∶2、2∶1的比例混合后，在静置24h 的过程中，混合溶液内未见沉淀生成，压裂液与地层水流体配伍性效果好。

（3）针对压裂液样品与合水地区延长组地层原油混合后生成乳化物的问题，开展不同配方下的压裂液体系样品与地层原油破乳实验（图3 – 25），定量计算二者反应过程中的乳化物含量，进而定量计算不同压裂液体系的破乳率，优选最佳配方下的压裂液体系，实验结果见表3 – 12。

表3 – 12 体系9压裂液样品破乳率测定结果

原油与压裂液配比	时间点/h	破乳率/%
3∶1	0.5	72
	1	85
	4	95

续表

原油与压裂液配比	时间点/h	破乳率/%
	0.5	66
2:1	1	83
	4	90
	0.5	64
1:1	1	75
	4	80

根据压裂液与地层原油破乳实验结果分析，体系9配方下的压裂液样品未能有效消除乳化现象，与地层水的配伍性较好，未见沉淀生成，故本配方不可以作为优选的压裂液。

实验十：在模拟地层温度（55℃）、压力（14MPa）条件下，开展体系10-混合压裂液体系1：EM30滑溜水+30%低浓度胍胶+破胶剂配方压裂液与流体配伍性实验。

（1）在配制体系10压裂液样品的过程中，各组分之间混合后未见沉淀生成（图3-26）。

（2）体系10压裂液样品在地层条件下与合水地区延长组地层水按照1:1、1:2、2:1的比例混合后，在静置24h的过程中，混合溶液内未见沉淀生成，压裂液与地层水流体配伍性效果好。

图3-26　体系10压裂液样品与地层水混合
并静置24h未见沉淀生成

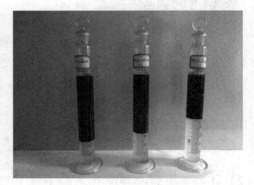

图3-27　体系10压裂液样品与地
层原油破乳实验展示

（3）针对压裂液样品与合水地区延长组地层原油混合后生成乳化物的问题，开展不同配方下的压裂液体系样品与地层原油破乳实验（图3-27），定量计算二者反应过程中的乳化物含量，进而定量计算不同压裂液体系的破乳率，优选最佳配方下的压裂液体系，实验结果见表3-13。

表3-13　体系10压裂液样品破乳率测定结果

原油与压裂液配比	时间点/h	破乳率/%
	0.5	74
3:1	1	92
	4	100

原油与压裂液配比	时间点/h	破乳率/%
2:1	0.5	79
	1	96
	4	100
1:1	0.5	88
	1	98
	4	100

根据压裂液与地层原油破乳实验结果分析，体系10配方下的压裂液样品未能短时间内有效消除乳化现象，与地层水的配伍性较好，未见沉淀生成，故本配方可以作为备选的压裂液。

实验十一：在模拟地层温度（55℃）、压力（14MPa）条件下，开展体系11−混合压裂液体系2：EM30S滑溜水+30%EM30S（高黏携砂液）+破胶剂配方压裂液与流体配伍性实验。

（1）在配制体系11压裂液样品的过程中，各组分之间混合后未见沉淀生成。

（2）体系11压裂液样品在地层条件下与合水地区延长组地层水按照1:1、1:2、2:1的比例混合后，在静置24h的过程中，混合溶液内未见沉淀生成，压裂液与地层水流体配伍性效果好（图3−28）。

图3−28 体系11压裂液样品与地层水混合
并静置24h未见沉淀生成

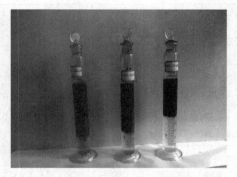

图3−29 体系10压裂液样品与地层
原油破乳实验展示

（3）针对压裂液样品与合水地区延长组地层原油混合后生成乳化物的问题，开展不同配方下的压裂液体系样品与地层原油破乳实验（图3−29），定量计算二者反应过程中的乳化物含量，进而定量计算不同压裂液体系的破乳率，优选最佳配方下的压裂液体系，实验结果见表3−14。

表3−14 体系11压裂液样品破乳率测定结果

原油与压裂液配比	时间点/h	破乳率/%
3:1	0.5	77
	1	84
	4	100

续表

原油与压裂液配比	时间点/h	破乳率/%
2 : 1	0.5	79
	1	89
	4	100
1 : 1	0.5	83
	1	92
	4	100

根据压裂液与地层原油破乳实验结果分析，体系 11 配方下的压裂液样品未能有效消除乳化现象，与地层水的配伍性较好，未见沉淀生成，故本配方可以作为备选的压裂液。

3.3.3 对比分析及总结

针对本次合水长 6 压裂液配伍性实验结果与合水长 8 压裂液配伍性实验对比，其结果如表 3-15。

表 3-15 实验结果对比

压裂液配方	合水地区	
	长 6	长 8
体系 1-EM30 （滑溜水）：0.25% EM30+0.5% TOF-2+0.5% TOS-1	优选	优选
体系 2-胍胶 （滑溜水）：0.08% EM30+0.5% TOF-1+0.5% TOS-1	不适用	
体系 3-EM30S （滑溜水）：0.10% EM30S+0.5% TOS-1 （砂浓度≤240kg/m³）	不适用	不适用
体系 4-低浓度胍胶 （交联液）：0.25% CJ2-6+0.5% TOF-1+0.5% TOS-1+0.1% CJSJ-3+0.3% TJ-1pH+0.3% JL-13 （砂浓度>240kg/m³）	不适用	不适用
体系 5-EM30S （高黏携砂液）：0.20%~0.30% EM30S+0.3%~0.5% AS25+0.25% TOS-1 （砂浓度>240kg/m³）	不适用	不适用
体系 6-混合压裂液体系1：EM30 滑溜水+30% 低浓度胍胶	备选	
体系 7-混合压裂液体系2：EM30S 滑溜水+30% EM30S （高黏携砂液）	不适用	
体系 8-低浓度胍胶 （交联液）：0.25% CJ2-6+0.5% TOF-1+0.5% TOS-1+0.1% CJSJ-3+0.3% TJ-1pH+0.3% JL-13 （砂浓度>240kg/m³） +破胶剂	优选	优选
体系 9-EM30S （高黏携砂液）：0.20%~0.30% EM30S+0.3%~0.5% AS25+0.25% TOS-1 （砂浓度>240kg/m³） +破胶剂	不适用	
体系 10-混合压裂液体系1：EM30 滑溜水+30% 低浓度胍胶+破胶剂	备选	
体系 11-混合压裂液体系2：EM30S 滑溜水+30% EM30S （高黏携砂液） +破胶剂	备选	

综上所述，通过对常用的 11 种压裂液体系进行评价，发现体系 1 与体系 8 与合水长 6 地层流体配伍性好，可作为优选压裂液体系；体系 6、体系 10 和体系 11 与地层流体配伍性较好，可作为备选压裂液体系。其中，体系 1 与体系 8 与合水长 8 地层流体配伍性也很好，同样是长 8 储层的优选压裂液体系。

第4章　地质力学及地应力特征

4.1　地质力学参数评价

地质力学参数实验包括岩石压缩实验、岩石抗拉实验和岩石声波测试，其中岩石压缩和拉伸实验是岩石的两种基本实验；而岩石声波测试是为了测定岩石的弹性动力学参数，同时测定岩石的纵横波速关系。

4.1.1　岩石压缩实验

1. 实验设备

采用西安石油大学岩石力学实验室伺服控制岩石力学三轴实验系统开展三轴强度实验，实验设备如图4-1、图4-2所示。该设备采用了德国 DOLI 公司的 EDC 全数字伺服控制器，可以真实地模拟地层温度、压力，进行多种岩石力学性能测试。该仪器主要由轴压系统、围压系统、孔压系统、加温系统和微机控制系统 5 部分组成。其技术指标如下：轴向最大实验力为 2200kN，最大围压可达 120MPa，最大孔隙压力可达 65MPa，最高温度可达 160℃。

图 4-1　EDC 全数字伺服控制器　　　　　图 4-2　实验图片

三轴实验是针对岩土材料采用的较为成熟的力学实验方法。三轴实验通常指常规三轴实验，即在给定围压时，测定破坏时轴向压应力。岩石常规三轴实验是将圆柱体规则试件置于三维压应力状态，研究其强度特性。岩石三轴压缩条件下的强度与变形参数主要有：三轴压缩强度（抗压强度）、内摩擦角、内聚力以及弹性模量和泊松比。室内三轴压缩实验是将试件放在一密闭容器里头，施加三向应力直至试件破坏，在加载过程中测定不同荷载下的应变值。绘制应力应变关系曲线，求取岩石的三轴压缩强度、抗压强度、弹性模量和泊松比等参数。

2. 岩石力学参数解释理论及求取方法

1）弹性模量和泊松比

通过岩石的压缩实验，得到的应力 – 应变曲线图，图中红线代表的是轴向应变 ε_1 与应力 σ 之间的关系，蓝线（深）代表的是径向应变 ε_3 与应力 σ 之间的关系，绿线（浅）代表的是体积应变 ε_v 与应力 σ 之间的关系（图4 – 3）。

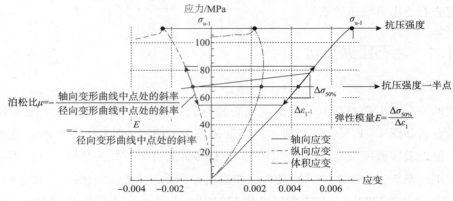

图4 – 3　应力 – 应变曲线示意图

轴向破坏应力公式：

$$\sigma_1 = \frac{P_{\max}}{A} \tag{4 – 1}$$

式中　$P_{\max}$——最大破坏载荷，kN；

　　　σ_1——轴向的破坏应力，MPa；

　　　A——岩心的横截面积，mm^2。

弹性模量的计算公式如下：

$$E_{50} = \frac{(\sigma_1 - \sigma_3)_{50}}{\varepsilon_{h50}} = \frac{\Delta\sigma_{50\%}}{\Delta\varepsilon_1} \tag{4 – 2}$$

式中　E_{50}——弹性模量，MPa；

　　　ε_{h50}——抗压强度50%的纵向应变值；

$(\sigma_1 - \sigma_3)_{50}$——50%主应力差的应力值，MPa；

　　　$\Delta\sigma_{50\%}$——轴向应力差 MPa；

　　　$\Delta\varepsilon_1$——轴向应变差，无量纲。

依据抗压强度处于50%时的横向应变值与纵向应变值来计算实验岩心的泊松比 μ。

$$\mu = \frac{\varepsilon_{d50}}{\varepsilon_{h50}} \qquad (4-3)$$

式中 μ——泊松比；

ε_{h50}——主应力差50%时的纵向应变值；

ε_{d50}——主应力差50%时的横向应变值。

2）剪切模量

剪切模量是剪切应力与应变的比值。物体处于弹性变形阶段的时候，剪切变形遵循胡克定律，即

$$\tau = G\gamma \qquad (4-4)$$

式中 γ——剪应变，无量纲；

τ——剪应力，MPa；

G——剪切模量，MPa。

剪切模量也可用弹性模量、泊松比进行表征，其计算公式有：

$$G = \frac{E}{2(1+\mu)} \qquad (4-5)$$

式中 μ——泊松比，无量纲；

E——杨氏模量，MPa；

G——剪切模量，MPa。

3）体积模量

体积模量与弹性模量、泊松比之间存在如下关系：

$$K = \frac{E}{3(1-2\mu)} \qquad (4-6)$$

式中 μ——泊松比，无量纲；

E——杨氏模量，MPa；

K——体积模量，MPa。

3. 岩石压缩实验结果

1）长7页岩油储层

本次利用该压力伺服控制系统对长7储层页岩油已经采集的10块岩样进行常规声学特征测定以及岩石力学参数（包括测定泊松比、杨氏模量、剪切模量、体积模量、抗压强度和抗拉强度等）测定工作。

本实验对长7页岩油储层罗254、宁70、合检1-1、庄233等共计10口井岩心进行了岩石力学参数测试，岩心原始数据如表4-1所示，实验简图如图4-2所示。表4-1中给出了井号、层位、井深、密度和岩心编号等基本信息。岩心编号为实验试新编序号，取心筒次为现场钻井取心编号。

表4-1 实验原始数据

井　号	层　位	岩心编号	井深/m	密度/(g/cm³)	岩　性
罗254	长7	4	2580	2.28	油页岩
宁70	长7	5	1713	2.16	油页岩
合检1-1	长7	12	1810	2.49	页岩
庄233	长7	19	1808	2.42	油页岩
环317	长7	21	2460	2.45	页岩
盐56	长7	30	3010	2.48	页岩
高135	长7	35	1864	2.60	砂泥岩互层（含油）
里211	长7	37	2362	2.35	油页岩
正70	长7	39	1655	2.38	页岩
黄269	长7	44	2533	2.36	油页岩

实验测试鄂尔多斯盆地长7页岩油储层页岩标准岩心三轴压缩实验，弹性模量分布在17.79~29.16GPa范围内，平均值为22.89GPa左右；泊松比分布在0.201~0.243范围内（由于一块岩心在测试过程中出现明显裂纹，导致未获得有效泊松比），没有特别明显的集中区域，平均值为0.224，分布较为均匀，这与普遍认识相一致（表4-2）；对于页岩来讲，围压对于抗压强度影响较大，围压对抗压强度具有一定的对应关系：随着围压的增加，抗压强度随之增加，在所测试的10块页岩岩样中抗压强度分布范围47.8~124.3MPa，平均值85.59MPa（表4-2），但由于是在不同围压下所测得的值因而平均值分析意义不大，但可以从实验结果看到高强度试件的密度普遍偏高。各井之间，不同深度之间，岩石力学参数存在一定的差异性。

表4-2 岩心三轴压缩实验结果

井　号	编　号	井深/m	密度/(g/cm³)	围压/MPa	抗压强度/MPa	弹性模量/GPa	泊松比
罗254	4	2580	2.28	15	92.7	21.10	0.215
宁70	5	1713	2.16	10	59.2	17.79	0.224
合检1-1	12	1810	2.49	10	62.1	24.44	0.235
庄233	19	1808	2.42	15	81.9	22.45	0.216
环317	21	2460	2.45	15	106.7	26.36	0.217
盐56	30	3010	2.48	20	111.7	23.93	0.235
高135	35	1864	2.60	10	67.4	29.16	0.243
里211	37	2362	2.35	15	102.1	22.73	0.201
正70	39	1655	2.38	10	47.8	18.40	出现裂纹
黄269	44	2533	2.36	20	124.3	22.22	0.227

图4-4~图4-12为实验得出的应力-应变曲线。

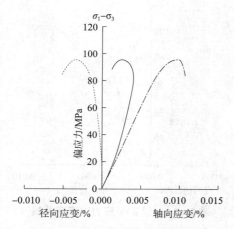

图 4 - 4　罗 254 应力 - 应变曲线

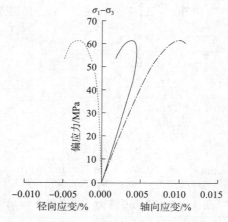

图 4 - 5　宁 70 应力 - 应变曲线

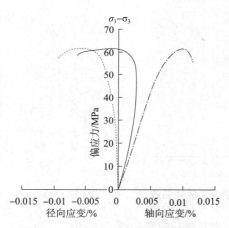

图 4 - 6　合检 1 - 1 应力 - 应变曲线

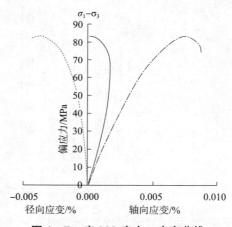

图 4 - 7　庄 233 应力 - 应变曲线

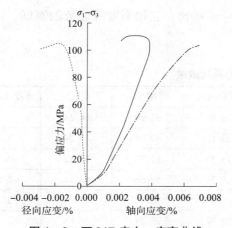

图 4 - 8　环 317 应力 - 应变曲线

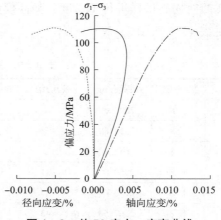

图 4 - 9　盐 56 应力 - 应变曲线

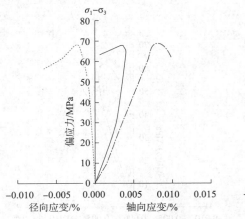

图 4 – 10   高 135 应力 – 应变曲线

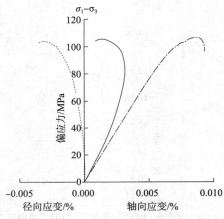

图 4 – 11   里 211 应力 – 应变曲线

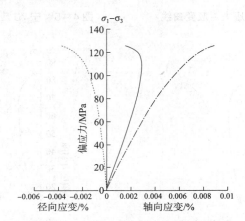

图 4 – 12   黄 269 应力 – 应变曲线

由于正 70 井压裂后出现裂缝，因而无法得出应力 – 应变曲线。

2）长 8 致密砂岩储层

本实验对岩心试样进行了密度、弹性模量、泊松比、三轴强度等参数的测试，岩心原始数据见表 4 –3 所示。

表 4 – 3   岩心原始数据

井　号	层　位	深度/m	岩心编号	直径/mm	高度/mm	质量/g	密度/（g/cm³）
巴 53	长 8	2897.69	2	25.20	52.69	66.28	2.52
虎 30	长 8	2512.80	7	25.17	49.05	59.24	2.43
郭 20	长 8	1657.40	25	25.33	52.70	63.12	2.38
巴 2	长 8	2853.00	31	25.20	52.56	65.54	2.50
巴 7	长 8	2736.00	37	25.19	52.51	65.24	2.49
孟 56	长 8	2367.50	43	25.20	52.54	58.88	2.25
虎 42	长 8	2860.00	49	25.22	52.09	60.47	2.32
巴 54	长 8	2789.00	55	25.17	52.66	61.71	2.36

井　号	层　位	深度/m	岩心编号	直径/mm	高度/mm	质量/g	密度/(g/cm³)
元466	长8	2254.00	61	25.18	52.49	67.45	2.58
午322	长8	2221.00	67	25.21	52.20	65.41	2.51
元515	长8	2251.00	73	25.22	52.74	65.19	2.47
顺147	长8	1810.00	109	25.21	52.47	67.93	2.59
山209	长8	2194.10	115	25.21	52.70	65.43	2.49
顺266	长8	1891.50	139	25.20	52.40	68.67	2.63
顺268	长8	1740.00	145	25.14	52.32	66.26	2.55
孟40	长8	2564.00	151	25.21	52.50	59.63	2.28
丹79	长8	1751.50	157	25.21	52.35	65.53	2.51
巴71	长8	2778.00	163	25.21	52.42	64.94	2.48
郭20	长8	1655.00	187	25.34	52.42	62.54	2.37
巴53	长8	2895.7	4	25.23	50.51	63.93	2.53
虎30	长8	2512.8	9	25.24	52.74	63.25	2.40

对于同一组岩心，在不同围压条件下进行三轴强度实验，记录轴向应变、径向应变随轴向载荷的变化规律，即得到岩心的全应力－应变曲线（图4-13、图4-14）。对每块岩心的全应力应变曲线进行处理，可得出岩石的弹性模量、泊松比和峰值强度。限于篇幅，其余应力－应变曲线本书未详细列出。

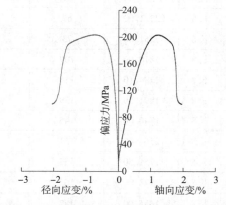

图4-13　巴53井岩心编号3应力－应变曲线
（长8，2897.7m，35MPa围压）

(a)实验前岩心照片

(b)实验后照片

图4-14　巴53井岩心编号三轴压缩实验前后照片

表4-4给出了岩心的三轴实验结果。其中,此表中前面34块岩心在地层围压条件下既开展了三轴压缩实验又在相同围压下开展了声波测试,为了得到岩石弹性参数转化关系;后面21块只开展了围压条件下三轴压缩实验,且因为岩心数量限制,此岩心取自与声发射实验相同的全直径岩心获取或采用声发射测量之后的岩心开展的实验。

表4-4 岩心三轴实验结果

井 号	层位	深度/m	岩心编号	围压/MPa	差应力/MPa	弹性模量/GPa	泊松比
巴53	长8	2897.69	2	35	203.54	23.60	0.248
虎30	长8	2512.80	7	30	203.46	29.38	0.256
郭20	长8	1657.40	25	20	158.11	21.38	0.286
巴2	长8	2853.00	31	34	206.19	29.93	0.290
巴7	长8	2736.00	37	33	198.03	29.53	0.287
孟56	长8	2367.50	43	28	106.32	12.71	0.247
虎42	长8	2860.00	49	34	183.30	24.74	0.248
巴54	长8	2789.00	55	33	142.25	18.53	0.251
元466	长8	2254.00	61	27	206.16	30.98	0.243
午322	长8	2221.00	67	27	211.04	33.05	0.254
元515	长8	2251.00	73	27	175.03	30.40	0.269
顺147	长8	1810.00	109	22	213.88	35.90	0.241
山209	长8	2194.10	115	26	172.30	28.00	0.237
顺266	长8	1891.50	139	23	258.47	43.96	0.272
顺268	长8	1740.00	145	21	172.56	30.52	0.219
孟40	长8	2564.00	151	31	106.09	12.78	0.252
丹79	长8	1751.50	157	21	197.26	34.80	0.281
巴71	长8	2778.00	163	33	175.21	23.90	0.246
郭20	长8	1655.00	187	20	173.28	25.88	0.267
巴53	长8	2895.7	4	35	212.32	29.39	0.211
虎30	长8	2512.8	9	30	191.19	26.32	0.201

本实验同时开展了地层围压条件下岩石压缩实验,得到了围压条件下静态杨氏模量、泊松比、差应力等数据,围压条件下开展的压缩实验更加符合岩石在压裂过程中实际状态。

从图4-15和统计表4-4中可知,杨氏模量分布范围为12.8～43.96GPa,平均值为27.4GPa,杨氏模量呈正态分布,其中在23～28GPa分布最为集中。围压条件下所测杨氏模量整体偏大,也更加符合岩石在地层中真实力学状态。

根据取心井位置,可将研究区划分为陕北地区(井最多,岩心最多)、环西-彭阳地区和南梁-华池地区,分地区弹性模量分布为:陕北地区杨氏模量分布范围为16.67～43.96GPa,平均值为28.8GPa;环西-彭阳地区杨氏模量分布范围为12.71～33.76GPa,

平均值为 23.9GPa；南梁 – 华池地区杨氏模量分布范围为 28.0 ~ 33.05GPa，平均值为 30.6GPa。其中南梁 – 华池地区弹性模量平均值最大，陕北次之，环西 – 彭阳地区最小。

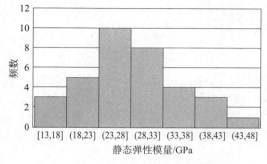

图 4 – 15　长 8 储层静态弹性模量分布

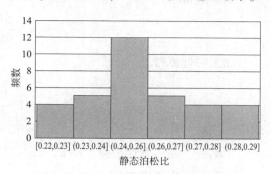

图 4 – 16　长 8 储层静态泊松比分布

从图 4 – 16 和统计表 4 – 4 中可知，静态泊松比分布范围为 0.20 ~ 0.29，平均值为 0.256，静态泊松比呈正态分布，其中在 0.24 ~ 0.26 分布最为集中。地层差异性较小，泊松比范围比较分散。

根据取心井位置，可将研究区划分为陕北地区（井最多，岩心最多）、环西 – 彭阳地区和南梁 – 华池地区，具体分地区静态泊松比分布为：陕北地区静态泊松比分布范围为 0.219 ~ 0.294，平均值为 0.258；环西 – 彭阳地区静态泊松比分布范围为 0.227 ~ 0.29，平均值为 0.256；南梁 – 华池地区静态泊松比分布范围为 0.229 ~ 0.269，平均值为 0.246。其中陕北地区泊松比平均值最大，环西 – 彭阳地区次之，南梁 – 华池地区最小，但不同地区之间差值比较小。

4.1.2　岩石声波测试

1. 试件制备

试件制备要求与抗压实验一致。声波测试是无损测试，所用试件与抗压实验试件相同，即先对加工好的试件进行声波测试，再进行破坏性的抗压实验。

主要仪器：伺服控制岩石力学三轴实验系统（型号 TAW – 1000）、美国泛美公司超声波测定仪（型号 5058PR）。

岩石的弹性参数是指岩石的弹性模量和泊松比，通常由静力法测定。即通过岩样在准静态载荷条件下的应力、应变关系曲线，求取弹性参数，这些参数通常称为静态弹性参数。

通过岩石纵横波速度、容积密度求取的弹性参数称为动态弹性参数。动态弹性参数不同于静态弹性参数，二者之间存在着一定的依存关系。

本实验目的是进行动静态参数的测试，以建立动、静态弹性参数之间的关系，使利用测井资料解释地层力学参数成为可能。

如果测得岩石纵波和横波的传播速度及岩石密度，由下述关系可求得岩石的弹性参数，称为动态弹性参数。

动态泊松比：

$$V_d = \frac{0.5(V_p/V_s)^2 - 1}{(V_p/V_s)^2 - 1} \tag{4-7}$$

动态弹性模量：

$$E_d = \frac{\rho V_s^2(3V_p^2 - 4V_s^2)}{V_p^2 - V_s^2} \times 10^3 MPa \tag{4-8}$$

式中　V_d——动态泊松比；

　　　　E_d——动态弹性模量，GPa；

　　　　ρ——岩样密度；g/cm^3；

　　　　V_p——纵波波速，m/s；

　　　　V_s——横波波速，m/s。

2. 实验结果分析

1）长7页岩油储层

利用式（4-7）、式（4-8）计算长7页岩油储层动态弹性参数统计见表4-5。

表4-5　岩心声波实验结果

井　号	井深/m	密度/(g/cm³)	纵波波速/(m/s)	横波波速/(m/s)	纵横比	动态杨氏模量/GPa	动态泊松比
罗254	2580	2.28	3274	2112	1.55	23.26	0.144
宁70	1713	2.16	3049	1894	1.61	18.38	0.186
合检1-1	1810	2.49	4012	2461	1.63	36.14	0.198
庄233	1808	2.42	3759	2364	1.59	31.72	0.173
环317	2460	2.45	4266	2717	1.57	41.92	0.159
盐56	3010	2.48	3781	2292	1.65	31.52	0.210
高135	1864	2.60	4498	2662	1.69	45.34	0.230
里211	2362	2.35	3548	2289	1.55	28.16	0.144
正70	1655	2.38	3419	2110	1.62	25.27	0.192
黄269	2533	2.36	3286	1992	1.65	22.65	0.210

根据室内实验得到的岩心三轴压缩实验结果（表4-2），测得长7页岩储层静态弹性模量和泊松比，以及岩心声波实验结果中多得到的动态弹性模量和泊松比（表4-5），进行动静态弹性参数拟合。

井下岩石强度以及弹性参数是可以通过室内实验获得，并且在工程中也是需要此类的实验参数。但是由于其成本高昂并且不连续，在实际工程操作中并没有得到广泛的推广。为了良好地解决这个问题，就需要利用测井资料，进行动静弹性参数转化，找到动静力学参数之间存在内在联系。

对于较为理想的岩性材料而言，动静弹性模量参数是相等的。但是在实际工程中，大多数岩石并非理想岩心,两者之间存在一定程度上的差异。较为坚硬的岩石,动静弹性参数差异较小,对于松散岩石,二者具有较大差异。

动静态弹性模型和动静态泊松比线性拟合得到其关系曲线及关系式(图4-17、图4-18)。

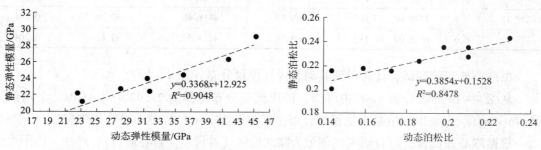

图4-17　静动态弹性模量关系曲线　　　　图4-18　静动态泊松比关系曲线

动静态弹性模量与泊松比关系呈近似线性关系,且拟合度较高(图4-17、图4-18),其中动静态弹性模量拟合度为0.905,说明其拟合程度很好;动静态泊松比拟合度也达到0.848,其拟合程度也较好。从这两方面说明,在长7页岩储层动静态弹性参数相关性较好。

2)长8致密砂岩储层

本实验对岩心试样进行了密度、纵横波等参数的测试,岩心原始数据见表4-4,并分别计算了动态弹性模量和泊松比。

对岩心进行了不同围压条件下的纵、横波速度测试,测量结果见表4-6所示。

表4-6　岩心波速测量结果

井　号	层　位	深度/m	岩心号	横波波速/(m/s)	纵波波速/(m/s)	动态弹性模量/GPa	动态泊松比
巴53	长8	2897.69	2	2744.84	4720.06	47.30	0.245
虎30	长8	2512.80	7	2752.68	4504.96	44.22	0.202
郭20	长8	1657.40	25	2363.33	4032.75	32.88	0.238
巴2	长8	2853.00	31	2823.23	4981.05	50.35	0.263
巴7	长8	2736.00	37	2721.71	4942.12	47.36	0.282
孟56	长8	2367.50	43	2236.41	3833.36	27.92	0.242
虎42	长8	2860.00	49	2765.01	4441.89	42.06	0.184
巴54	长8	2789.00	55	2751.16	4445.38	42.41	0.190
元466	长8	2254.00	61	2856.60	4616.53	50.11	0.190
午322	长8	2221.00	67	3001.90	4870.31	54.01	0.194
元515	长8	2251.00	73	2884.65	4759.50	49.81	0.210
顺147	长8	1810.00	109	3009.64	4902.82	56.27	0.198
山209	长8	2194.10	115	2736.81	4694.04	46.30	0.242
顺266	长8	1891.50	139	3028.90	5015.31	58.48	0.213

续表

井　号	层　位	深度/m	岩心号	横波波速/(m/s)	纵波波速/(m/s)	动态弹性模量/GPa	动态泊松比
顺268	长8	1740.00	145	3015.56	4930.73	55.74	0.201
孟40	长8	2564.00	151	2346.47	3919.08	30.61	0.221
丹79	长8	1751.50	157	2966.01	5082.52	54.79	0.242
巴71	长8	2778.00	163	2969.80	4818.46	52.26	0.194
郭20	长8	1655.00	187	2569.36	4214.50	37.61	0.204

　　根据声波实验测试，计算得到其动态弹性模量分布（图4-19）。

　　从图4-19和统计表4-6中可知，杨氏模量分布范围为27.92~64.1GPa，平均值为45.75GPa，动态杨氏模量基本呈正态分布，其中在38~48GPa分布最为集中。

　　根据取心井位置，可将研究区划分为陕北地区（井最多，岩心最多）、环西-彭阳地区和南梁-华池地区，具体分地区动态弹性模量分布为：陕北地区动态杨氏模量分布范围为30.11~64.1GPa，平均值46.07GPa；环西-彭阳地区动态杨氏模量分布范围为27.92~53.36GPa，平均值为43.62GPa；南梁-华池地区动态杨氏模量分布范围为46.3~54.1GPa，平均值为50.06GPa。其中，南梁-华池地区弹性模量平均值最大，陕北次之，环西-彭阳地区最小。

　　动态弹性模量明显大于静态数值，因而需建立转化关系。

　　从图4-20和统计表4-6中可知，动态泊松比分布范围为0.157~0.311，平均值为0.216，动态泊松比呈正态分布，其中在0.18~0.21分布最为集中。动态泊松比相对于静态泊松比偏小。

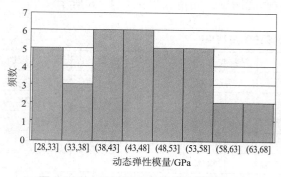

图4-19　长8储层动态弹性模量分布

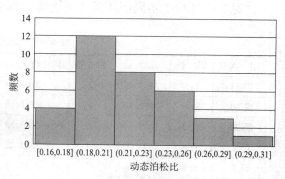

图4-20　长8储层动态泊松比分布

　　根据取心井位置，可将研究区划分为陕北地区（井最多，岩心最多）、环西-彭阳地区和南梁-华池地区，具体分地区动态泊松比分布为：陕北地区泊松比分布范围为0.157~0.311，平均值为0.215；环西-彭阳地区泊松比分布范围为0.157~0.282，平均值为0.218；南梁-华池地区泊松比分布范围为0.19~0.242，平均值为0.209。其中环西-彭阳地区泊松比平均值最大，陕北地区次之，南梁-华池地区最小，但不同地区之间差值非常小。说明岩性相近差异性小。

　　长8储层纵横波波速转化关系。根据围压条件下声波实验测试，分别测得其纵波波速和横波波速，而测井数据内只有纵波波速而无横波波速，需要通过建立转化关系，得到其横波波速。

从图4-21可以看出，横波波速与纵波波速线性相关性很高。

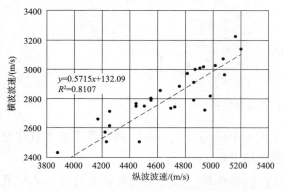

图4-21 长8储层围压条件下纵横波转化关系　图4-22 长8储层动静态弹性模量转化关系

长8储层动静态弹性参数转化关系。根据相同围压，相同井岩心岩石三轴压缩实验和对应的声学测试，拟合所有试件的动静态弹性模量关系，结果如下：

从图4-22可以看出，动静态弹性模量相关性很高，便于矿场基于此关系根据测井数据预测储层静态弹性模量。

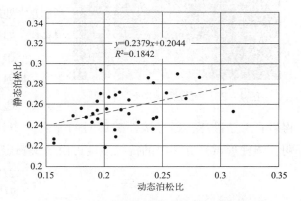

分层分别建立了动静态弹性模量转化关系，可为不同地层岩石弹性参数精确预测提供参考。根据相同围压三轴压缩实验和对应声学测试，拟合所有试件的动静态泊松比关系，如图4-23。

从图4-23可以看出，动静态泊松比相关性很差，且分布分散，规律性差；也说明试样岩性相近，差别小。

图4-23 长8储层动静态泊松比转化关系

4.1.3 岩石抗拉实验

1. 岩心三轴抗拉实验

实验简图如图4-24所示，通过巴西劈裂实验进行测定。

试件制备要求：试件可用钻孔岩心，在取样、试样运输和制备过程中应避免扰动，更不允许人为裂缝出现。试件制备时，应采用纯水作为冷却液。

试件为圆柱体，直径宜为25mm，厚度宜为直径的0.25~0.75倍。试件尺寸允许变化范围不应超过5%。

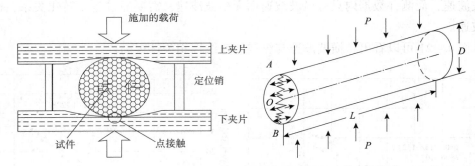

图 4 - 24 巴西实验简图

试件制备的精度：整个厚度上，直径最大误差不应超过 0.1mm。两端不平度不宜超过 0.1mm。端面应垂直于试件轴线，最大偏差不应超过 0.25% 。

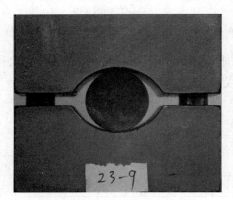

图 4 - 25 抗拉实验岩心试件图

试件制备步骤：利用钻孔机在全直径岩心钻孔钻取岩心，然后依据试件制备要求对岩心进行加工处理，得到抗拉实验的长岩心试件。对于钻取下的岩心，根据之前对现场岩心的实验序号，进行标准实验岩心试件的编号。对抗拉实验的长岩心试件进行切片处理，最终获得满足劈裂实验要求的中试件样本，如图 4 - 25。

2. 抗拉强度参数求解

劈裂实验是测定岩石抗拉强度最为常见的实验方法。通过两个弧形夹片对圆盘试块进行加载，使得岩石劈裂破坏，通过试件破坏时的荷载大小计算试件的抗拉强度。由弹性理论可以证明，圆柱形试件劈裂时的抗拉强度可由公式确定。

$$\sigma_t = \frac{2P}{\pi Dt}$$

(4 - 9)

式中 σ_t——岩石的抗拉强度，MPa；

  P——试件破坏时的最大载荷，N；

  D——试件的直径，mm；

  t——试件的厚度，mm。

应用此公式时，认为试件的破坏面上的应力为均匀拉应力，实际上在试件的接触点处，压应力值大于拉应力值12 倍以上，然后迅速下降。在距离圆柱形试件中心 0.8 倍半径处，应力值变为零，然后变为拉应力，至试件中心附近拉应力到达最大值。因此，在做劈裂实验时，在圆柱试件的中心处首先产生拉伸断裂。

对于岩石的抗拉强度不容易直接测量，岩石的抗拉强度一般比较低且脆性特性明显，对其直接施加拉应力不具有可行性。因此采取了劈裂法的间接测量岩石抗拉强度的方法。利用抗拉强度计算公式，可以根据试件破坏时的荷载 P 来计算岩石的抗拉强度 σ_t。

3. 实验结果分析

1）长 7 页岩油储层（表 4 - 7）

表 4 - 7　岩心抗拉实验结果

井　号	井深/m	密度/（g/cm³）	抗拉强度
罗 254	2580	2.28	2.34
宁 70	1713	2.20	2.17
盐 56	3010	2.54	2.76
高 135	1864	2.60	出现明显裂纹
黄 269	2533	2.35	2.31

实验测试鄂尔多斯盆地长 7 页岩油储层页岩抗压实验（巴西劈裂实验），抗拉强度分布在 2.17～2.76MPa 范围内，平均值为 2.395MPa；泊松比大多分布在 0.201～0.243 范围内，有特别明显的集中区域，平均值为 0.224，分布较为均匀，这与普遍认识相一致；对于页岩来讲，围压对于抗压强度影响较大，围压对抗压强度具有一定的对应关系：随着围压的增加，抗压强度随之增加，在所测试的 10 块页岩岩样中抗压强度分布范围 47.8～124.3MPa，平均值 85.59MPa，但由于是在不同围压下所测得的值，因而分析平均值意义不大，但可以从实验结果看到高强度试件的密度普遍偏高。各井之间，不同深度之间，岩石力学参数存在一定的差异性。

2）长 8 致密砂岩

对岩心通过巴西劈裂实验方法得到了岩样抗拉强度，测量结果见表 4 - 8。

表 4 - 8　岩石抗拉强度数据

岩心编号	小岩心编号	井　号	层　位	深度/m	直径/mm	高度/mm	抗拉强度/MPa	平均抗拉强度/MPa
8	8 - 1	虎 30	长 8	2512.80	25.20	14.49	4.40	5.27
	8 - 2				25.20	14.49	6.13	
14	14 - 1	丹 62	长 10	1860.00	25.24	14.37	2.45	2.50
	14 - 2				25.24	14.46	2.54	
20	20 - 1	谷 47	长 10	2196.00	25.17	14.53	6.36	6.82
	20 - 2				25.21	14.50	7.28	
26	26 - 1	郭 20	长 8	1657.40	25.33	14.39	2.79	2.76
	26 - 2				25.32	14.42	2.72	
44	44 - 1	孟 56	长 8	2367.50	25.15	14.45	1.65	1.75
	44 - 2				25.06	14.22	1.85	
62	62 - 1	元 466	长 8	2254.00	25.25	14.57	6.02	6.14
	62 - 2				25.17	14.58	6.26	
68	68 - 1	午 322	长 8	2221.00	25.25	14.57	7.60	6.86
	68 - 2				25.25	14.60	6.11	

续表

岩心编号	小岩心编号	井　号	层　位	深度/m	直径/mm	高度/mm	抗拉强度/MPa	平均抗拉强度/MPa
86	86-1	桥176	长10	1785.00	25.29	13.87	0.61	0.53
	86-2				25.13	13.98	0.44	
92	92-1	沿87	长9	1340.00	25.15	14.54	4.46	4.56
	92-2				25.24	14.57	4.66	
104	104-1	柳13	长9	1975.00	25.21	14.55	4.61	5.39
	104-2				25.25	14.56	6.17	
122	122-1	王545	长10	1804.00	25.24	14.60	10.56	10.32
	122-2				25.23	14.59	10.07	
170	170-1	顺169	长9	2039.00	25.24	14.53	4.08	3.67
	170-2				25.24	14.50	3.26	
176	176-1	新471	长10	2249.00	25.24	14.46	4.12	4.16
	176-2				25.25	14.51	4.19	
182	182-1	新471	长9	2132.00	25.25	14.56	6.47	7.57
	182-2				25.25	14.59	8.67	

图4-26、图4-27为实验前后的照片和抗拉强度曲线，其他岩样实验前后照片和抗拉强度曲线见附件。

根据巴西劈裂实验，计算得到其抗拉强度分布。

　　(a)实验前　　　　　　　　　　　　　　　　(b)实验后

图4-26　岩石抗拉实验前和实验后照片

从图4-28和表4-8中可知，抗拉强度分布范围为0.173~10.56MPa，平均值为4.86MPa，分布范围较大，其中在4~6MPa分布最为集中。根据取心井位置，可将研究区划分为陕北地区（井最多，岩心最多）、环西-彭阳地区和南梁-华池地区，具体分地区抗拉强度分布为：陕北地区分布范围为0.173~10.56MPa，平均值为4.39MPa，同一地区内差异较大；环西-彭阳地区分布范围为1.65~6.13MPa，平均值为3.51MPa；南梁-华池地区分布范围为6.02~7.6MPa，平均值为6.5MPa。其中南梁-华池地区平均值最大，陕北地区次之，环西-彭阳地区最小，地区间差值比较小。

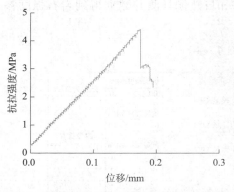

图 4 - 27 虎 30 编号 8 - 1 抗拉强度曲线

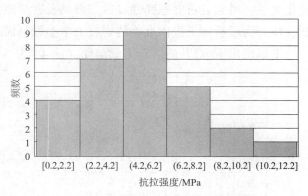

图 4 - 28 长 8 储层抗拉强度分布

长 8 层：分布范围为 1.65 ~ 7.6MPa，平均值为 4.56MPa；长 9 层：分布范围为 3.26 ~ 8.67MPa，平均值为 5.20MPa；长 10 层：分布范围为 0.173 ~ 10.56MPa，平均值为 4.83MPa。

统计分析取自相同井相同层，三轴压缩实验得到的差应力与抗拉实验结果，拟合关系，结果如图 4 - 29。

从图 4 - 29 可知，抗拉强度和差应力相关性非常高。因而长 8 储层内若无抗拉强度测试，可根据此关系式通过三轴压缩实验确定岩石抗拉强度。

从图 4 - 30 可知，抗拉强度和纵波波速相关性非常高。

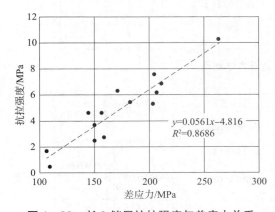

图 4 - 29 长 8 储层抗拉强度与差应力关系

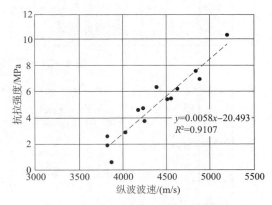

图 4 - 30 长 8 储层抗拉强度与纵波波速关系

4.1.4 地质力学剖面

1. 长 7 页岩油储层

根据声波测井资料分别得到长 7 页岩 10 口井（罗 254、宁 70、合检 1 - 1、庄 233、环 317、盐 56、高 135、里 211、正 70、黄 269）的纵波波速，再根据横纵波计算公式得到横波波速，确定动态杨氏模量和动态泊松比，然后再利用长 7 页岩储层得到的动静态之间的转化关系，得到岩石静态弹性参数，再结合密度测井和自然伽马测井数据得到岩石强度参数，从而为压裂施工提供准确的岩石力学参数剖面。

下面给出 10 口井的岩石力学剖面（图 4 – 31 ~ 图 4 – 40）。

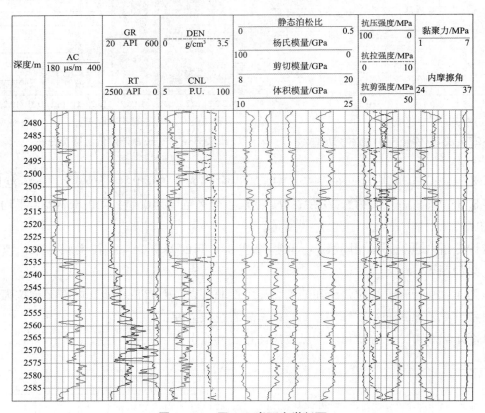

图 4 – 31　罗 254 岩石力学剖面

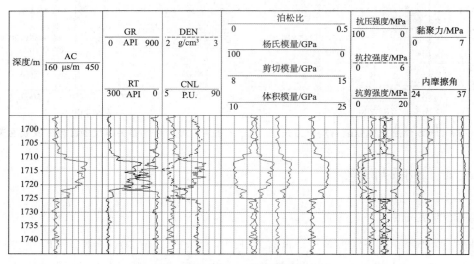

图 4 – 32　宁 70 岩石力学剖面

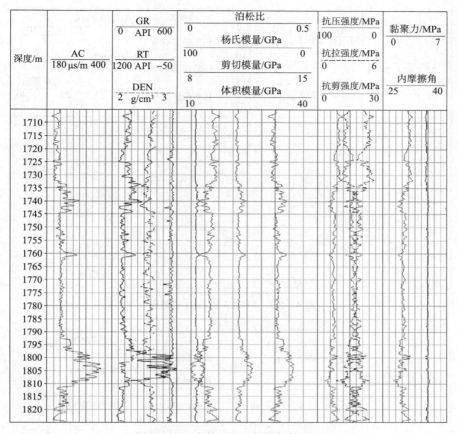

图 4-33 合检 1-1 岩石力学剖面

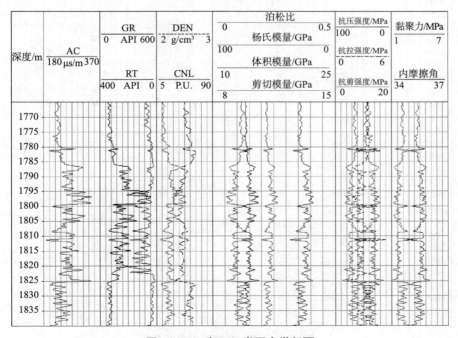

图 4-34 庄 233 岩石力学剖面

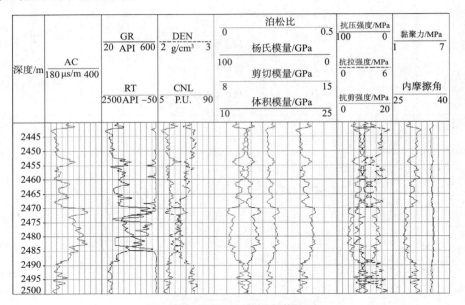

图 4－35　环 317 岩石力学剖面

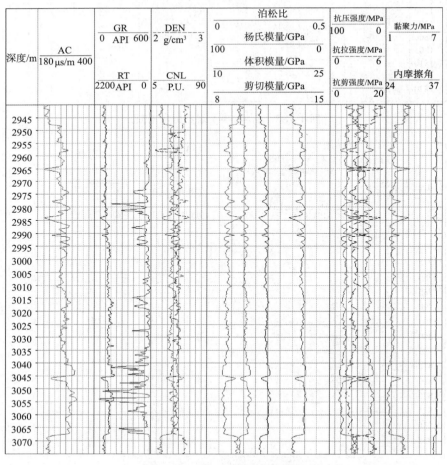

图 4－36　盐 56 岩石力学剖面

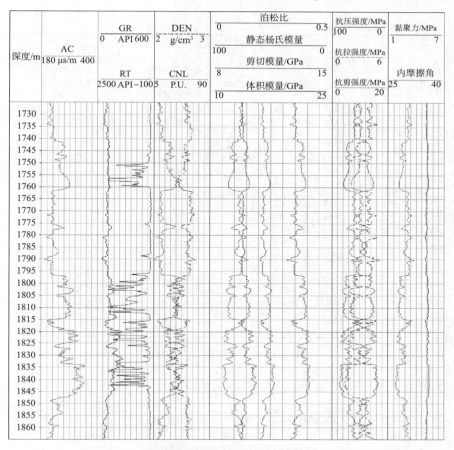

图 4 –37　高 135 岩石力学剖面

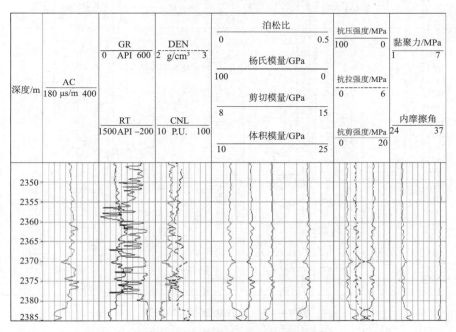

图 4 –38　里 211 岩石力学剖面

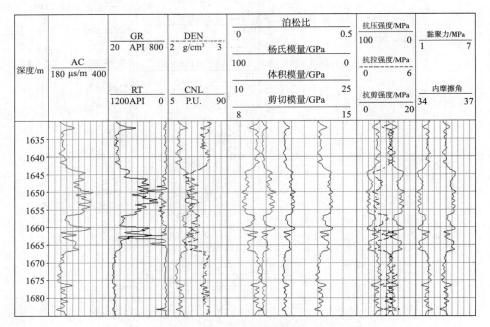

图 4-39 正 70 岩石力学剖面

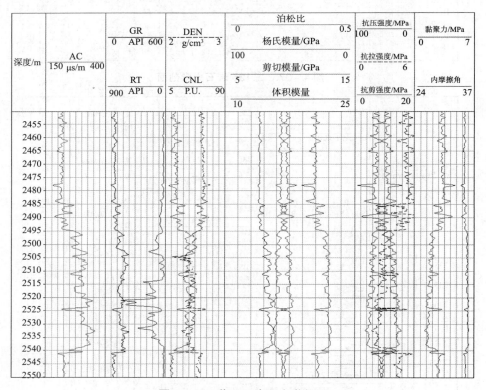

图 4-40 黄 269 岩石力学剖面

2. 长 8 致密砂岩储层

1）岩石弹性力学参数剖面

根据声波测井资料分别得到长 8 储层 10 余口井（陕北地区：谷 47、顺 266、桥 200、沿 87、柳 13、新 452、郭 20；南梁 – 华池地区：元 466、山 209、午 314、午 322；环西 – 彭阳地区：虎 42、巴 53、巴 71、孟 16、孟 22、孟 40、孟 56）的纵波波速，再根据横纵波计算公式得到横波波速，确定动态杨氏模量和动态泊松比，得到岩石静态弹性参数，从而为压裂施工提供准确的岩石弹性力学参数剖面（表 4 –9、图 4 –41 ~图 4 –43）。

表 4 –9 长 8 储层（包括部分长 9 和长 10）岩石力学参数统计表

井 号	层 段	深度/m	静态泊松比	静态弹性模量/GPa	剪切模量/GPa	体积模量/GPa	抗压强度/MPa	抗拉强度/MPa
谷 47	长 10	2176 ~2410	0.25	26.799	10.675	18.242	42.886	3.57
郭 20	长 8	1600 ~1690	0.26	23.323	9.298	15.813	38.436	3.20
顺 266	长 8	1865 ~1939	0.26	28.800	11.467	19.655	45.967	3.83
桥 200	长 8	1680 ~1758	0.26	28.021	11.161	19.092	44.965	3.75
沿 87	长 9	1266 ~1370	0.25	25.244	10.059	17.155	41.445	3.45
柳 13	长 9	1924 ~2023.9	0.26	26.564	10.583	18.070	43.492	3.62
新 452	长 9	2151 ~2279	0.26	26.010	10.364	17.683	43.261	3.61
陕北地区平均值			0.255	26.34	0.255	17.96	38.44	3.20
元 466	长 8	2242.2 ~2328	0.26	26.288	10.470	17.913	45.100	3.76
山 209	长 8	2181.8 ~2264	0.25	25.717	10.245	17.498	42.879	3.57
午 314	长 8	2264.6 ~2360	0.25	25.576	10.190	17.396	43.043	3.59
午 322	长 8	2185.8 ~2320	0.25	24.826	9.893	16.874	42.507	3.54
南梁 – 华池平均值			0.253	25.60	0.253	17.42	43.38	3.62
虎 42	长 8	2944 ~3000	0.26	24.570	9.782	16.770	43.956	3.66
巴 53	长 8	2866 ~2948	0.25	23.369	9.309	15.910	44.313	3.69
巴 71	长 8	2764 ~2846	0.26	25.632	10.206	17.485	48.661	4.06
孟 16	长 8	2496.5 ~2578	0.26	23.168	9.229	15.771	42.552	3.55
孟 22	长 8	2492.5 ~2572	0.26	24.331	9.690	16.589	45.084	3.76
孟 40	长 8	2551 ~2900	0.26	29.328	11.667	20.102	49.483	4.12
孟 56	长 8	2350 ~2446	0.26	20.942	8.343	14.254	40.769	3.40
环西 – 彭阳平均值			0.257	24.48	0.257	14.25	44.97	3.75
所有地区平均值			0.255	25.47	0.255	17.35	43.82	3.75

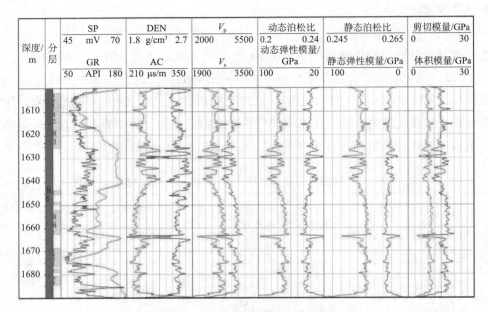

图 4－41　郭 20 井岩石弹性力学参数剖面

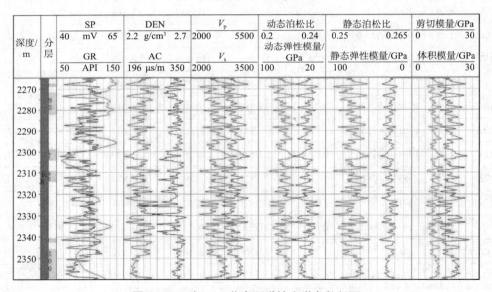

图 4－42　午 314 井岩石弹性力学参数剖面

　　本书给出每个地区代表性井郭 20 井、午 314 井、孟 22 井岩石弹性力学参数剖面，其余限于篇幅不一一详列。

　　2）岩石强度力学参数剖面

　　根据测井资料分别得到勘探新区新层 18 口井（陕北地区：谷 47、顺 266、桥 200、沿 87、柳 13、新 452、郭 20；南梁－华池地区：元 466、山 209、午 314、午 322；环西－彭阳地区：虎 42、巴 53、巴 71、孟 16、孟 22、孟 40、孟 56）的纵波波速，再根据横纵波计算公式得到横波波速，确定动态杨氏模量和动态泊松比，得到岩石静态弹性参数，再结合密度测井和自然伽马测井数据得到岩石强度参数，从而为压裂施工提供准确的岩石力学参数剖面（图4-44~图4-46）。

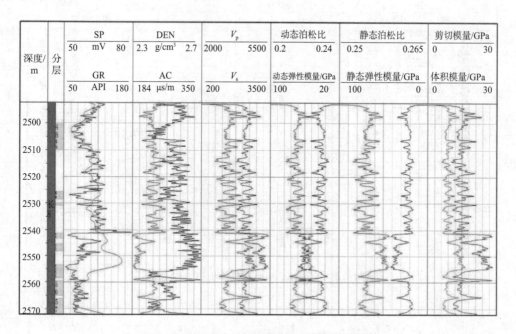

图4-43　孟22井岩石弹性力学参数剖面

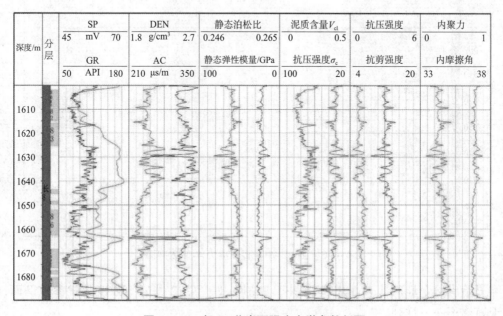

图4-44　郭20井岩石强度力学参数剖面

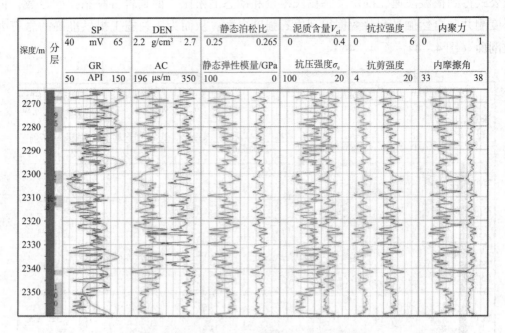

图 4 – 45   午 314 井岩石强度力学参数剖面

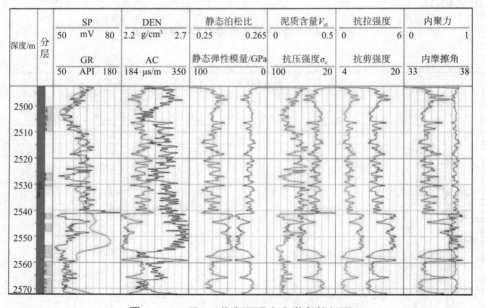

图 4 – 46   孟 22 井岩石强度力学参数剖面

本书给出每个地区代表性井郭 20 井、午 314 井、孟 22 井岩石强度力学参数剖面，其余限于篇幅不一一详列。

4.2 地应力特征研究

4.2.1 声发射凯瑟尔效应测试

室内声发射凯瑟尔效应测地应力原理及过程如下：

对取自地层的岩心重新加载研究其声发射信号与外加应力的关系时可发现，如果所施加的载荷小于历史最大地应力值，很少观察到声发射信号，只有当外加载荷等于或超过历史最大地应力值时，才有大量声发射信号产生。

声发射信号检测实验与岩心三轴压缩实验同步进行，岩心试件在三轴压缩加载的过程中，发出声信号，通过声发射仪将这些信号记录、处理，并输出岩心试件的声发射信号随试件变化的关系曲线。整个加载过程中的声发射信号可以反映出岩心破裂的全过程。

实验测试系统框图如图4－47所示。本次实验主要采用 TAW－1000 岩石力学三轴应力测试系统进行岩石力学参数测试。该设备最大承载能力 1000kN，最高模拟温度 200℃，最高围压 120MPa，最大模拟孔隙压力 120MPa，可以开展单轴、围压条件下的抗压测试、蠕变实验、DSA 测试、残余强度测试、岩石渗透率测试、天然气水合物力学测试等。实验设备照片见图4－48。

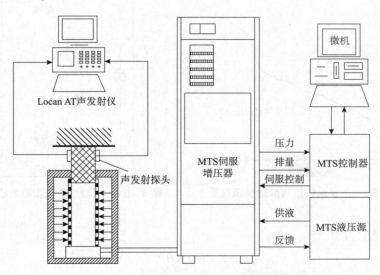

图4－47 声发射法测地应力测试系统框图

声发射采集系统采用的是德国华伦公司最新研制的 AMSY－6，见图4－49。该系统每个通道 AD/C：40MHz，18 位精度，0.5~2.4MHz 频率范围。

声发射凯瑟尔效应实验可以测量地层岩石曾经承受过的最大压应力。该类实验一般要在压机上进行，可测定单向应力。岩石在轴向加载过程中声发射率突然增大的点所对应的轴向应力即为地层在该岩样钻取方向上曾经承受过的最大压应力。

图 4 – 48　TAW – 1000 型岩石力学三轴
应力测试系统

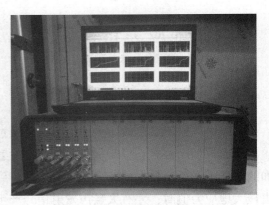

图 4 – 49　德国华伦公司的声发射
采集系统 AMSY – 6

　　根据凯瑟尔效应原理，在声发射信号曲线图上找出声发射信号明显突增的点，记录下此点处的应力大小，即为岩石在该岩样试件轴向方向所对应的地应力（图 4 – 50）。因为垂直应力一般可以通过测井曲线可得，本实验目的主要测量水平地应力。

　　根据岩石力学理论，垂向地应力、水平最大、最小地应力与沿特定方向岩心凯瑟尔点处的应力有如下关系（图 4 – 51）：

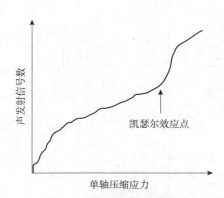

图 4 – 50　凯瑟尔效应实验曲线示意图

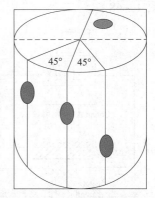

图 4 – 51　凯瑟尔效应实验取心位置

对于垂向地应力有：

$$\sigma_V = \sigma_\perp + \beta P_0 \tag{4-10}$$

而对于水平最大、最小地应力有：

$$\sigma_H = \frac{\sigma_{0°} + \sigma_{90°}}{2} + \frac{\sigma_{0°} - \sigma_{90°}}{2}(1 + \tan^2 2\alpha)^{\frac{1}{2}} + \beta P_p$$

$$\sigma_h = \frac{\sigma_{0°} + \sigma_{90°}}{2} - \frac{\sigma_{0°} - \sigma_{90°}}{2}(1 + \tan^2 2\alpha)^{\frac{1}{2}} + \beta P_p \tag{4-11}$$

$$\tan 2\alpha = \frac{\sigma_{0°} + \sigma_{90°} - 2\sigma_{45°}}{\sigma_{0°} - \sigma_{90°}}$$

式中，σ_V 为上覆地层应力，MPa；σ_H、σ_h 为最大、最小水平主地应力，MPa；$\sigma_\perp$ 为垂直方向岩心凯瑟尔点应力，MPa；$\sigma_{0°}$、$\sigma_{45°}$、$\sigma_{90°}$ 为 0°、45°、90° 三个水平向岩心凯瑟尔点应力，MPa。

4.2.2 实验结果分析评价

1. 长 7 页岩油储层

利用上述系统对罗 245 井和庄 233 井进行了声发射测量地应力的室内实验。水平应力实验结果见表 4 – 10。

表 4 – 10 声发射法测地应力测试系统所得水平应力值

井　号	井深/m	密度/(g/cm³)	最小地应力/MPa	最大地应力/MPa
罗 254	2580	2.28	43.39	49.61
庄 233	1808	2.42	30.04	34.75

鄂尔多斯盆地长 7 储层属于正常压实阶段，因而地应力模型建议采用黄荣樽教授提出的地应力计算模型。

$$\sigma_h = \left(\frac{\nu}{1-\nu} + \gamma \right)(\sigma_v - \alpha P_p) + \alpha P_p$$

$$\sigma_H = \left(\frac{\nu}{1-\nu} + \beta \right)(\sigma_v - \alpha P_p) + \alpha P_p \tag{4-12}$$

式中，σ_v 为上覆地层应力，MPa；σ_H、σ_h 为最大、最小水平主地应力，MPa；P_p 为地层压力，MPa；α 为 Biot 有效应力系数，无量纲。

通过调研，鄂尔多斯盆地地层低渗储层有效应力系数一般在 0.4 ~ 0.8 之间，根据给出的有效应力系数表达式：

$$\alpha = \frac{1-2\nu}{1-\nu} \tag{4-13}$$

实验中测定的长 7 储层页岩泊松比为 0.22，故项目地应力研究中有效应力系数取 0.7。

通过对砂岩地层地应力反演推测构造应力系，最小主应力方向构造应力系数为 0.31，最大主应力方向构造应力系数为 0.44。

2. 长 8 致密砂岩储层

利用上述系统对罗 245 井和庄 233 井进行了声发射测量地应力的室内实验。

原始岩心数据：在声发射实验之前对待测岩样密度、高度、直径、质量等基础参数进行了测定，岩心原始数据见表 4 – 11。

水平应力实验结果见表 4 – 12。

表 4 – 11 凯瑟尔效应实验岩心原始数据

井 号	层 位	深度/m	岩心组	岩心编号	备 注	高度/mm	直径/mm	质量/g	密度/(g/cm³)
巴 53	长 8	2895.69	8 – 1	3	V	51.83	25.24	65.14	2.51
				4	0	50.51	25.23	63.93	2.53
				5	45	52.52	25.22	66.39	2.53
				6	90	51.79	25.24	65.41	2.52
虎 30	长 8	2512.8	8 – 2	9	V	52.74	25.24	63.25	2.40
				10	0	52.18	25.25	63.66	2.44
				11	45	52.51	25.23	64.38	2.45
				12	90	52.09	25.24	62.19	2.39
郭 20	长 8	1657.4	8 – 3	27	V	52.39	25.37	62.31	2.35
				28	0	52.49	25.37	62.12	2.34
				29	45	52.46	25.36	62.58	2.36
				30	90	52.49	25.36	62.17	2.34
孟 16	长 8	2374.75	8 – 8	31	V	34.07	25.23	38.41	2.26
				32	0	32.84	25.20	37.10	2.27
				33	45	32.66	25.25	36.61	2.24
				34	90	34.08	25.24	38.39	2.25
孟 56	长 8	2368	8 – 4	45	V	49.21	25.23	56.46	2.29
				46	0	51.79	25.25	57.62	2.22
				47	45	52.26	25.24	58.77	2.25
				48	90	51.69	25.24	59.14	2.29
元 466	长 8	2254	8 – 5	63	V	52.38	25.24	68.85	2.63
				64	0	52.81	25.25	70.11	2.65
				65	45	42.78	25.24	55.69	2.60
				66	90	52.50	25.25	69.64	2.65
午 322	长 8	2221	8 – 6	69	V	52.22	25.24	65.94	2.52
				70	0	52.90	25.24	66.18	2.50
				71	45	52.77	25.24	66.20	2.51
				72	90	52.33	25.24	65.76	2.51

表 4 – 12 凯塞尔效应地应力实验结果

井 号	层 位	取样深度/m	计算结果/MPa			地应力梯度值/(MPa/100m)		
			σ_V	σ_H	σ_h	σ_V	σ_H	σ_h
巴 53	长 8	2895.69	60.8	54.83	43.41	2.10	1.89	1.50
虎 30	长 8	2512.8	56.68	44.84	37.19	2.26	1.78	1.48
郭 20	长 8	1657.4	37.03	28.6	23.73	2.23	1.73	1.43
孟 16	长 8	2374.75	55.96	47.25	40.56	2.36	2.12	1.62

井　号	层　位	取样深度/m	计算结果/MPa			地应力梯度值/(MPa/100m)		
			σ_V	σ_H	σ_h	σ_V	σ_H	σ_h
孟56	长8	2368	63.21	52.77	46.45	2.67	2.23	1.96
元466	长8	2254	54.15	40.75	35.73	2.40	1.81	1.59
午322	长8	2221	54.59	40.4	35.19	2.46	1.82	1.58

备注：地应力加载速率100N/s。

限于篇幅，本书仅给出巴53井（每组4块不同方向岩心）凯瑟尔声发射实验曲线结果，见图4-52。

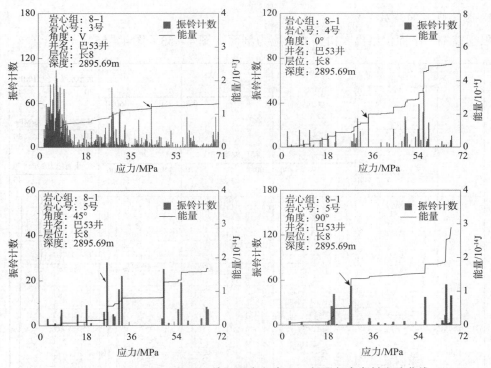

图4-52　巴53井（每组4块不同方向岩心）凯瑟尔声发射实验曲线

垂向地应力范围为31.11～63.21MPa，平均值为48.5MPa；最大水平主应力范围26.84～54.83MPa，平均值为38.93MPa；最小水平主应力范围21.45～46.45MPa，平均值为32.28MPa；水平主应力差范围为4.13～11.42MPa，平均主应力差为6.65MPa。

在地应力梯度方面：陕北地区垂向地应力梯度平均值为2.27MPa/100m；最大水平主应力梯度平均值为1.81MPa/100m；最小水平主应力梯度平均值为1.47MPa/100m。环西-彭阳地区垂向地应力梯度平均值为2.35MPa/100m；最大水平主应力梯度平均值为1.97MPa/100m；最小水平主应力梯度平均值为1.66MPa/100m。南梁-华池地区垂向地应力梯度平均值为2.43MPa/100m；最大水平主应力梯度平均值为1.82MPa/100m；最小水平主应力梯度平均值为1.59MPa/100m。

其中，垂直主应力、最大和最小水平主应力方面：环西－彭阳地区最大，南梁－华池地区平均值次之，陕北地区最小，地区间差值较大；水平主应力差方面环西－彭阳地区最大，陕北地区次之，南梁－华池地区平均值最小，说明南梁－华池地区地区原地应力更加有利于复杂缝网形成，而环西－彭阳地区和陕北地区间水平主应力差值较大，均超过6MPa，特别是环西－彭阳地区差值超过8MPa，因而不利于复杂缝网形成，因此在压裂过程中特别是水平井压裂过程中要充分发挥诱导应力的作用，优化簇间距和缝间距；并尽可能降低砂比、压裂液黏度，提高排量，在避免砂堵的前提下提高裂缝复杂度。

4.2.3　地应力剖面

1. 长 7 页岩油储层

限于篇幅，下面仅给出 3 口井的地应力剖面（图 4 – 53～图 4 – 55）：

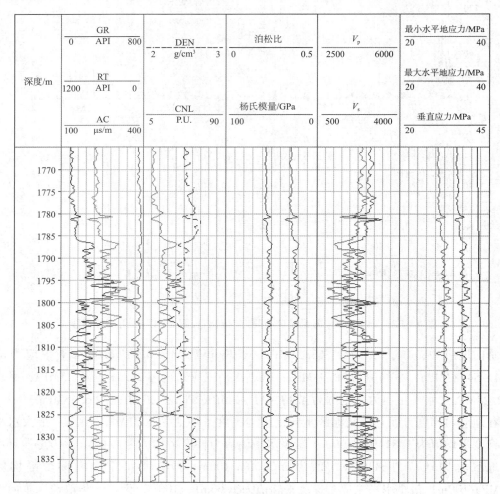

图 4 – 53　庄 233 地应力剖面

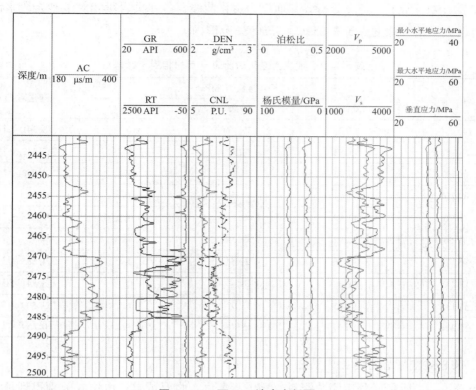

图 4 – 54　环 317 地应力剖面

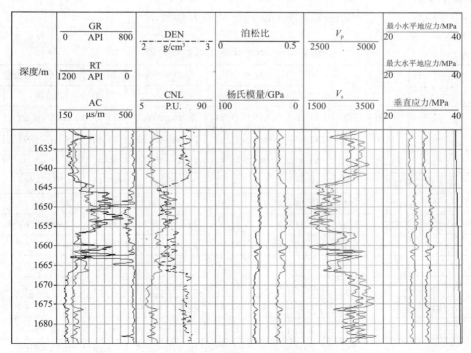

图 4 – 55　正 70 地应力剖面

如表 4-13 所示，统计分析各井地应力变化曲线，各井页岩段相对于砂岩段来说平均地应力偏大，偏大幅度介于 0.859% ~ 9.509% 范围内。

表 4-13 地应力变化对比表（页岩相对于砂岩）

井 号	平均地应力/MPa			变化幅度/%
	邻层砂岩	页岩	差值	
合检 1-1	32.37	35.07	2.7	8.341（↑）
环 317	45.83	48.37	2.54	5.542（↑）
黄 269	45.43	48.95	3.52	7.748（↑）
罗 254	46.91	49.65	2.74	5.841（↑）
宁 70	39.98	40.41	0.43	1.076（↑）
盐 56	56.91	59.39	2.48	4.358（↑）
正 70	30.56	31.9	1.34	4.385（↑）
庄 233	33.32	34.4	1.08	3.241（↑）
高 135	32.81	35.93	3.12	9.509（↑）
里 211	45.39	45.78	0.39	0.859（↑）

2. 长 8 致密砂岩储层

如表 4-14 所示，利用测井资料（声波、密度、伽马或自然电位）分别得到长 8 储层的垂向地应力值，再根据求得的构造应力系数，确定水平方向最大和最小主应力，并获得水平主应力差值，从而为压裂施工提供准确的地应力参数剖面。

表 4-14 长 8 地应力参数统计表

井 号	层 段	深度/m	最大水平主应力/MPa		最小水平主应力/MPa		水平主应力差/MPa	
			范围	均值	范围	均值	范围	均值
顺 266	长 8	1865 ~ 1939	36.28 ~ 38.07	37.34	29.86 ~ 31.40	30.79	6.41 ~ 6.69	6.55
桥 200	长 8	1680 ~ 1758	32.28 ~ 34.13	33.23	26.64 ~ 28.21	27.44	5.64 ~ 5.93	5.78
郭 20	长 8	1600 ~ 1690	30.83 ~ 32.79	31.89	25.42 ~ 27.07	26.31	5.41 ~ 5.74	5.58
	陕北地区平均值		31.89 ~ 37.34	36.59	29.06 ~ 31.1	30.16	6.24 ~ 6.63	6.43
元 466	长 8	2242.2 ~ 2328	40.79 ~ 43.97	42.10	36.23 ~ 38.23	37.44	4.56 ~ 4.75	4.66
山 209	长 8	2181.8 ~ 2264	40.31 ~ 42.05	41.20	35.82 ~ 37.39	36.62	4.48 ~ 4.67	4.57
午 314	长 8	2264.6 ~ 2360	42.00 ~ 44.11	43.09	37.30 ~ 39.21	38.29	4.69 ~ 4.91	4.80
午 322	长 8	2185.8 ~ 2320	40.46 ~ 42.44	41.50	35.91 ~ 37.72	36.87	4.53 ~ 4.72	4.62
	南梁 – 华池平均值		40.89 ~ 42.89	41.97	36.31 ~ 38.14	37.31	4.57 ~ 4.76	4.66
巴 53	长 8	2866 ~ 2948	51.28 ~ 53.42	52.41	44.09 ~ 45.97	45.08	7.19 ~ 7.46	7.32
巴 71	长 8	2764 ~ 2846	55.50 ~ 57.71	56.73	47.22 ~ 49.16	48.31	8.28 ~ 8.56	8.42
虎 42	长 8	2944 ~ 3000	58.01 ~ 58.89	58.57	49.47 ~ 50.25	49.98	8.53 ~ 8.65	8.59

续表

井　号	层　段	深度/m	最大水平主应力/MPa		最小水平主应力/MPa		水平主应力差/MPa	
			范围	均值	范围	均值	范围	均值
孟16	长8	2496.5~2578	50.79~53.03	51.89	43.16~45.14	44.13	7.62~7.89	7.76
孟22	长8	2492.5~2572	50.78~52.82	51.83	43.17~44.95	44.09	7.61~7.87	7.74
孟40	长8	2551~2900	50.31~52.43	51.38	42.91~44.75	43.84	7.40~7.68	7.53
孟56	长8	2350~2446	51.04~53.59	52.58	43.07~45.33	44.46	7.97~8.27	8.12
环西-彭阳平均值			52.53~54.56	53.63	44.73~46.51	45.70	7.8~8.05	7.93
所有地区平均值			43.24~45.42	44.41	36.77~38.66	37.79	6.47~6.77	6.62

　　根据取心井位置，可将研究区划分为陕北地区、环西-彭阳地区和南梁-华池地区，具体分地区地应力分布为：陕北地区：最大水平主应力范围35.30~37.72MPa，平均值为36.59MPa；最小水平主应力范围29.06~31.1MPa，平均值为30.16MPa；水平主应力差范围为6.24~6.63MPa，平均主应力差为6.43MPa。环西-彭阳地区：最大水平主应力范围52.53~54.56MPa，平均值为53.63MPa；最小水平主应力范围44.73~46.51MPa，平均值为45.70MPa；水平主应力差范围为7.8~8.05MPa，平均主应力差为7.93MPa。南梁-华池地区：最大水平主应力范围40.89~42.89MPa，平均值为41.97MPa；最小水平主应力范围36.31~38.14MPa，平均值为37.31MPa；水平主应力差范围为4.57~4.76MPa，平均主应力差为4.66MPa。

　　其中，垂直主应力、最大和最小水平主应力方面：环西-彭阳地区最大，南梁-华池地区平均值次之，陕北地区最小，地区间差值较大；水平主应力差方面环西-彭阳地区最大，陕北地区次之，南梁-华池地区平均值最小。

　　限于篇幅，给出不同地区3口典型井长8储层地应力剖面图（图4-56~图4-58）。

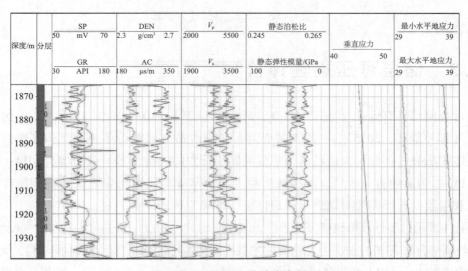

图4-56　顺266井地应力剖面

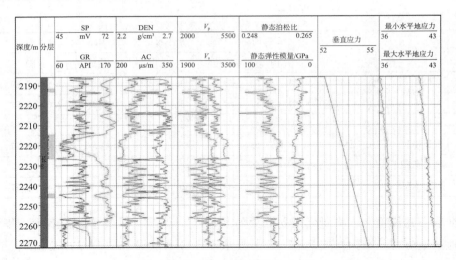

图 4 –57　午 322 井地应力剖面

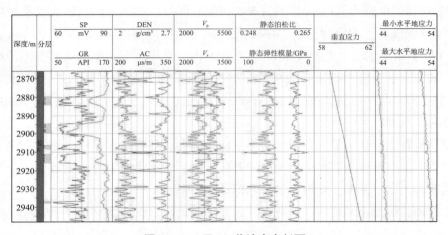

图 4 –58　巴 53 井地应力剖面

4.3　储层可压裂性评价

非常规储层具有低孔（小于 10%）、低渗（小于 $1 \times 10^{-3} \, \mu m^2$）特征，无自然工业稳定产量（邹才能等，2015），一般都需要进行压裂改造方能维持单井稳产和高产，水平井和分段体积压裂进行储层改造已成为非常规储层开发的关键技术（吴奇等，2014；孙建孟等，2015）。为避免盲目压裂，需在地质甜点评价基础上优选压裂施工井位和层段，而压裂井位和层段的选择需要对储层可压裂性进行准确定量地评价。

以往主要通过脆性评价储层可压裂性，但李庆辉等（2012）和 Jin 等（2015）统计发现现有的脆性衡量方法有 20 多种，且这些方法大多针对具体问题提出，适用于不同学科，无统一的定义和测试方法。针对非常规储层水力压裂，已有研究通常认为脆性越高，脆性指数越高，储层越容易被压裂，产能相对越高（Rickman 等，2008；Kundert 等，2009）。然而，通过脆性指数无法真实反映储层的压裂难易程度，部分非常规储层弹性模量和泊松比相近，但岩石脆性差别巨大；且部分储层有较高的脆性指数，但是实际作业过程中并不容易压裂（Daniel等，2011；Bai，2016）。因而仅仅依靠脆性指数评价储层可压裂性还不够可靠甚至不准确。

在脆性评价基础上，后来学者提出了可压裂性概念（Chong，2010；唐颖等，2012），其认为可压裂性是储层在水力压裂过程中具有能够被有效压裂从而获得增产能力的性质。袁俊亮等（2013）建立了将脆性指数和断裂韧性相结合的可压裂性模型；孙建孟等（2015）将袁俊亮等建立的压裂性模型改进应用到致密砂岩储层；郭天魁等（2013）建立了利用分形维数评价页岩形成网络裂缝能力的新方法；Jin 等（2015）在脆性指数基础上结合断裂韧性、或能量释放速度、或杨氏模量等参数建立了可压裂性模型；赵金州等（2015）则将脆性、断裂韧性和天然裂缝相结合建立了页岩可压裂性评价方法；Sui 等（2016）基于层次分析法评价了页岩脆性、脆性矿物含量、黏土含量、内聚力、内摩擦角、无围压抗压强度等 6 个参数对页岩可压裂性的影响；Yuan 等（2017）针对页岩气储层建立了将脆性指数、断裂韧性和最小主应力相结合的可压裂性模型；Zhu 等（2018）分析了天然裂缝和地质力学对可压裂性的影响；Wu 等（2018）分析评价了脆性、矿物含量、成岩作用和天然裂缝对可压裂性影响；任岩等（2018）基于脆性指数、断裂韧性和抗压强度建立了致密油储层可压裂性评价方法；Perera 等（2018）定量评价了地层流体化学组分和饱和度对泥岩可压裂性影响；He 等（2019）针对致密砂岩气储层利用层次分析法评价了脆性指数、无围压抗压强度、矿物组分等因素对可压裂性的影响；Ji 等（2019）提出了基于分形理论和断裂韧性的可压裂性模型。

本书基于以往经典可压力性表征方法，结合笔者构建的表征方法（窦亮彬等，2021）来评价页岩油储层和致密砂岩储层的可压裂性，并绘制其可压裂性剖面。此外，本书所指可压裂性是表征岩石（页岩、致密砂岩）储层本身属性，受地层力学参数、脆性指数、地应力条件、裂缝发育程度等天然因素的影响，与施工工艺、泵注排量等人为因素无关，评价岩石可压裂性的方法必须符合客观原则，尽量减少人为因素干扰。

4.3.1　可压裂性表征方法

1. 脆性指数表征可压裂性

脆性是材料的综合特性，是在自身天然非均质性和外在特定加载条件下产生内部非均匀应力，并导致局部破坏，进而形成多维破裂面的能力。上述定义表明：①脆性是材料的综合力学特性；它不像弹性模量、泊松比那样单一的力学参数，若想要表征脆性，需建立特定的脆性指数。②脆性是材料的一种能力；能力的表现需同时兼顾内在和外在条件，脆性是以内在非均质性为前提，在特定加载条件下表现出的特性。③脆性破坏是在非均匀应力作用下，产生局部断裂，并形成多维破裂面的过程；碎裂范围大，破裂面丰富是高脆性的特征，也是宏观可见的表现形式。

岩石的脆性测试是储层力学评价、遴选射孔改造层段和设计压裂规模的重要基础。室内评价时有基于强度、硬度、坚固性和矿物组成的解释方法。

脆性指数的判定主要有定性与定量两种方法：定性分析是现场取心后，通过 XRD 方法测定页岩的全岩矿物组分，建立矿物组分三元图，定性分析储层中脆性矿物（一般为石英、长石、石灰石、白云石）与黏土矿物的相对含量，四川盆地下古生界两套页岩的脆性矿物含量与北美 Barnett 页岩相比，脆性矿物（特别是石英－长石类矿物）含量相对较低，黏土矿物含量相对较高。此外，还可以通过元素俘获能谱测井和放射性能谱测井识别泥页岩中黏土、石英、长石、碳酸盐岩、黄铁矿等成分的含量，再根据室内实测数据校正，建立黏土矿物和脆性矿物的纵向分布规律。另一种是定量分析，根据岩石力学参数中弹性模量与泊松比的大小，分别取 0.5 的权值进行计算。根据学者 Rickman 的研究，北美地区 Fort-worth 盆地 Barnett 页岩储层的脆性指数计算公式如下：

$$B_{rit} = 0.5 \frac{(E - E_{min})}{E_{max} - E_{min}} + 0.5 \frac{(\mu_{max} - \mu)}{\mu_{max} - \mu_{min}} \qquad (4-14)$$

式中　E_{Brit}——归一化弹性模量，GPa；

　　　μ_{Brit}——归一化杨氏模量，无量纲；

　　　B_{rit}——脆性指数。

根据鄂尔多斯盆地长 7 页岩油储层通过对室内实验分析及测井资料统计分析，此区域内最大静态杨氏模量为 44.1GPa，最小静态弹性模量为 11.25GPa，因而采用 Rickman 模型中静态杨氏模量取值推荐上限和下限分别为 45GPa 和 10GPa，在原有统计数据基础上略为扩展，以保证其准确性。

同样通过对静态泊松比的室内实验和测井资料统计分析，此地区内最大泊松比 0.311 和 0.118，因而采用 Rickman 模型中静态泊松比取值推荐上限和下限分别为 0.32 和 0.1，在原有基础上略为扩展，以保证其准确性。

因而，鄂尔多斯盆地长 7 页岩油储层脆性指数表达式为：

$$B_{rit} = 0.5 \frac{(E - 10)}{45 - 10} + 0.5 \frac{(0.32 - \mu)}{0.32 - 0.1} \qquad (4-15)$$

根据鄂尔多斯盆地长 8 致密砂岩储层通过对室内实验分析及测井资料统计分析，此区域内最大静态杨氏模量为 52.67GPa，最小静态弹性模量为 4.35GPa，因而采用 Rickman 模型中静态杨氏模量取值推荐上限和下限分别为 53GPa 和 4GPa，在原有统计数据基础上略为扩展，以保证其准确性。

同样通过对静态泊松比的室内实验和测井资料统计分析，此地区内最大泊松比 0.279 和 0.243，因而采用 Rickman 模型中静态泊松比取值推荐上限和下限分别为 0.28 和 0.25，在原有基础上略为扩展，以保证其准确性。

因而，鄂尔多斯盆地长 8 砂岩油储层脆性指数表达式为：

$$K_n = 0.5 \frac{(E - 4)}{53 - 4} + 0.5 \frac{(0.28 - \mu)}{0.28 - 0.24} \qquad (4-16)$$

2. 脆性结合断裂韧性表征可压裂性

Chong 等国外学者通过脆性指数表征可压裂性，为评价可压裂性开辟了思路。然而通过脆性指数无法真实反映储层的压裂难易程度，部分岩石的弹性模量和泊松比相近，而脆性差别巨大。储层缝网压裂的理想效果应该是既形成了复杂的裂缝网络又获得了足够大的储层改造体积，并能获取高经济效益，可压性越好取得理想压裂效果的概率越大。

因此，应该在考虑脆性指数基础上，考虑其断裂韧性。断裂韧性是一项表征储层改造难易程度的重要因素，反映了压裂过程中，裂缝形成后维持裂缝向前延伸的能力。地层断裂韧性越小，水力裂缝对地层岩石的穿透能力越强，储层改造体积越大。当地层断裂韧性较小时，不在水力裂缝延伸路径上的天然裂缝极有可能在水力裂缝的诱导应力作用下发生剪切破坏，一旦水力裂缝有效地沟通天然裂缝就会形成复杂的裂缝网络。因此，地层的断裂韧性值越小，地层的可压性程度越高。

在线弹性断裂力学中，根据裂缝前缘邻域的变形情况将裂缝分为：张开断裂（I型断裂）、剪切断裂（II型断裂）和撕开断裂（III型断裂），在非常规储层缝网压裂过程中裂缝破坏以I型和II型为主。

$$K_{IC} = 0.2176P_c + 0.0059S_t^3 + 0.0923S_t^2 + 0.517S_t - 0.3322 \tag{4-17}$$

$$K_{IIC} = 0.0956P_c + 0.1383S_t - 0.082 \tag{4-18}$$

$$P_c = \sigma_h - \alpha P_p \tag{4-19}$$

式中，K_{IC} 为I型裂缝断裂韧性，$MPa \cdot m^{0.5}$；K_{IIC} 为II型裂缝断裂韧性，$MPa \cdot m^{0.5}$；S_t 为岩石抗拉强度，MPa；P_c 为围压，MPa；α 为有效应力系数，$0 \sim 1$；P_p 为孔隙压力，MPa；σ_h 为水平最小地应力，MPa。

断裂韧性同样采用归一化指数进行表示：

$$K_n = 0.5 \frac{(K_{ICmax} - K_{IC})}{K_{ICmax} - K_{ICmin}} + 0.5 \frac{(K_{IICmax} - K_{IIC})}{K_{IICmax} - K_{IICmin}} \tag{4-20}$$

式中，K_{ICmax}、K_{ICmin} 分别为区域内最大、最小I型断裂韧性值，$MPa \cdot m^{0.5}$；K_{IICmax}、K_{IICmin} 分别为区域内最大、最小II型断裂韧性值，$MPa \cdot m^{0.5}$；K_{IC} 为I型断裂韧性值，$MPa \cdot m^{0.5}$；K_{IIC} 为II型断裂韧性值，$MPa \cdot m^{0.5}$；K_n 为断裂韧性归一化的指数，无量纲。

根据鄂尔多斯盆地长7页岩油储层通过室内实验分析及测井资料统计分析（其中通过测井数据统计此10口井长7储层段抗拉强度范围为：高135井为1.31~5.34MPa，合检1-1为1.71~5.29MPa，环317井为1.81~5.65MPa，黄269井为1.73~7.77MPa，里211井为2.01~5.18MPa，罗254井为1.20~6.02MPa，宁70井为1.12~4.54MPa，盐56井为1.65~5.88MPa，正70井为1.57~5.17MPa），此区域内最大抗拉强度为7.77MPa，最小抗拉强度为1.12MPa，因而采用断裂韧性同样采用归一化指数中抗拉强度取值推荐上限和下限分别为8.0MPa和1.0MPa，在原有统计数据基础上略为扩展，以保证其准确性。

在鄂尔多斯盆地长8储层研究区内I型断裂韧性值为3.68~9.14MPa·m$^{0.5}$，取值推荐上限和下限分别为3.6 MPa·m$^{0.5}$和9.2MPa·m$^{0.5}$。II型断裂韧性值1.57~3.54MPa·m$^{0.5}$，取值推荐上限和下限分别为1.5MPa·m$^{0.5}$和3.6MPa·m$^{0.5}$，在原有统计数据基础上略为扩展，以保证其准确性。

综合考虑脆性指数和断裂韧性指数的致密储层可压性表达式为：

$$Frac = (1 - w)B_{rit} + wK_n \qquad (4 - 21)$$

式中，w 为页岩储层断裂韧性参数的权重系数，无量纲。根据以往研究建议给出的评判权重系数，推荐 w 权重为 $0.3 \sim 0.5$，因而本项目 w 采用数值为 0.4。

3. 综合岩石力学特性和地应力表征可压裂性

若使致密砂岩水力压裂在相同工艺条件下能够获得较大的改造体积，除了裂缝扩展所需临界应变能释放率外，同时应考虑最小水平主应力的影响，较小的最小水平主应力不仅使裂缝易于延伸，同样有利于水力压裂获得较大的改造体积，且压裂后围压越小，闭合压力小，裂缝相对宽度较大，从而易获得较高的裂缝导流能力。

最小水平主应力越小意味着储层所受围压越小，岩石脆性越强，特别是对低强度致密储层影响更为明显；同样，最小水平主应力同样影响储层断裂韧性，最小水平地应力越小，断裂韧性越小，进而其临界应变能释放率越小，有利于裂缝扩展。综合脆性指数和断裂韧性指数并结合最小水平主应力，建立页岩油储层可压裂性定量评价方法：

综合考虑脆性指数和断裂韧性指数的致密储层可压性表达式为：

$$FI = \left[(1 - w)B_{rit} + wK_n \right] / \sigma_h^G \qquad (4 - 22)$$

式中，FI 为页岩油储层可压裂性，$MPa^{-1} \cdot m$；σ_h^G 为最小水平主应力梯度，$MPa/100m$。

4.3.2 可压裂性剖面及评价

1. 长 7 页岩油储层

1）脆性指数表征可压裂性剖面

下面给出长 7 页岩油储层的脆性指数表征的可压裂性剖面。与邻层致密砂岩相比，页岩段脆性指数整体偏小，偏小幅度介于 $1.840\% \sim 49.174\%$，部分井明显偏小，平均偏小 30% 左右，整体可压裂性较邻层致密砂岩段偏低（表 4 - 15）。

图 4 - 59 ～ 图 4 - 61 是 3 口井的可压裂性剖面。

表 4 - 15　脆性指数变化对比表（页岩相对于砂岩）

井　号	邻层砂岩	页　岩	差　值	变化幅度/%
合检 1 - 1	0.500	0.34	0.160	32.00（↓）
环 317	0.434	0.287	0.147	33.87（↓）
黄 269	0.526	0.31	0.216	41.07（↓）
罗 254	0.484	0.246	0.238	49.17（↓）
宁 70	0.484	0.246	0.238	49.17（↓）
盐 56	0.381	0.307	0.074	19.42（↓）
正 70	0.452	0.381	0.071	15.71（↓）
庄 233	0.480	0.381	0.099	20.63（↓）
高 135	0.472	0.34	0.132	27.97（↓）
里 211	0.326	0.32	0.006	1.84（↓）

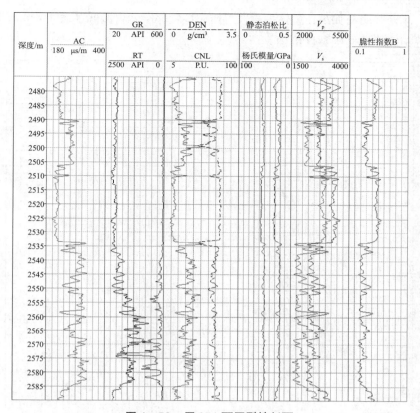

图 4 - 59　罗 254 可压裂性剖面

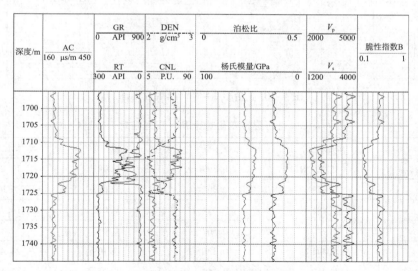

图 4 - 60　宁 70 可压裂性剖面

2）脆性指数 + 断裂韧性表征可压裂性剖面

下面给出长 7 页岩油储层的脆性指数 + 断裂韧性表征可压裂性剖面。页岩储层可压裂性与邻层致密砂岩层相比整体偏小，偏小幅度介于 5.773% ~ 25.914% 范围内，平均偏小

15%左右，部分井明显偏小，整体页岩段可压裂性较邻层砂岩偏低（表4-16）。图4-62~图4-64是3口井的可压裂性剖面。

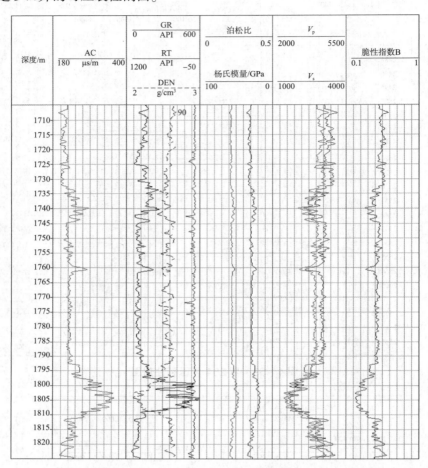

图4-61　合检1-1可压裂性剖面

表4-16　可压裂性变化对比表（页岩相对于砂岩）

井 号	邻层砂岩	页 岩	差 值	变化幅度/%
合检1-1	0.486	0.399	0.087	17.86（↓）
环317	0.429	0.397	0.033	7.56（↓）
黄269	0.486	0.414	0.072	14.78（↓）
罗254	0.420	0.367	0.053	12.57（↓）
宁70	0.445	0.336	0.109	24.43（↓）
盐56	0.412	0.358	0.054	13.13（↓）
正70	0.443	0.401	0.042	9.48（↓）
庄233	0.461	0.418	0.043	9.36（↓）
高135	0.446	0.390	0.056	12.61（↓）
里211	0.337	0.318	0.020	5.77（↓）

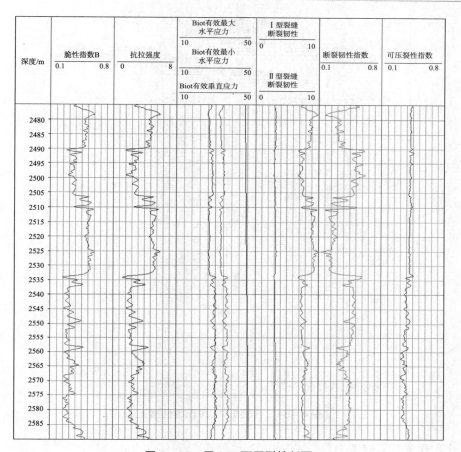

图 4 -62 罗 254 可压裂性剖面

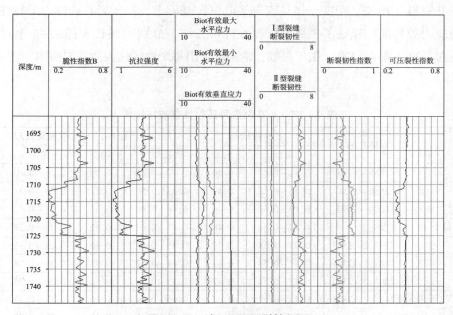

图 4 -63 宁 70 可压裂性剖面

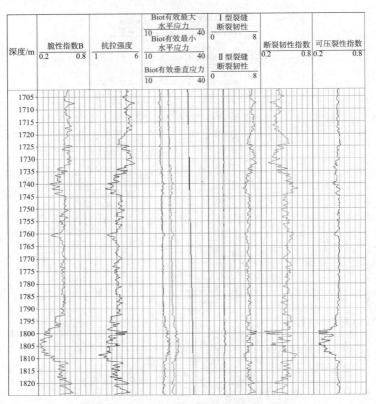

图 4-64　合检 1-1 可压裂性剖面

2. 长 8 致密砂岩储层

在测井资料（声波、密度、伽马或自然电位）基础上，基于岩石弹性力学特性、断裂韧性、地应力等特征，建立了 3 种可压裂性评价方法，分别得到长 8 储层 10 余口井的可压裂性剖面参数（表 4-17）。限于篇幅，本书仅给出每个地区代表性井剖面图（图 4-65 ~图 4~67）。

表 4-17　长 8 储层可压裂性参数统计表

井　号	层　段	深度/m	脆性指数		可压裂性指数 $Frac$		可压裂性 FI/（m/MPa）	
			范围	均值	范围	均值	范围	均值
顺 266	长 8	1865 ~ 1939	0.44 ~ 0.61	0.49	0.39 ~ 0.64	0.50	0.24 ~ 0.40	0.31
桥 200	长 8	1680 ~ 1758	0.46 ~ 0.57	0.49	0.43 ~ 0.57	0.51	0.26 ~ 0.35	0.31
郭 20	长 8	1600 ~ 1690	0.40 ~ 0.50	0.46	0.44 ~ 0.69	0.55	0.27 ~ 0.43	0.33
陕北地区平均值			0.43 ~ 0.56	0.48	0.41 ~ 0.63	0.52	0.25 ~ 0.39	0.32
元 466	长 8	2242.2 ~ 2328	0.42 ~ 0.54	0.47	0.41 ~ 0.63	0.50	0.25 ~ 0.38	0.30
山 209	长 8	2181.8 ~ 2264	0.44 ~ 0.54	0.47	0.44 ~ 0.62	0.52	0.26 ~ 0.38	0.31
午 314	长 8	2264.6 ~ 2360	0.43 ~ 0.54	0.47	0.43 ~ 0.59	0.52	0.26 ~ 0.38	0.31
午 322	长 8	2185.8 ~ 2320	0.43 ~ 0.52	0.47	0.46 ~ 0.64	0.52	0.27 ~ 0.38	0.31
南梁 – 华池平均值			0.43 ~ 0.54	0.47	0.43 ~ 0.62	0.51	0.26 ~ 0.37	0.31
巴 53	长 8	2866 ~ 2948	0.36 ~ 0.51	0.45	0.42 ~ 0.59	0.49	0.26 ~ 0.37	0.31

井 号	层 段	深度/m	脆性指数		可压裂性指数 Frac		可压裂性 FI/(m/MPa)	
			范围	均值	范围	均值	范围	均值
巴71	长8	2764~2846	0.40~0.53	0.46	0.40~0.56	0.46	0.23~0.32	0.26
虎42	长8	2944~3000	0.41~0.48	0.45	0.44~0.54	0.49	0.25~0.31	0.29
孟16	长8	2496.5~2578	0.39~0.58	0.45	0.37~0.58	0.50	0.21~0.33	0.28
孟22	长8	2492.5~2572	0.40~0.57	0.45	0.37~0.55	0.49	0.21~0.31	0.27
孟40	长8	2551~2900	0.37~0.58	0.49	0.37~0.58	0.46	0.21~0.34	0.27
孟56	长8	2350~2446	0.33~0.67	0.43	0.29~0.61	0.50	0.15~0.33	0.27
环西-彭阳平均值			0.38~0.56	0.45	0.38~0.57	0.49	0.22~0.33	0.28
所有地区平均值			0.41~0.55	0.47	0.40~0.61	0.51	0.24~0.36	0.30

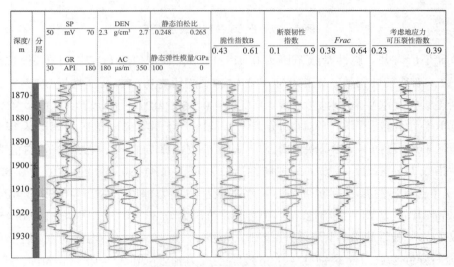

图4-65 顺266井可压裂性剖面

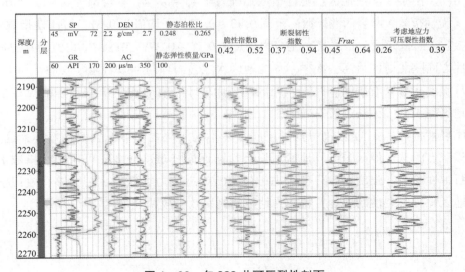

图4-66 午322井可压裂性剖面

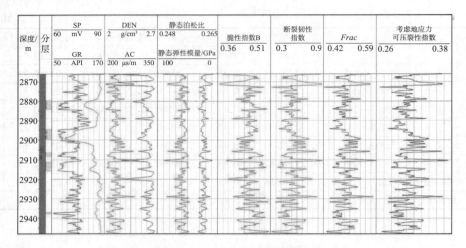

图 4 – 67 巴 53 井可压裂性剖面

长 8 储层所有井：脆性指数范围为 0.41 ~ 0.55，平均值为 0.47；可压裂性指数 *Frac*（脆性指数 + 断裂韧性指数）范围 0.40 ~ 0.61，平均值为 0.51；可压性指数 *FI*（岩石弹性参数 + 断裂韧性 + 水平最小主应力梯度）0.24 ~ 0.36m/MPa，平均值为 0.30m/MPa。

根据取心井位置，可将研究区划分为陕北地区、环西 – 彭阳地区和南梁 – 华池地区，具体分地区可压裂性分布为：陕北地区：脆性指数范围为 0.43 ~ 0.56，平均值为 0.48；可压裂性指数 *Frac*（脆性指数 + 断裂韧性指数）范围 0.41 ~ 0.63，平均值为 0.52；可压性指数 *FI*（岩石弹性参数 + 断裂韧性 + 水平最小主应力梯度）0.25 ~ 0.39m/MPa，平均值为 0.32m/MPa。环西 – 彭阳地区：脆性指数范围为 0.38 ~ 0.56，平均值为 0.45；可压裂性指数 *Frac*（脆性指数 + 断裂韧性指数）范围 0.38 ~ 0.57，平均值为 0.49；可压性指数 *FI*（岩石弹性参数 + 断裂韧性 + 水平最小主应力梯度）0.22 ~ 0.33m/MPa，平均值为 0.28m/MPa。南梁 – 华池地区：脆性指数范围为 0.43 ~ 0.54，平均值为 0.47；可压裂性指数 *Frac*（脆性指数 + 断裂韧性指数）范围 0.43 ~ 0.62，平均值为 0.51；可压性指数 *FI*（岩石弹性参数 + 断裂韧性 + 水平最小主应力梯度）0.26 ~ 0.37m/MPa，平均值为 0.31m/MPa。可压裂性方面陕北地区最高，南梁 – 华池地区次之，而环西 – 彭阳地区最差。

单从脆性指数来看层间、井间、地区间差距较小，有效识别压裂工程甜点难度较大，特别是地区间识别，无法进行有效识别。

可压裂性指数 *Frac* 能有效识别判定同一井不同层位之间可压裂性的好坏，这有利于压裂工程甜点筛选，但区分不同地区可压裂性方面同样难度较大；可压裂性指数 *FI* 不仅考虑岩石弹性参数、强度参数，也考虑了储层所处地应力场环境，它能够有效识别层间、井间和地区间可压裂性的差异，特别是地区间判别效果较明显。

第5章　延长组储层与典型区块特征对比

5.1　延长组页岩－砂岩－泥岩储层纵向对比

5.1.1　矿物组分对比

根据铸体薄片和 X 衍射全岩分析，长 7 页岩油与致密油储层（包括长 8 储层）矿物组分差异大，具体表现为，页岩油的石英、长石含量明显低于致密油，而黏土矿物含量高于致密油，物性与致密相比又相差甚远，尤其是渗透率相差一个数量级（表 5－1）。

表 5－1　矿物组分对比

项　　目	沉积环境	厚度/m	石英/%	长石/%	黏土/%	孔隙度/%	渗透率/$10^{-3}\mu m^2$	来　　源
页岩油 （页岩）	湖相	20～80	28.99	14.8	30.27	2.82	0.00207	本次研究
页岩油	湖相	20～80	26.2	18.9	29.8	2.08	0.001	杨华等，石油学报
致密油	三角洲	10～80	41.8	23.5	17.4	8.2	0.02	杨华等，石油学报
致密油	三角洲	20～60	41.8	23.5	17.4	9.2	0.43	姚泾利等，石油勘探与开发

根据 X 衍射全岩分析测试，分别对合水、镇北和华庆长 8 储层的脆性矿物含量进行了分析评价，分析评价结果见表 5－2。镇北和华庆长 8 储层高于合水地区长 8 储层，而且合水地区长 7 和长 6 储层的脆性矿物含量也远高于长 8 储层。

表 5－2　脆性矿物含量对比

地　区	层　位	石英＋石英加大/%	碳酸盐/%	合计/%	备　注
合水	长 8	40.13	4.67	44.80	铸体薄片
合水	长 7	42.00	2.25	44.25	铸体薄片
合水	长 6	43.00	1.00	44.00	铸体薄片
镇北	长 8	42.67	3.00	45.67	铸体薄片
华庆	长 8	41.00	5.00	46.00	铸体薄片
合水	长 8	44.1	5.8	49.90	X 衍射
合水	长 7	61.0	3.0	64.00	X 衍射
合水	长 6	51.7	12.0	63.70	X 衍射

续表

地 区	层 位	石英 + 石英加大/%	碳酸盐/%	合计/%	备 注
镇北	长 8	49.0	3.3	52.30	X 衍射
华庆	长 8	42.3	8.0	50.30	X 衍射

5.1.2 储集空间特征对比

致密油的储集空间主要包括粒间孔、长石溶孔、岩屑溶孔和微裂缝，喉道类型以弯片状、片状以及管束状喉道为主，孔隙发育程度高，孔隙尺度较大，连通性较好，微裂缝多为微米级别，延伸长度大（图5-1）。而页岩油的主要储集空间为粒间孔、粒内孔、晶间孔和微裂缝。由于孔隙异常细小，与喉道的区分界限不明显，孔隙尺度小，主要为纳米级，连通性较差，微裂缝以纳米级为主，延伸长度小（图5-2）。

(a)长石岩屑溶孔 (里155，1996.5m)

(b)粒间孔和溶孔(宁66井 1538.1m)

(c)长石溶蚀孔 (宁53井，1791.8m)

(d)长石溶蚀孔(庄71井，1914.2m)

(e)岩屑溶蚀孔(庄185，1886m)

(f)微裂缝(庄188，1869.7m)

图5-1 致密油主要的孔隙类型

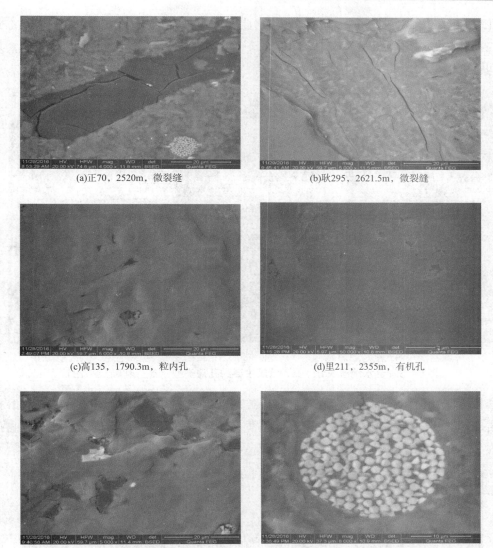

(a)正70，2520m，微裂缝　　　　　(b)耿295，2621.5m，微裂缝

(c)高135，1790.3m，粒内孔　　　　(d)里211，2355m，有机孔

(e)庄233，1817m，粒间孔　　　　　(f)盐56，3021m，晶间孔

图5-2　页岩油主要的孔隙类型

　　合水地区长 8、长 6 储层，镇北地区长 8 以及华庆地区长 8 储层均以粒间孔为主，溶蚀孔次之，而合水地区长 7 储层的溶蚀孔含量高，粒间孔发育次之。其中镇北地区长 8 储层孔隙最为发育，面孔率达到了 5.7%；合水地区长 7 储层次之，面孔率为 3.30%；合水长 8 储层的孔隙发育程度最差，面孔率仅为 2.19%。

　　笔者根据薄片镜下统计，合水地区长 8 储层孔隙类型主要以粒间孔（约占 1.76%）、长石溶孔（约占 0.65%）、岩屑溶孔（约占 0.31%）为主，晶间孔（约占 0.27%）、微孔（约占 0.2%）分布较少，平均面孔率为 3.62%。

　　高永利等人（2018）研究认为，合水地区长 7 和长 8 储层孔隙类型主要包括粒间孔、粒间溶孔、长石溶孔、岩屑溶孔，并可见少量的微孔、微裂缝（图 5-3）。其中长 8 储层总面孔率相对较大，为 3.6%，以粒间孔为主（平均 2.3%），其次为长石溶孔（平均 1.1%）。长 7 储层总面孔率为 2.4%，其中长石溶蚀孔占绝对主导（平均 1.38%），其次为粒间孔（0.65%）。

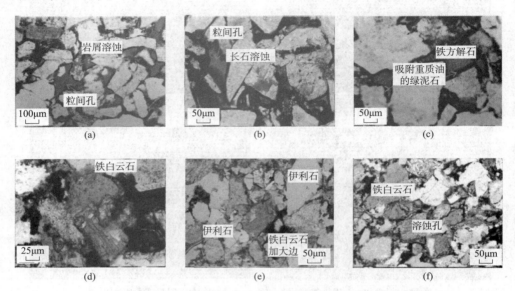

图 5-3　合水地区长 8、长 7 储层主要的孔隙类型（高永利等，2018）

李松等（2014）研究认为镇北长 8 储层类型以孔隙性为主，粒间孔发育，长石溶孔次之，岩屑溶孔、微裂隙、晶间孔少见，面孔率 3.79%，平均孔径 0.44μm。其中粒间孔面孔率为 2.1%，溶蚀孔面孔率为 1.5%（图 5-4）。

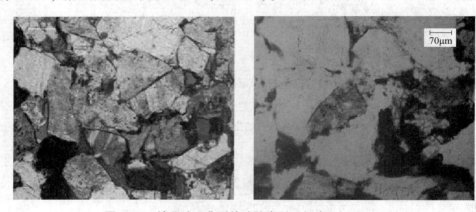

图 5-4　镇北地区典型的孔隙类型（据李松，2014）

张纪智等（2013）根据砂岩薄片、铸体薄片及扫描电镜等资料，华庆地区长 8 砂岩储层的孔隙类型主要有剩余粒间孔隙、溶蚀粒间孔隙、溶蚀粒内孔隙、自生矿物晶间孔隙和微裂缝孔隙等。其中剩余粒间孔隙是其主要孔隙形式。溶蚀产生的孔隙类型主要包括溶蚀粒间孔隙、溶蚀粒内孔隙。长 8 储层的孔隙空间主要是原生剩余粒间孔隙和次生溶蚀孔隙（图 5-5）。

图 5 - 5　华庆地区长 8 储层主要的孔隙类型（张纪智，2013）

5.1.3　含油性对比

张忠义等（2016）认为鄂尔多斯盆地长 7 段优质烃源岩生烃增压作用明显，最大可产生 38MPa 的驱动力，突破喉道半径为 19nm 的孔隙，在生烃增压作用下，原油持续充注，反复高压驱替，含油饱和度可达到 65.1%~80.9%。

李海波等（2015）得出陕北长 7 致密油的油相赋存最大孔隙半径为 363~8587nm，平均 3195nm，平均孔隙半径为 50~316nm，平均 166nm，主要孔隙半径为 97~535nm，平均 288nm，致密油主要赋存于纳米级孔隙内。

王明磊等（2015）结合核磁共振与微米-纳米 CT 扫描技术，对鄂尔多斯盆地三叠系延长组长 7 段致密油微观赋存形式开展定量研究。利用核磁共振技术确定致密油在储集层中赋存量，测得原始含油饱和度为 63.99%；利用 CT 扫描技术获取致密油储集层二维切片图像，经数字合成处理得到三维立体图像，据此将储集层中致密油分为薄膜状、簇状、喉道状、乳状、颗粒状和孤立状 6 种赋存形式（图 5-6）。定量计算各种赋存形式致密油的含量发现，乳状和薄膜状致密油为主要的赋存形式，二者约占储集层中致密油总量的 70%，其次为簇状和颗粒状致密油，孤立状和喉道状致密油含量低，各种赋存形式致密油含量与储集层原始含水饱和度、黏土矿物含量、孔隙结构等有关。

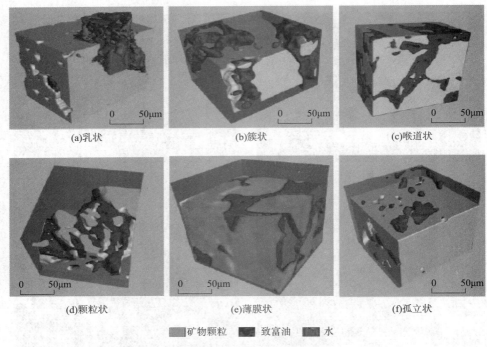

(a)乳状　　　　　　　　　　(b)簇状　　　　　　　　　　(c)喉道状

(d)颗粒状　　　　　　　　　　(e)薄膜状　　　　　　　　　　(f)孤立状

▨ 矿物颗粒　　█ 致富油　　▨ 水

图5-6　致密油赋存形式分类（王明磊，2015）

据王明磊等人研究，页岩油沿层面分布特征明显，多呈长条状，少量呈斑点状（图5-7）。通过三维扫描，页岩油赋存状态主要呈层状展布，微孔隙中的页岩油呈斑点状分布，含油饱和度约为43.3%（图5-8）。通过场发射扫描电镜二维成分扫描，页岩油层状裂隙较为发育，油相呈层状展布（图5-9）。层状页岩油含量约为30.5%，占总含油量的70.4%（图5-10）。斑点状页岩油含量约为12.8%，占总含油量的29.6%（图5-11）。本次通过室内成藏模拟研究认为，中等孔隙和较大孔隙是原油赋存的主要场所。

根据测井解释结果表明，合水地区长6储层含油饱和度介于44.06%（板58）~76.64%（悦71）之间，均值为63.63%；长7储层含油饱和度介于40.74%（宁143）~79.30%（悦74）之间，均值为60.18%；长8储层含油饱和度介于41.20%（悦71）~67.34%（庆94）之间，均值为56.80%。

实验样品：里231井
样品深度：2113.5m
样品状态：蜡封密闭

图5-7　页岩油赋存状态二维CT扫描结果

图 5 - 8　页岩油赋存状态三维 CT 扫描结果

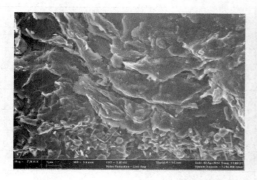

图 5 - 9　页岩油赋存状态场发射扫描结果

图 5 - 10　层状页岩油赋存状态三维解释模型

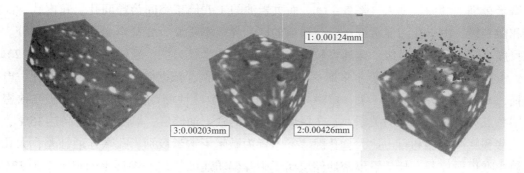

图 5 - 11　斑点状页岩油赋存状态三维解释模型

华庆地区长 8 储层含油饱和度介于 44.25%（午 136）~71.00%（午 30）之间，均值为 57.89%；镇北地区长 8 储层含油饱和度介于 42.26%（蔡 12）~90.89%（白 76）之间，均值为 64.10%。

对比可知，纵向上，合水地区长 8 储层的含油饱和度较长 6 和长 7 储层低，横向上比镇北地区长 8 储层小 7.3%，略低于华庆地区长 8 储层（表 5-3）。

表5-3 含油饱和度对比

层　位	特征数值	合水地区 含油饱和度/%	华庆地区 含油饱和度/%	镇北地区 含油饱和度/%
长 6	最小值	44.06	—	—
	最大值	76.64	—	—
	平均值	63.63	—	—
长 7	最小值	40.74	—	—
	最大值	79.30	—	—
	平均值	60.18	—	—
长 8	最小值	41.20	44.25	42.26
	最大值	67.34	71.00	90.89
	平均值	56.80	57.89	64.10

5.1.4 润湿性对比

薛永超等（2014）通过对长 7 致密油 53 块岩心润湿性实验测试认为，长 7 致密油藏岩石表现为亲油—强亲油特征，增加了开发难度。而本次研究认为长 7 油页岩润湿性主要以亲水为主。

5.1.5 敏感性对比

致密油的储集空间主要包括粒间孔、长石溶孔、岩屑溶孔和微裂缝，喉道类型以弯片状、片状以及管束状喉道为主，孔隙发育程度高，孔隙尺度较大，连通性较好，微裂缝多为微米级别，延伸长度大（图 5-1）。而页岩油的主要储集空间为粒间孔、粒内孔、晶间孔和微裂缝，由于孔隙异常细小，与喉道的区分界限不明显，故基本无孔隙喉道之分。孔隙尺度小，主要为纳米级，连通性较差，微裂缝以纳米级为主，延伸长度小（图 5-2）。

王明磊等（2015）以鄂尔多斯盆地延长组 7 段为例，依据储层物性、铸体薄片、电镜扫描、X 射线衍射、恒速压汞、核磁共振、CT 以及敏感性测试等实验分析，研究致密油储层特点与压裂液伤害的关系。长 7 段属于典型的致密油储层，填隙物含量高达 15%，易于运移和膨胀的伊利石占比大；孔隙、喉道皆为微米 - 纳米级别，孔喉连通性差，大孔隙常被小喉道所控制。长 7 段致密油储层属于中等偏弱速敏（岩心渗透率的损害率为 33%~48%）、强水敏（岩心渗透率的损害率为 14%~28%），入井压裂液矿化度低于 10000mg/L 会产生盐敏伤害。钟高润等（2016）利用美国 Core Laboratory 公司的仪器，结合扫描电镜、铸体薄片以及核磁共振技术分析鄂尔多斯盆地延长组长 7 段低孔、低渗储层的应力敏感性，表明：在定覆压变孔压和定孔压变覆压条件下，孔隙度、渗透率均随着孔隙压力的减小、上覆压力的增大而减小，属于"先快后慢"型的应力敏感性损害模式；孔隙度相对损失率 1.21% ~ 3.28%，渗透率相对损失率 44% ~ 70%，渗透率应力敏感性较强。薛永超等（2014）通过 48 块岩心敏感性实验分析可知，长 7 致密油总体表现为弱水敏、弱速敏、弱酸敏的特征（表 5 - 4）。

本次研究表明，研究区页岩油表现为无速敏、强水敏、盐敏临界矿化度较高，酸敏程度弱 - 中等，强碱敏和较弱 - 中应力敏感等的特点。

表 5 - 4 敏感性对比（薛永超，2014）

分类	速敏	水敏	盐敏	酸敏	碱敏	应力敏感	来源
致密油	中等偏弱	强	25000mg/L	弱 - 中等	强	较强	王明磊，2015，石油与天然气地质；钟高润，2016，地球物理学进展
页岩油	无	强	10000 mg/L	弱 - 中等	强	较弱 - 中等	本次研究

5.1.6 渗流特征对比

对比致密油与页岩油的相渗曲线可以发现（图 5 - 12），致密油的束缚水饱和度较页岩油低，油相相对渗透率比页岩油高，遇水后，油相相对渗透率下降幅度相对页岩油小，油水两相共渗区范围比页岩油宽。

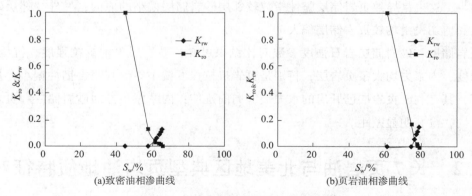

(a)致密油相渗曲线　　　　(b)页岩油相渗曲线

图 5 - 12 页岩油与致密油相渗曲线对比

5.1.7 地质力学参数对比

实验测试鄂尔多斯盆地长 7、长 8 储层地层近 30 口井近 300 组标准岩心三轴压缩实验，弹性模量大多分布在 15 ~ 35GPa 范围内，特别集中在 20 ~ 30GPa 范围内；泊松比大多分布在 0.15 ~ 0.35 范围内，没有特别明显的集中区域，在 0.2 ~ 0.3 范围内的分布较为均匀，这与普遍认识相一致；对于页岩来讲，围压对于抗压强度影响较大，围压对抗压强度具有一定的对应关系：随着围压的增加，抗压强度随之增加，但 250MPa 以上的高抗压强度的试件数量较少，且高强度试件的密度普遍偏高。各井之间，不同深度之间，岩石力学参数存在一定的差异性。

从已有砂岩和页岩室内实验统计数据以及通过测井资料得到的统计数据，分别给出了砂岩和页岩力学参数统计表，见表 5 – 5。

表 5 – 5　页岩与邻层砂岩岩石力学参数对比

对比项目	页　岩	邻层砂岩
动态泊松比	0.19 ~ 0.30	0.14 ~ 0.24
静态泊松比	0.22 ~ 0.27	0.20 ~ 0.25
动态杨氏模量/GPa	12 ~ 40	26 ~ 66
静态杨氏模量/GPa	17 ~ 26	22 ~ 36
体积模量/GPa	12 ~ 16	14 ~ 20
剪切模量/GPa	6 ~ 11	9 ~ 15
单轴抗压强度/MPa	20 ~ 54	30 ~ 65
单轴抗拉强度/MPa	1.7 ~ 4.8	2.5 ~ 5.5
单轴抗剪强度/MPa	3.5 ~ 9.5	5 ~ 11
内聚力/MPa	1.0 ~ 2.7	1.6 ~ 5.5
内摩擦角/(°)	34 ~ 36	33 ~ 37

从表 5 – 5 中可知，相较于页岩储层，邻层砂岩平均静态和动态杨氏模量偏大、泊松比略偏小，这也是导致页岩储层脆性指数较邻层砂岩储层偏小的原因；另外，邻层砂岩体积模量和剪切模量均较页岩储层偏大。

页岩储层和砂岩储层岩石强度参数对比结果可知，砂岩层单轴抗拉强度、抗压强度、抗剪强度、内聚力均大于页岩层，特别是页岩抗拉强度偏小导致其断裂韧性偏小，从此方面而言，其有利于页岩层已开启的水力裂缝向前延伸；内摩擦角方面砂岩储层和页岩储层几乎相同，没有明显差距。

5.2　长 7 页岩油与北美地区典型页岩油地质特征对比

在北美地区，页岩油的理论研究已日趋完善（Curtis，2002；Loucks 等，2009；Sondergeld 等，2010；Slatt 和 Brien，2011），国内关于北美典型页岩油的研究虽日益增多（林森虎等，2011；刘文卿等，2016；赵俊龙等，2015；李倩等，2016），但关于长 7 页岩油与北美典型页岩油对比评价的研究较少。基于此，笔者通过分析长 7 段地质背景，结合 X 射线衍射、场发射扫描电镜氩离子抛光、高压压汞、气体等温吸附等测试结果对长 7 页岩油的储集层特征进行了定性评价和定量表征，并将其与北美地区典型页岩油从地质背景、烃源岩特征、矿物组分、储集空间类型4个方面进行对比，发现共性及差异性特征，为鄂尔多斯盆地长7页岩油的开发与压裂提供理论依据。

5.2.1 地质背景对比

1. 长7页岩油储层

鄂尔多斯盆地是一个稳定沉降、坳陷迁移、扭动明显的多旋回演化的克拉通盆地。晚三叠世，鄂尔多斯盆地拉张下陷，使盆地内部形成了大型淡水湖泊，沉积了一套以湖泊 – 河流相沉积为主的陆源碎屑岩系，即为延长组。其中延长组长7段为湖盆最大湖泛期，湖侵达到鼎盛，从而发育了大规模的湖相页岩层（邹才能等，2013；张文正等，2015；Mul-len 等，2010）（图5 – 13）。根据前人研究表明，长7湖相页岩层主要分布在长7段中下部，具有规模展布、横向连续性好、厚度变化较大等特征。页岩分布区域以姬塬 – 正宁的连线为对称线，向两侧扩展，一直延伸至研究区的南北两端。长7湖相页岩层厚度大、分布面积广，符合页岩油成藏的基本地质条件。

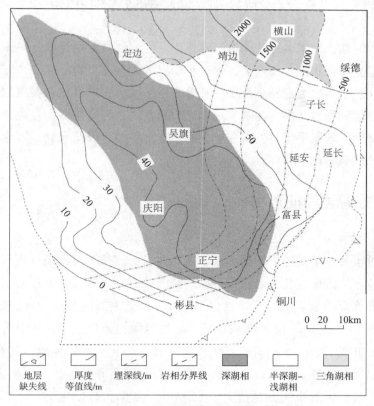

图5 – 13 长7油页岩厚度等值线与沉积相图

2. 北美地区典型页岩油

上泥盆系 – 下密西西比系的 Bakken 组页岩位于威利斯顿盆地。威利斯顿盆地与鄂尔多斯盆地都是典型的克拉通盆地，地层发育完全且次级构造较少。巴肯组整体上分为3

段：上段和下段为具有放射性的半深海黑色页岩，富含有机质，形成于海平面上升阶段的低氧/缺氧陆架环境；中段为灰色贫有机质砂泥岩，形成于海退时期的有氧陆架环境（Smith 和 Bustin，1998）。目前 Bakken 页岩有利分布面积大于 40000km²，油层厚度一般为 5～15m。

西墨西哥湾盆地属于墨西哥湾盆地北部内陆带，自盆地形成以来，大部分时期一直处于稳定沉降和沉积期，至晚白垩世之后发生广泛海侵，沉积了一套海相的鹰滩组泥页岩，面积超过 51800km²（Walper，1972；Salvador，1987）。鹰滩组页岩为一套黑色层状、富含有机质的页岩，页理发育。页岩大致分为两段，下段沉积在浅部温暖海洋环境中，页岩钙质含量相对较低且富含有机质；上段页岩钙质含量相对较高且有机质含量较低，在海滨部位发生沉积。

Fort Worth 盆地是由于造山运动形成的前陆盆地，边缘陡、凹陷向北加深。Bamett 组沉积于早石炭世的浅海陆棚环境，为正常盐度较深水海相沉积，有效勘探面积超过 12950km²（Modica 和 Lapierre，2012）。Bamett 组依据岩相可以分为 3 个段位：上段和下段为泥岩夹灰泥岩、泥粒灰岩，中间的 Foresburg 层几乎全部为泥质灰泥岩（曾祥亮等，2011）。

长 7 段沉积时期，发生迅速的构造沉降作用，为湖盆最大湖泛期，湖岸线随即向外扩展，因此形成了分布面积广、厚度大、含油率稳定的大型油页岩矿床。北美页岩均是海侵体系域产物，而长 7 页岩为湖相页岩层，其分布范围及沉积厚度比北美页岩小。除此，北美地区典型页岩层沉积盆地多为前陆盆地和克拉通盆地，与鄂尔多斯盆地相同，大部分时期处于稳定沉降期，地层平坦且发育完全，构造运动平缓，因此有利于富含有机质的页岩沉积，为页岩油成藏提供了条件。

5.2.2　烃源岩特征对比

1. 长 7 页岩油储层

由于晚三叠世长 7 早期地震活动形成了震积浊岩，使长 7 段出现油页岩夹泥岩、粉砂岩的岩性组合特征。因此，长 7 烃源岩可以划分为砂岩 – 页岩互层及厚层页岩。砂岩、粉砂质泥岩在测井综合图上表现出低自然伽马（GR）、低声波时差（AC）、高密度（ρ）等显著特征［图 5 – 14（a）］。根据沉积背景、矿物组成和地化参数，笔者将厚层页岩又划分为 I 类页岩和 II 类页岩，I 类页岩有机质丰度高，与 II 类页岩相比，具有高自然伽马、低密度的特征，因此两种页岩可以根据自然伽马与密度测井进行区分。根据 14 口井的测井资料对比，I 类页岩的自然伽马值大于 220API，密度小于 2.4g/cm³［图 5 – 14（b）］，将自然伽马值小于 220API，密度大于 2.4g/cm³ 的页岩划分为 II 类页岩［图 5 – 14（c）、图 5 – 14（d）］。统计 14 口井的测井资料，烃源岩为砂岩—页岩互层的井有 5 口，所占比例为 35.7%；烃源岩为厚层 I 类页岩的井有 5 口，为厚层 II 类页岩的井有 4 口，所占比例分别为 35.7% 和 28.6%。可见长 7 页岩油烃源岩 3 种类型均有，且所占比例相近。长 7 页岩厚度变化较大，其中Ⅰ类页岩厚度较小，介于20～50m的范围内，Ⅱ类页岩厚度较大，最大厚度可达到120m。

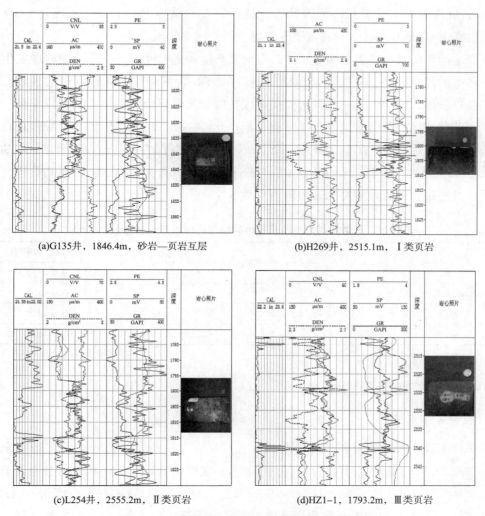

(a)G135井，1846.4m，砂岩—页岩互层   (b)H269井，2515.1m，Ⅰ类页岩

(c)L254井，2555.2m，Ⅱ类页岩   (d)HZ1-1，1793.2m，Ⅲ类页岩

图5-14 鄂尔多斯盆地长7段烃源岩岩相特征

长7段烃源岩有机质类型为Ⅰ～Ⅱ型。湖相页岩干酪根以无定形体为主，母质主要为湖生低等生物等倾油性母质，利于生油。长7段页岩层有机质丰度高，Ⅰ类页岩TOC含量在6%以上，Ⅱ类页岩分布在2%～6%。R_o分布在0.9%～1.2%，处于成熟阶段。因此，长7段页岩层不仅有机质含量高，且处于生油期，是优质烃源岩。

2. 北美地区典型页岩油

Bakken组上段和下段页岩为富含大量Ⅱ型干酪根的黑色页岩层，发育为烃源岩。Bakken组页岩的TOC平均值约为11.3%，镜质体反射率R_o为0.6%～1.5%，最大可达1.1%，有机质热演化程度为成熟阶段，以生油为主（Sonnenberg和Aris，2009）。鹰滩页岩干酪根类型为Ⅱ型，其中鹰滩页岩的TOC含量分布在2%～8%，平均为5%，有机质丰度高。R_o 为 0.6%~1.5%，最大可以达到 1.40%，处于成熟—高熟阶段。Barnett 页岩干酪根主要为 Ⅰ~Ⅱ₁ 型干酪根，以易于生油的 Ⅱ 型干酪根为主。根据测试数据，在沉积初期 Barnett 页岩的 TOC 含量最高可达 20%，现今 TOC 含量为 3%~13%，平均为 4.5%。镜质体反射率 R_o 在 1.0%~1.5% 的范围内，处于源岩成熟阶段。

页岩油运聚成藏的动力是源储压差。有机质丰度和成熟度一定程度上能够影响生烃过程中所产生的超压大小，从而决定源储压差。在 TOC 含量和热演化程度高的区域，页岩油富集条件就好。综上，长 7 烃源岩有机质成熟度与北美相似，有机质类型以 Ⅰ 型、Ⅱ 型为主，而北美地区烃源岩多为利于生油的 Ⅱ 型。此外，长 7 烃源岩与北美烃源岩 TOC 含量均大于 2%，长 7 烃源岩 TOC 含量高，介于 2%~18% 的范围内，甚至大于鹰滩页岩油。长 7 烃源岩与北美烃源岩镜质组反射率（R_o）介于 0.5%~1.6%，处于源岩成熟阶段，因此长 7 页岩具有很大的生油潜力和开发价值（表 5-6）。

表 5-6 长 7 段页岩油和北美地区典型页岩油部分地化参数对比

层　系	TOC 含量/%	有机质类型	镜质体反射率/%
长 7 段	2~18	Ⅰ、Ⅱ	0.9~1.2
Bakken 组	5~25	Ⅰ、Ⅱ	0.6~1.5
鹰滩组	2~8	Ⅱ	0.6~1.5
Barnett 组	3~13	Ⅱ	1.0~1.5

5.2.3　矿物组分对比

1. 长 7 页岩油储层

长 7 段岩性主要为泥岩夹粉砂岩或油页岩夹泥岩、粉砂岩。根据样品 X 衍射全岩分析，长 7 页岩油矿物组分由石英、长石、碳酸盐、黄铁矿和黏土矿物组成，其中石英含量介于 9.7%~52.8% 之间，平均为 28.99%；长石（钾长石、斜长石）含量介于 1.2%~35.1% 之间，平均为 14.8%；碳酸盐（方解石、白云石）含量介于 0~64.9% 之间，平均为 20.9%；黄铁矿含量介于 2.4%~15.9% 之间，平均为 5.04%；黏土矿物（伊利石、高岭石、绿泥石）含量介于 11.2%~52.6% 之间，平均为 30.27%。长 7 页岩层脆性矿物含量为 70%，可压性好，易形成裂缝，有利于后期压裂改造。

2. 北美地区典型页岩油

Bakken 组地层是一套海相碎屑岩沉积，呈上下黑色页岩夹粉砂质白云岩、砂岩的"三明治"岩性组合模式。在威利斯顿盆地范围内，硅质碎屑物含量约为 30%~60%，黏土矿物含量则较低。其中石英约占整个矿物成分的 47.5%，长石约占 18.9%，黏土矿物约占 21.5%。

鹰滩组地层属于白垩系海相沉积，岩性为黑色层状、富含有机质的页岩、泥灰岩，页理发育（秦长文等，2015）。鹰滩页岩为钙质页岩，碳酸盐碎屑物含量高，矿物组分以方解石为主，黏土含量为30.4%。其中脆性矿物含量约达70%，说明页岩层易于产生裂缝，适合开展压裂等改造工艺。

Barnett组地层中间的Forestburg层段全部由层状泥质灰泥岩组成，上部和下部主要由硅质泥岩夹少量灰泥岩和骨架泥粒灰岩组成（Louck等，2007）。根据薄片鉴定和X射线衍射分析结果，Barnett页岩中黏土矿物含量介于7%~48%之间，平均为24.2%；石英为主要矿物，含量介于8%~58%之间，平均含量为34.5%；局部常见碳酸盐岩、少量黄铁矿和磷酸盐，平均含量分别为21.7%、9.7%和3.3%（Montgomery等，2005）（表5-7）。

表5-7　长7页岩油与北美地区典型页岩油矿物组分对比

产　层	岩石类型	矿物含量/%					
		刚性组分					黏土
		石英	长石	碳酸盐	黄铁矿	合计	
长7	页岩	28.99	14.8	20.9	5.04	69.73	30.27
Barnett	硅质页岩	45.00	7.00	8.00	5.00	65.00	32.00
Eagle Ford	钙质页岩	4.70	8.90	53.50	2.40	69.50	30.40
Bakken	硅质页岩	47.50	18.90	7.00	4.10	78.50	21.50

5.2.4　储集空间类型对比

1. 长7页岩油储层

实验测试结果显示，长7段页岩储层孔隙度和渗透率极低，孔隙度介于0.5%~2.1%之间，渗透率介于$(0.0004~0.03) \times 10^{-3} \mu m^2$之间。笔者采用场发射扫描电镜氩离子抛光，并将气体吸附法和高压压汞法的测试结果有效结合，定性、定量分析长7段样品储集空间类型。

通过大量场发射扫描电镜氩离子抛光发现长7页岩中发育纳米级孔隙及微裂缝。孔隙类型主要有粒间孔、粒内孔和有机质孔。样品中粒间孔多呈线性、三角形或棱角状，孔隙间连通性好。此外，样品中发育粒内孔，主要有黏土颗粒内片状粒内孔和伊利石晶间孔两种类型。与北美典型页岩油不同的是，长7段烃源岩中有机质孔发育差，多呈分散、孤立状分布。通过计算微裂缝参数，发现长7页岩油储层中发育微米-纳米级微裂缝，样品微裂缝长度介于$5.27~89.46 \mu m$，微裂缝开度介于$81.69~879.58 \mu m$。

氮气吸附法能较为准确地反映孔径小于50nm的微小孔隙分布情况，压汞法则能弥补氮气吸附法的不足，对大于50nm的大孔进行分析。笔者将两种方法结合使用，能够详细地描述页岩的孔径分布情况，根据对17块样品气体等温吸附和20块样品高压压汞测试结果的统计，长7页岩油孔隙直径分布在1.59~5846.6nm范围内。从孔径分布图（图5-15）中可以直观地看出，长7页岩油孔隙直径集中分布在小于700nm的范围内。其中微孔相对含量分别为10.64%、0和10.87%；中孔相对含量分别为78.72%、95.45%和78.26%，孔径非常相近，仅在 2~10nm 这个范围内的孔隙相对含量就能够达到 51.06%、63.64% 和 50%；大孔相对含量分别为 10.64%、4.55% 和 10.87%，大孔各孔隙之间孔径差异很大。长 7 页岩油物性较差，储集空间致密，微小孔隙多。据杨华等（2016）对长 7 页岩油的研究，综合以上实验测试结果，说明长 7 段页岩油符合油气存储和产出要求。

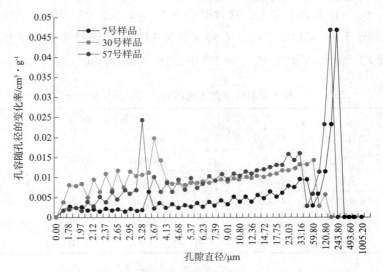

图 5-15　长 7 页岩油孔径分布图（杨华等，2016）

2. 北美地区典型页岩油

Bakken 组储层孔隙度和渗透率分别为在 2.5%~10% 及（0.01~0.10）$\times 10^{-3} \mu m^2$。储层主要为中段的白云质、泥质粉砂岩，发育晶间孔、粒间孔和微裂缝。其上下段页岩由于微裂缝发育，也可作为储层，多发育有机质孔。Bakken 组的石油主要赋存在大于 40nm 的孔喉中，其中 Bakken 组中段孔喉大于 40nm 的孔隙多于上、下段（Stephen 等，2009），是油气主要赋存层段。

鹰滩组储层由页岩和灰岩两类储集层构成，孔隙度主要为 3.0%~10.0%，平均为 6.0%，渗透率为（0.003~0.405）$\times 10^{-3} \mu m^2$，平均渗透率为 0.180 $\times 10^{-3} \mu m^2$。鹰滩组灰岩主要由粒间孔、晶间孔组成，孔隙连通性较好。而泥页岩含有大量的有机质，有机质孔发育，这两类储集层都对烃类的储存有重要贡献（Fishman，2015）。

Barnett 组储层总孔隙度为 4%~5%，基质渗透率低于 0.01 $\times 10^{-3} \mu m^2$。储层为 Barnett 组上部和下部的泥岩、灰泥岩，中间的 Foresburg 灰岩层段不具有储集性能。储层含有大量纳米级孔隙，储集空间类型主要为粒间孔、粒内孔和自生矿物的晶间孔。储层微裂缝较发育，但早期形成的裂缝，多在后期被方解石等胶结物所充填。这种现象虽然降低了储层渗透性，但对于人工压裂有很大的帮助。

长 7 页岩油孔隙度为 0.5%~2.1%，北美地区典型页岩油孔隙度介于 2.5%~12% 的范围内。较北美页岩而言，长 7 储层物性差，尤其是渗透率，差了不止一个数量级。从储集空间类型分析，北美海相页岩不仅微裂缝发育，还发育构造裂缝、区域性裂缝和排烃裂缝，且有机质孔普遍发育良好。尤其是鹰滩组，由于其源储一体的特点和较高的生烃、排烃能力，发育大量的有机质孔。与北美地区典型页岩油不同的是，长 7 页岩油有机质孔发育差，且多呈分散、孤立状分布。长 7 页岩层含量较高的碳酸盐和黏土矿物对微观孔隙结构的影响大，因此储集空间以粒间孔、粒内孔和微裂缝为主，孔隙直径基本分布在小于700nm 的范围内，且细小孔隙含量高（表 5 - 8）。

表 5 - 8 长 7 段页岩油和北美地区典型页岩油储层对比

层　系	储层岩性	孔隙度/%	渗透率/$10^{-3}\mu m^2$	储集空间类型	裂缝发育程度
长 7 段	粉砂岩	0.5～2.1	0.0004～0.03	粒间孔、粒内孔、有机质孔、微裂缝	较发育
Bakken 组	白云质 - 泥质粉砂岩	2.5～12	0.01～0.10	粒间孔、晶间孔、微裂缝	发育
鹰滩组	泥页岩、灰岩	3.0～10	0.03～0.405	有机质孔、粒间孔、晶间孔、微裂缝	发育
Barnett 组	泥岩、灰泥岩	4～5	<0.01	粒间孔、粒内孔、晶间孔、微裂缝	发育

第6章 非常规储层增产技术与方向

6.1 非常规储层压裂裂缝分析

分别给出了长 7 页岩油储层和长 8 致密砂岩储层典型井压裂后裂缝形态分析，并结合前面可压裂性评价，对其裂缝形态、压裂效果进行了分析评价，为后续压裂提供借鉴与指导。

6.1.1 长 7 页岩油储层

1. 宁 70 井

压裂施工前采用砂比 10%、排量 $6 \sim 15 m^3 / min$。压裂前方案设计在借鉴国外改造经验的同时，采用 PT 软件进行模拟优化，模拟裂缝剖面图如图 6 – 1 所示。

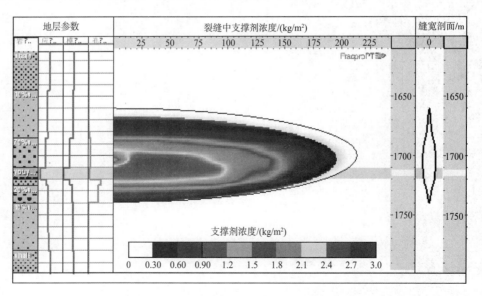

图 6 – 1　宁 70 井长 7_3 裂缝模拟几何尺寸分布图（设计阶段模拟结果）

压裂前模拟得到的裂缝几何形态及施工参数结果如表 6 – 1 ～ 表 6 – 2。

表 6 – 1 裂缝几何形态模拟

裂缝半长/m	219	支撑裂缝半长/m	213
裂缝总高/m	58	支撑裂缝总高/m	51
裂缝顶部深度/m	1676	支撑裂缝顶部的深度/m	1680
裂缝底部深度/m	1734	支撑裂缝底部的深度/m	1731
携砂液效率	0.74	平均铺砂浓度/(kg/m²)	3.2

表 6 – 2 施工参数

泵注净液总量/m³	455.0	支撑剂泵注总量/t	50.9
泵注携砂液总量/m³	375.0	裂缝内部支撑剂总量/t	50.9
前置液体积/m³	60.00	平均砂比/%	8.4

压裂施工后测井解释成果如图 6 – 2 所示。

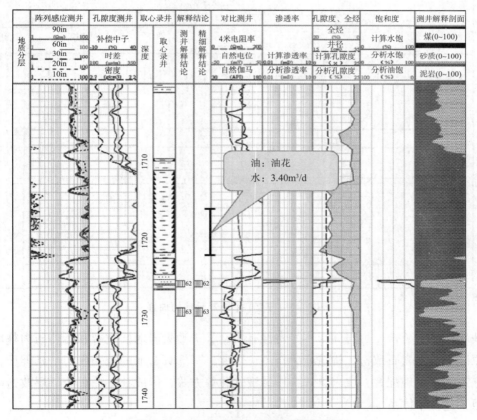

图 6 – 2 宁 70 井长 7_3 测井解释成果图

实际压裂施工中加砂陶粒 31.4m³，砂比 14.0%，排量 6.0m³/min。试油结果为日产油为 0（表现为油花），日产水 3.4m³。

图 6 – 3 为宁 70 井地应力分布曲线，其中黑色虚线为长 7 页岩储层段，红色实线为已

经压裂井段裂缝缝高。从图6-3中可知，实际压裂后裂缝缝高为7m左右，其远低于压裂设计预期58m，实际施工过程中加砂量总量也低于设计量，裂缝总压裂缝面面积或体积偏小。已压裂的层段处于页岩储层段，统计分析宁70井页岩段平均地应力为24.62MPa，而砂岩段平均地应力为22.42MPa，页岩储层段地应力明显高于邻层砂岩层段，最小地应力、最大地应力和有效最小地应力、有效最大地应力均高于邻层砂岩段，导致裂缝起裂压力高，且裂缝缝高在延伸过程中易突破到砂岩储层，如果控制缝高，则影响裂缝缝长的扩展，进而影响裂缝几何尺寸。

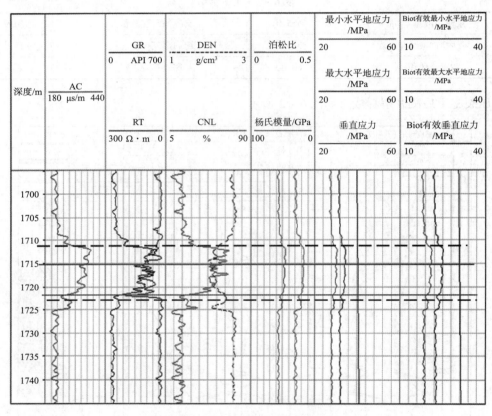

图6-3 宁70井长7³地应力曲线

地层破裂、延伸压力与储层本身特性有关，长7油页岩地层破裂和延伸压力梯度高的主要原因为地层岩石致密、构造应力作用，因此，降低页岩油的破裂压力、延伸压力需要通过施工管柱合理配置、注入方式、压裂液优化等方式，形成长7油页岩储层改造降低施工摩阻工艺技术体系。

从图6-4可知，黑色虚线为长7页岩储层段，红色实线为已经压裂井段裂缝缝高。已压裂井段均处于页岩储层段，页岩段脆性指数和可压裂性指数均值为0.246和0.336，而砂岩段脆性指数和可压裂性指数为0.484和0.445，可以看出已压裂井页岩段较砂岩段来讲脆性指数和可压裂性指数偏低，不利于裂缝缝网形成，且从通过对已取岩心进行实验分析（电镜扫描、铸体薄片等实验方法），长7泥页岩观察到的微裂缝比例并不高，通过对岩心中微裂缝的静态观察，扫描电镜结果显示，长7页岩油中发育微米－纳米级微裂缝（图6－5），具有定向排列特征，或穿透黏土基质，或切穿黄铁矿等结晶矿物，缝宽为 $10nm \sim 1\mu m$，缝长为 $10 \sim 100\mu m$ 不等，总体上微裂缝发育程度偏低，因而导致在压裂过程中不利于形成对页岩油开发效果非常好的体积裂缝（或缝网）。

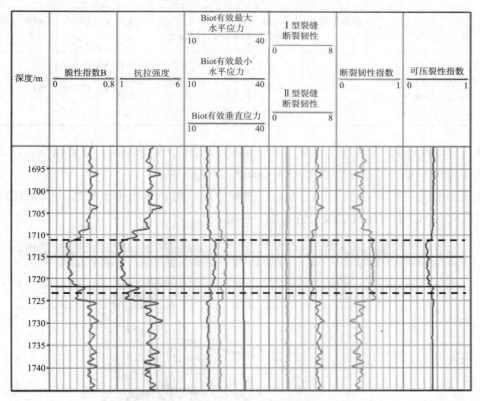

图6－4 宁70井长7³可压裂性曲线

图6－5 长7³页岩储层微米－纳米级裂缝

2. 木 58 井

木 58 井压裂施工参数如表 6 – 3 所示。

表 6 – 3 　施工参数

层位	射孔段/ m	厚度/ m	施工参数								
			砂量/ m³	砂比/ %	排量/ (m³/min)	破裂压力/ MPa	工作压力/ MPa	停泵压力/ MPa	前置液/ m³	混砂液/ m³	入地液量/ m³
长 7³	2323.0~2328.0 2334.0~2338.0	5.0 4.0	37.0	10.0	5.7	油管: 35.8 套管: 28.1	油管: 40.4 套管: 31.2	油管: 22.1 套管: 22.4	132.0	369.3	518.1

施工 145min 时，突然发生砂堵，油（套）管超压，紧急停泵，立即反洗；二次开泵后，由于液体不足，排量保持在 2~3m³/min 至液体耗尽。

由施工曲线（图 6–6）可知，在施工过程中油（套）管压力比较高，压裂施工困难，俗称"压不动"，说明压裂层段裂缝起裂、扩展困难。

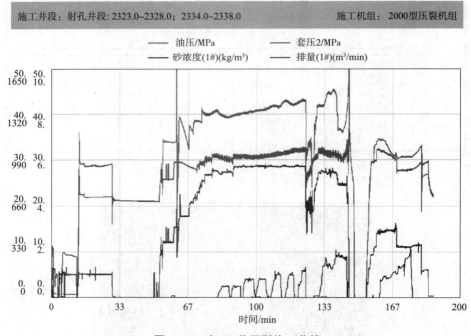

图 6 – 6 　木 58 井压裂施工曲线

从木 58 井长 7₃ 测井解释（图 6–7）和压裂前后 DSI 测试结果（图 6–8）可知，裂缝向上延伸至 2332.5m，向下延伸至 2342.0m，裂缝高度为 9.5m，综合分析认为：本井长 7 地层目的层经压裂改造，在目的层形成了一定的裂缝，压裂施工后产油 0，产水 4.4m³/d，压裂裂缝发育程度低。

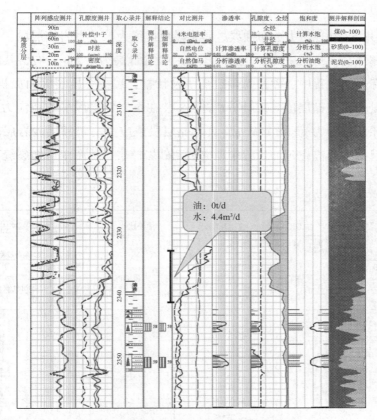

图 6-7　木 58 井长 7³ 测井解释成果图

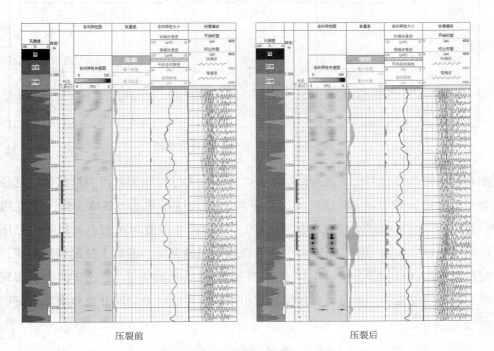

压裂前　　　　　　　　　　　　　　　　压裂后

图 6-8　木 58 井长 7³ 压裂前后 DSI 测试结果

图 6 – 9 为木 58 井地应力分布曲线，其中黑色虚线为长 7 页岩储层段，红色实线为已经压裂井段裂缝缝高。从图中可知，实际压裂后裂缝缝高为 9.5m 左右，其低于压裂设计预期 40m，实际施工过程中加砂量总量也低于设计量，裂缝总压裂缝面面积或体积偏小。已压裂的层段处于页岩储层段，统计分析木 58 井在页岩储层段平均地应力为 41.84MPa，而砂岩储层段平均地应力为 40.71MPa，页岩储层段地应力高于邻层砂岩层段，导致裂缝起裂压力高，且裂缝缝高在延伸过程中易突破到砂岩储层，从图中可知裂缝下端已突破到砂岩段。

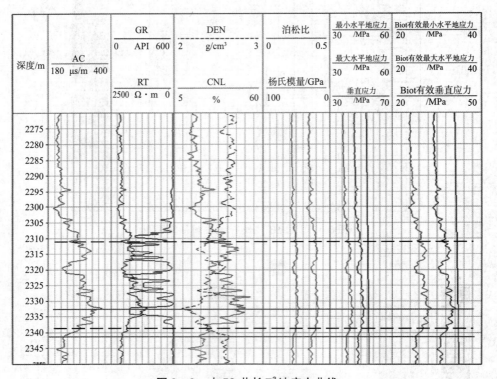

图 6 – 9　木 58 井长 7³ 地应力曲线

图 6 – 10 黑色虚线为长 7 页岩储层段，红色实线为已经压裂井段裂缝缝高。已压裂井段均处于页岩储层段，木 58 井在页岩段平均可压裂性指数为 0.345，脆性指数均值为 0.32，而在砂岩段可压裂性指数均值为 0.422，脆性指数均值为 0.52；可以看出已压裂井页岩段相对于砂岩段来讲脆性指数和可压裂性指数明显偏低，不利于裂缝缝网形成，且从通过对已取岩心进行实验分析（电镜扫描、铸体薄片等实验方法），长 7 泥页岩观察到的微裂缝发育程度偏低，因而导致在压裂过程中不利于形成对页岩油开发效果非常好的体积裂缝（或缝网）。

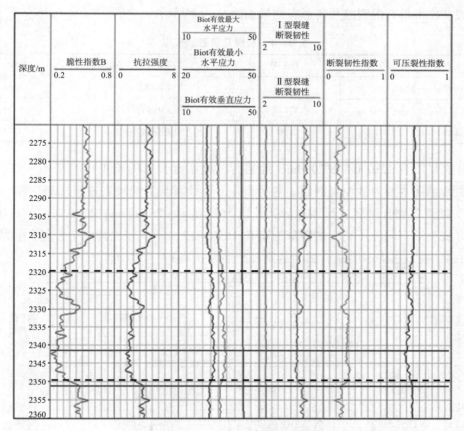

图 6－10 木 58 井长 7³ 可压裂性曲线

3. 罗 254 井

压裂前方案设计在借鉴国外改造经验的同时，采用 PT 软件进行模拟优化，模拟裂缝剖面图如图 6－11。

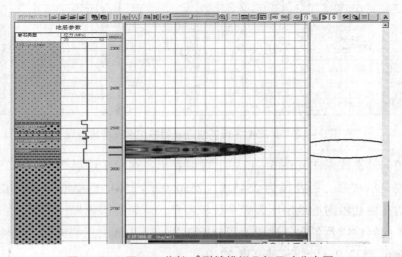

图 6－11 罗 254 井长 7³ 裂缝模拟几何尺寸分布图

压裂前模拟得到的裂缝几何形态结果如表6-4所示。

表6-4　裂缝几何形态模拟

水力裂缝半长/m	180.0	支撑裂缝半长/m	175
裂缝总高/m	55	支撑裂缝总高/m	54
平均导流能力/μm²·cm	234.0	平均裂缝宽度/cm	1.39
无因次导流能力	2.39	平均铺砂浓度/(kg/m²)	4.11

本井测量段为2280.0~2620.0m，地层为三叠系延长组的长4+5、长6、长7、长8地层，岩性剖面主要为砂泥岩剖面。本次测井主要针对长7油页岩进行压裂检测，图6-12为长7油页岩综合解释成果图，射孔井段为2545.0~2550.0m、2564.0~2568.0m，压裂改造方式为油套同注压裂，加砂量为陶粒16.0~17.8m³，砂比为6.7%，排量为2.5~6.0m³/min，破裂压力不明显，试油结果日产油为0，日产水为0。

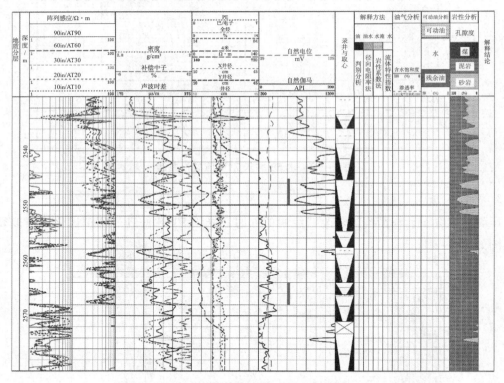

图6-12　罗254井长7油页岩测井综合解释成果图

从压后各向异性成果图（图6-13）上可以看出：在长7地层2545.0~2572.0m各向异性及能量差显示较强，射孔段为2545.0~2550.0m、2564.0~2568.0m，单独从压裂效果来看，表明在射孔段附近地层压裂缝系统较发育，压裂改造效果较明显。综合时差各向异性、平均各向异性以及各向异性成像图分析认为：长7地层压裂缝向上延伸至2545.0m处，向下延伸至2572.0m处，延伸高度27.0m。

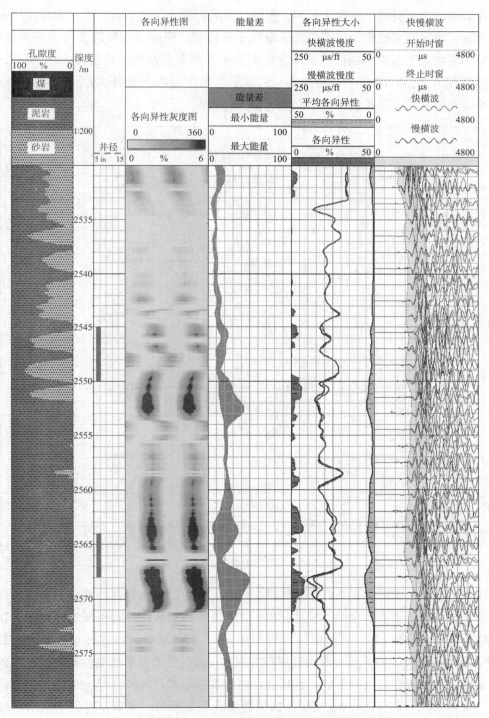

图 6-13　罗 254 井长 7 地层压裂施工各向异性显示成果图

图 6 – 14 为罗 254 井地应力分布曲线,其中黑色虚线为长 7 页岩储层段,红色实线为已经压裂井段裂缝缝高。从图中可知,实际压裂后裂缝缝高为 27m 左右,其低于压裂设计预期 55m,实际施工过程中加砂量总量也低于设计量,裂缝总压裂缝面面积或体积偏小。已压裂的层段处于页岩储层段,统计分析罗 254 井页岩段地应力均值为 35.59MPa,而在邻层砂岩段为 33.18MPa,可以看出在页岩储层段地应力高于邻层砂岩层段,地层应力偏大,裂缝在页岩段不易扩展。

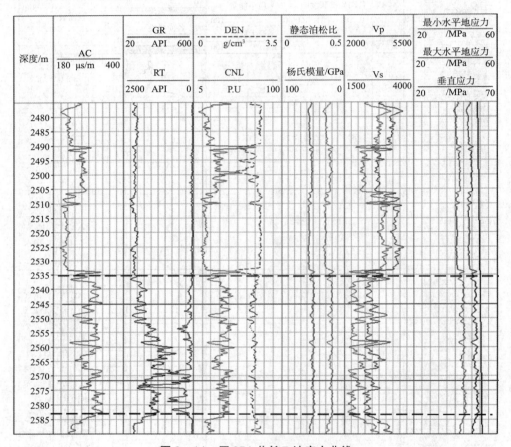

图 6 – 14   罗 254 井长 7 地应力曲线

图 6 – 15 黑色虚线为长 7 页岩储层段,红色实线为已经压裂井段裂缝缝高。可以看出已压裂井段均处于页岩储层段,统计分析罗 254 井脆性指数曲线和可压裂性曲线,在页岩段脆性指数均值为 0.245,可压裂性均值为 0.367,而邻层砂岩段脆性指数和可压裂性均值分别为 0.484 和 0.42,可以看出已压裂井页岩段脆性指数和可压裂性指数较邻层砂岩段明显偏低,不利于裂缝缝网形成,且从通过对已取岩心进行实验分析(电镜扫描、铸体薄片等实验方法),长 7 泥页岩观察到的微裂缝发育程度偏低,主要发育微米 – 纳米级微裂缝,具有定向排列特征(图 6 – 16),因而导致在压裂过程中不利于形成对页岩油开发效果非常好的体积裂缝(或缝网)。

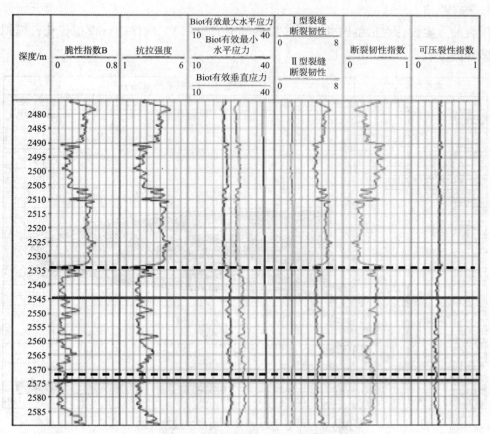

图6-15 罗254井长7可压裂性曲线

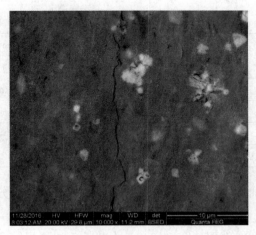

图6-16 罗254，2540.8m

　　据已有压后资料统计分析，类似井还有盐188、正53井、正76井、正79井等试油结果显示均不产油（或油花），没有经济开采价值。

4. 耿 295 井

压裂前方案设计在借鉴国外改造经验的同时，采用 PT 软件进行模拟优化，模拟裂缝剖面图如图 6 – 17。

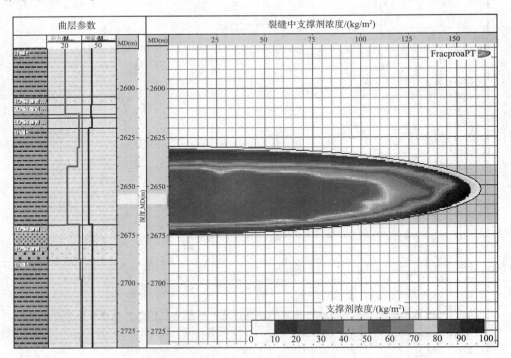

图 6 – 17 耿 295 井长 7 模拟裂缝尺寸图

压裂前模拟得到的裂缝几何形态结果如表 6 – 5 所示。

表 6 – 5 裂缝几何形态模拟

水力裂缝半长/m	163	支撑裂缝半长/m	157
裂缝总高/m	46	支撑裂缝总高/m	44
携砂液效率	0.82	平均铺砂浓度/(kg/m^2)	7.8
平均导流能力/$\mu m^2 \cdot cm$	10	平均裂缝宽度/cm	0.48
无因次导流能力	6.0	地层参考渗透率/$10^{-3}\mu m^2$	0.003
模拟计算的净压力/MPa	5.93	井底裂缝闭合应力/MPa	37.5

本井主要针对长 7 油页岩及长 8 目的层进行压裂效果检测，分别进行了压裂施工前和施工后的偶极声波测井。测量段地层为三叠系延长组长 3、长 4 +5、长 6、长 7、长 8 地层，岩性剖面主要为砂泥岩剖面。图 6 – 18 为本井长 7 油页岩综合解释成果图。射孔井段为 2649.0 ~ 2652.0m、2655.0 ~ 2658.0m、2662.0 ~ 2665.0m，本井长 7 采用水力压裂改造，加陶粒砂 22.0m³，砂比为 6.3%，排量为 5.0m³/min，破裂压力为 32.8MPa。试油结论：日产油 20.49t，产水 0。

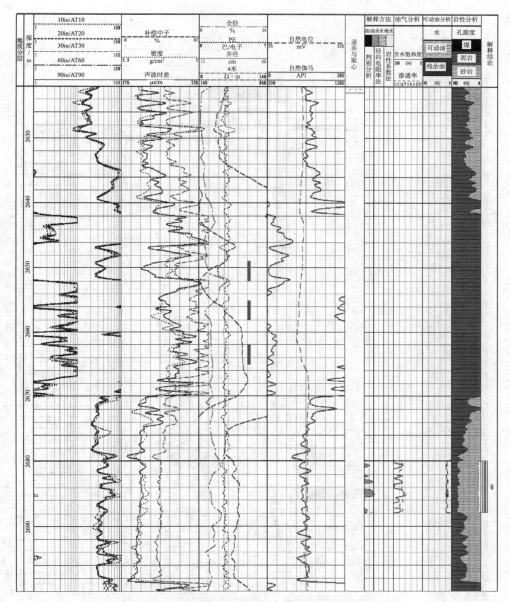

图6-18 耿295井长7油页岩测井综合解释成果图

长7压前各向异性成果图（图6-19）显示：射孔段及上下地层有较弱的各向异性，其中2640.0~2675.0m能量差基值较高，分析认为是由于该段油页岩发育引起。

长7压后各向异性成果图（图6-20）显示：射孔段及上下地层各向异性及能量差显示较压前明显增强。由于射孔段为2649.00~2652.00m、2655.00~2658.00m、2662.00~2665.00m，综合能量差、时差各向异性、平均各向异性以及各向异性成像图，分析认为2637.0~2681.0m各向异性主要是压裂改造后地层发育压裂缝引起的。裂缝向上延伸至2637.0m向下延伸至2681.0m，延伸高度为44.0m。

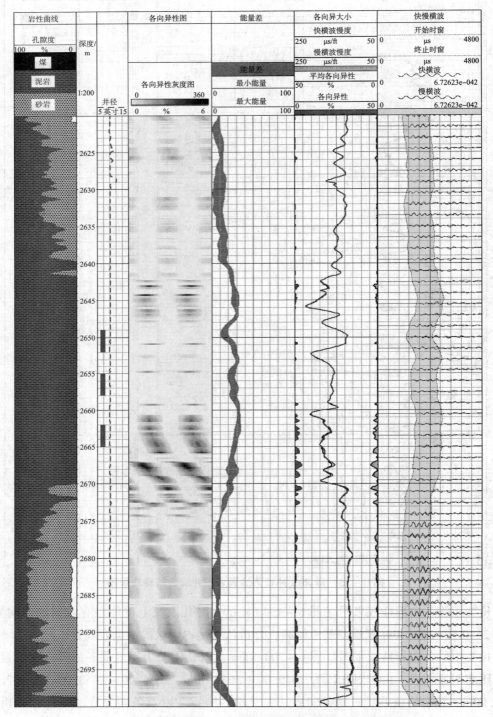

图 6-19　耿 295 井长 7 地层压裂施工前各向异性显示成果图

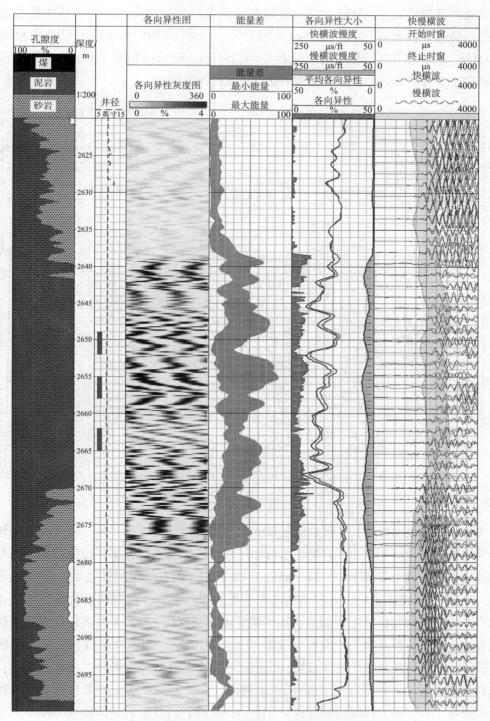

图 6-20 耿 295 井长 7 地层压裂施工后各向异性显示成果图

图 6-21 为耿 295 井地应力分布曲线，其中黑色虚线为长 7 页岩储层段，红色实线为已经压裂井段裂缝缝高，从图中可以看出实际压裂后裂缝缝高为 44m，基本符合设计预期。压裂裂缝缝高范围超过页岩储层范围。统计分析耿 295 井在页岩段平均地应力为 37.24MPa，而在邻层砂岩段平均地应力为 34.75MPa，砂岩段相对于页岩段来讲地应力偏小，有利于裂缝扩展延伸，同样条件下获得更大的改造体积。

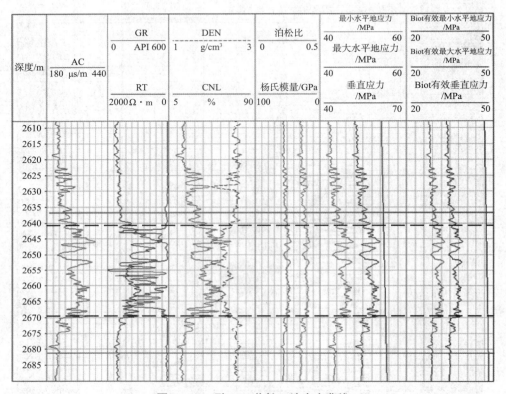

图 6-21　耿 295 井长 7 地应力曲线

　　图 6-22 黑色虚线为长 7 页岩储层段，红色实线为已经压裂井段，已压裂井段均处于页岩储层段。统计分析耿 295 井脆性指数和可压裂性指数曲线，页岩段脆性指数和可压裂性指数均值分别为 0.296 和 0.334，而砂岩段脆性指数和可压裂性指数均值为 0.442 和 0.451，可以看出已压裂井在页岩储层段脆性指数和可压裂性指数明显偏低，且从通过对已取岩心进行实验分析（电镜扫描、铸体薄片等实验方法），长 7 泥页岩观察到虽然其层理发育比较明显，但其微裂缝发育程度偏低（图 6-23），但本井裂缝扩展进入的砂岩井段其脆性指数和可压裂性指数非常高，说明其非常有利于形成缝网体系或体积裂缝，有助于提高单井产量。本井压后产量较高（20.49t/d），认为其原油主要来自砂岩层段裂缝缝网，主要基于：砂岩井段储层物性要好于页岩储层段，并且砂岩井段地应力偏小、天然微裂缝发育且脆性指数和可压性指数均较高，形成了具有较高产能的缝网结构。

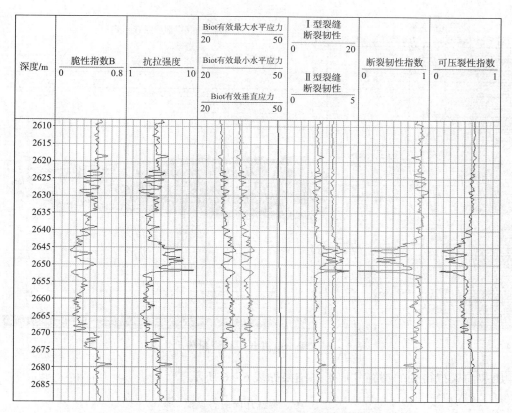

图 6-22　耿 295 井长 7 脆性指数曲线

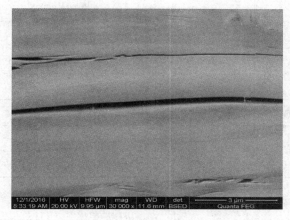

图 6-23　耿 295，2621.5m

5. 里 189 井

压裂前方案设计在借鉴国外改造经验的同时，采用 PT 软件进行模拟优化，模拟裂缝剖面图如图 6-24。

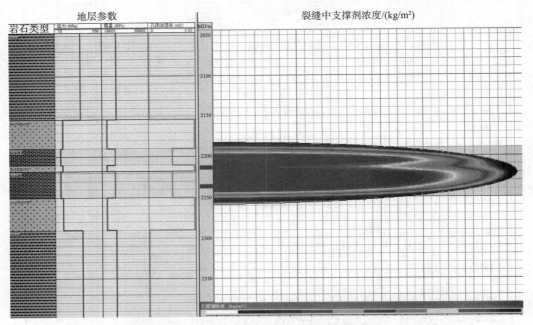

图 6 – 24　里 189 井长 7 模拟裂缝尺寸图

压裂前模拟得到的裂缝几何形态结果如表 6 – 6 所示。

表 6 – 6　裂缝几何形态模拟

水力裂缝半长/m	178	支撑裂缝半长/m	171
裂缝总高/m	75.9	支撑裂缝总高/m	68
裂缝顶部深度/m	2183.2	支撑裂缝顶部的深度/m	2188
裂缝底部深度/m	2259.1	支撑裂缝底部的深度/m	2256
携砂液效率	0.71	平均铺砂浓度/(kg/m²)	3.39
平均导流能力/$\mu m^2 \cdot cm$	16	平均裂缝宽度/cm	0.53
无因次导流能力	9.8	地层参考渗透率/$10^{-3} \mu m^2$	0.15
模拟计算的净压力/MPa	4.59	井底裂缝闭合应力/MPa	22.8

　　常规测井在长 7 砂体:2157.0 ~ 2158.3m、2177.0 ~ 2178.0m、2180.0 ~ 2181.4m、2187.1 ~ 2189.5m、2211.3 ~ 2216.7m 井段综合解释为差油层,在 2160.5 ~ 2167.0m、2168.8 ~ 2173.9m 井段解释为油层。长 7 射孔段 2211.0 ~ 2217.0m 和 2234.0 ~ 2240.0m,采用水力压裂,加砂量为 80.0m³,砂比为 12.4%,排量为 12.0m³/min;试油结果为:日产油 13.18t,日产水 0,如图 6 – 25、图 6 – 26。

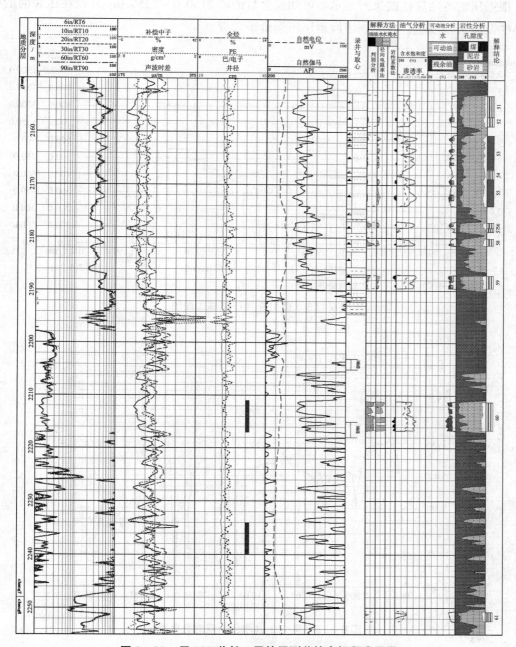

图 6-25　里 189 井长 7 目的层测井综合解释成果图

从图 6-27 可知，加砂压裂阶段观察净压力的双对数曲线显示除在开始施工的前 6min
斜率为正外，施工后期的净压力双对数斜率都为负值，说明在整个施工后期裂缝高度的扩
展优于裂缝长度的扩展。

根据压前各向异性成果图显示：可知长 7 目的层 2150.0～2255.0m 井段在压裂前的各向异性及能量差较弱，表明在该段地层压裂缝不发育。

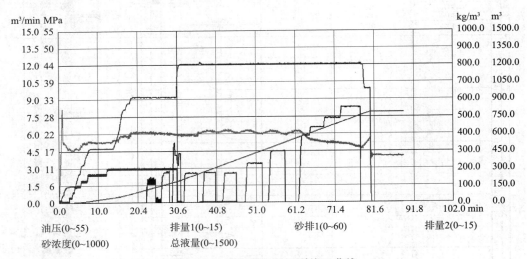

图 6 - 26   里 189 井压裂施工曲线

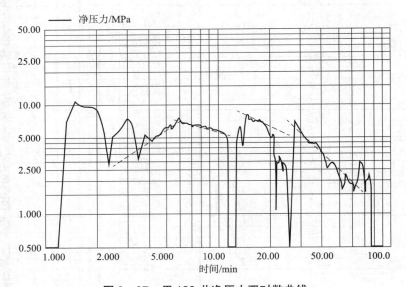

图 6 - 27   里 189 井净压力双对数曲线

根据压后各向异性成果图（图 6 - 28）显示：经过压裂改造，长 7 目的层在 2154.0～2254.0m 井段产生了一定的各向异性及能量差，表明在该段地层压裂缝比较发育，压裂改造效果明显，综合时差各向异性、平均各向异性以及各向异性成像图分析认为：裂缝向上延伸至 2154.0m 向下延伸至 2254.0m，延伸高度为 100.0m，其中在 2191.0～2218.0m 井段的各向异性最大。

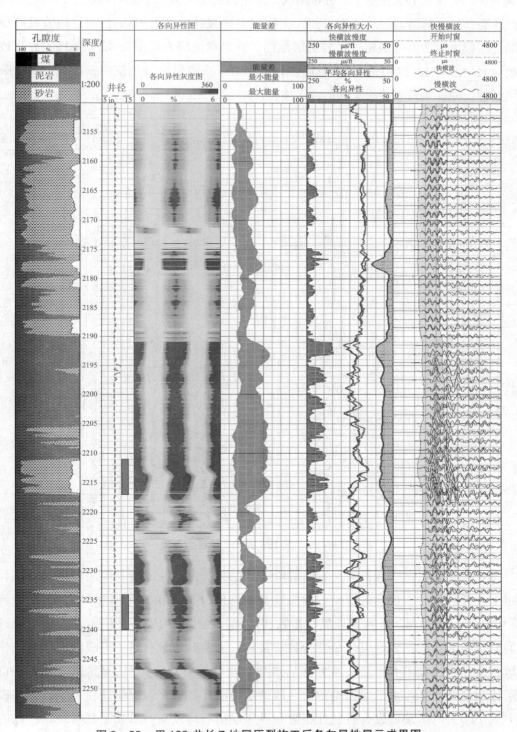

图 6−28 里 189 井长 7 地层压裂施工后各向异性显示成果图

　　图6-29为里189井地应力分布曲线,其中黑色虚线为长7页岩储层段,红色实线为已经压裂井段裂缝缝高。从图中可知,实际压裂后裂缝缝高为100m,超过裂缝缝高设计预期。压裂裂缝缝高范围超过页岩储层范围,页岩段地应力均值为42.04MPa,而在砂岩段地应力均值为40.27MPa,可以看出砂岩段相对于页岩段来讲地应力偏小,有利于裂缝扩展延伸,同样条件下获得更大的改造体积。

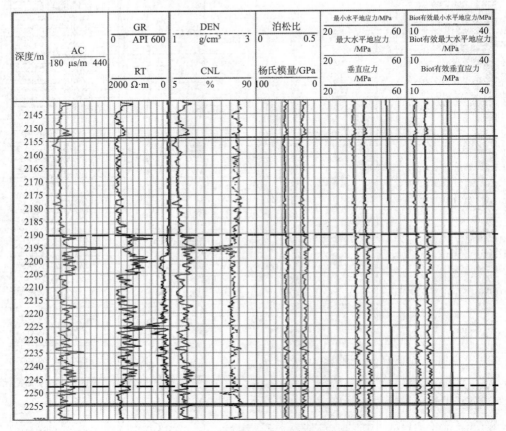

图6-29　里189井长7地应力曲线

　　图6-30黑色虚线为长7页岩储层段,红色实线为已经压裂井段裂缝缝高。统计发现里189井在页岩段可压裂性指数和脆性指数均值分别为0.399和0.391,而在砂岩段分别为0.445和0.470,页岩段脆性指数和可压裂性指数均偏小,但本井裂缝扩展进入的砂岩井段其脆性指数和可压裂性指数非常高,说明其非常有利于形成缝网体系或体积裂缝,有助于提高单井产量。本井压后产量较高(13.18t/d),认为其原油主要来自砂岩层段裂缝缝网,产油的原因是砂岩井段储层物性要好于页岩储层段,并且砂岩井段地应力偏小、天然微裂缝发育且脆性指数和可压性指数均较高,形成了具有较高产能的缝网结构。

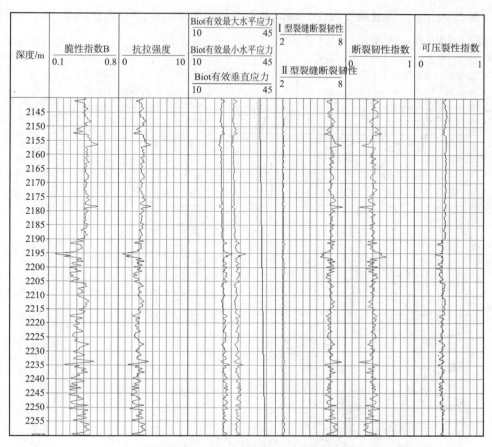

图 6-30　里 189 井长 7 可压裂性曲线

6. 木 53 井

木 53 井长 7 地层射孔段为 2222.0~2226.0m、2274.0~2278.0m，分别位于砂体内部和油页岩段。其中射孔段 2222.0~2226.0m 本次施工改造，压裂改造方式为滑溜水加基液，砂量 30.0m³，排量 3.0m³/min，砂比≥15.5%，破裂压力不明显，试油成果为日产油 10.8t，日产水 11.5m³。

射孔段 2274.0~2278.0m 为 2012 年改造，压裂改造方式为油套同注，砂量 40.0m³（陶），排量 6.0m³/min，砂比≥10.0%，图 6-31 为木 53 长 7 井段综合解释成果图。

从长 7 压后各向异性成果图（图 6-32）上可以看出地层 2235.0~2290.0m 井段各向异性及能量差较上下地层明显增强，射孔井段为 2222.0~2226.0m、2274.0~2278.0m（2012 年试油），由于是改造层位，综合能量差、时差各向异性、平均各向异性以及各向异性成像图资料分析认为，该段地层各向异性增强是两次压裂改造产生的压裂缝叠加共同作用引起的。其中 2235.0~2248.0m、2257.0~2289.0m 裂缝发育程度高。射孔段

2222.0 ~ 2226.0m 附近地层各向异性无显示，裂缝不发育。裂缝向上延伸至 2235.0m，向下延伸至 2290.0m，裂缝高度为 55.0m，由于本井未测压，因此不能判断本次改造后裂缝延伸情况，如图 6 – 33 所示。

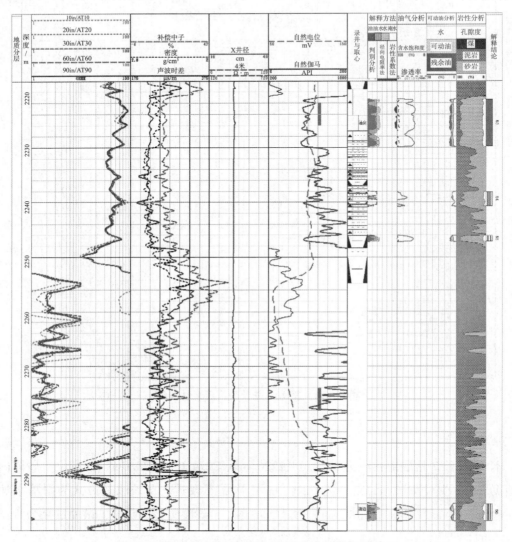

图 6 – 31   木 53 井长 7 目的层测井综合解释成果图

图 6 – 33 黑色虚线为长 7 页岩储层段，红色实线为已经压裂井段裂缝缝高。木 53 井与前面所述各井类似，在页岩储层段地应力偏高、脆性指数和可压性指数偏低，导致实际压裂后裂缝缝高为 55m，缝高超过页岩储层范围，获得更大的改造体积。

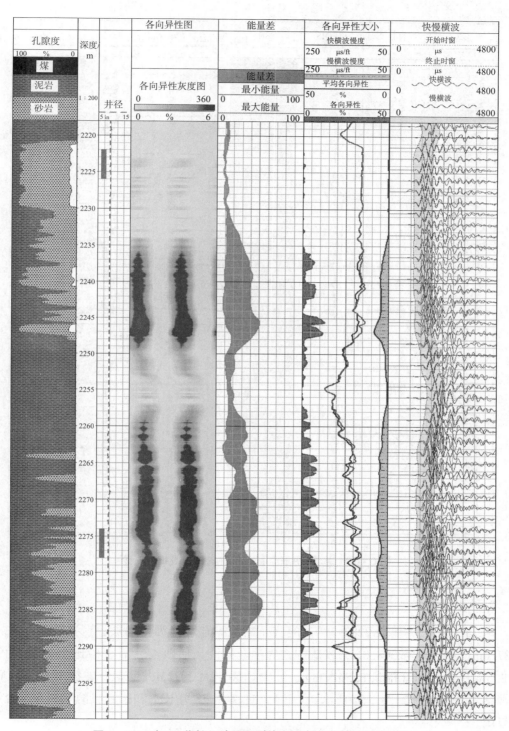

图 6-32 木 53 井长 7 地层压裂施工后各向异性显示成果图

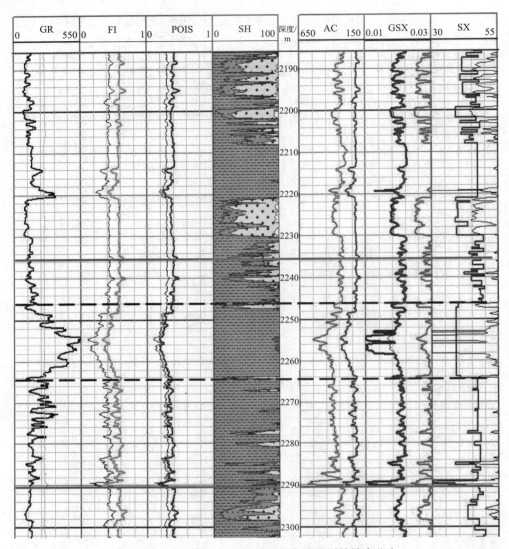

图 6-33　木 53 井长 7 脆性测井曲线及裂缝缝高分布

7. 木 78 井

木 78 井在长 7 地层 2282.3～2284.1m 井段综合解释为差油层，射孔段为 2282.0～2287.0m、2304.0～2308.0m，改造方式为油套同注，加砂 41.0m³，砂比 8.4%，油管排量 2.5m³/min，套管排量 3.5m³/min，油管破裂压力 29.2MPa，套管破裂压力 20.1MPa，试油结果：日产油 21.8t，日产水 0。图 6-34 为木 78 井长 7 和长 8 目的层测井综合解释成果图。

从图 6-34 可以看出，在 2294.0～2316.0m 井段各向异性及能量差较压前增强。压裂缝向上延伸至 2294.0m，压裂缝向下延伸至 2316.0m，裂缝高为 22.0m。根据声波时差曲线波动较大，判断目的层段可能发育微裂缝或者为砂泥互层，参考物性分析，孔隙度小，渗透率异常高值，可认为该段微裂缝发育层段，有利于形成复杂裂缝缝网。

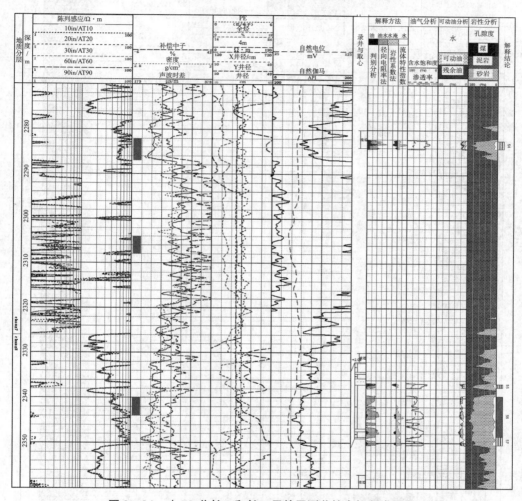

图 6-34　木 78 井长 7 和长 8 目的层测井综合解释成果图

本井长 7 压裂施工前测量的各向异性成果图在 2270.00～2326.00m 有弱的各向异性显示，分析认为主要是由地层本身的非均质性引起的。

从长 7 压后各向异性成果图（图 6-35）可以看出：本井在 2294.0～2316.0m 井段各向异性及能量差较压前明显增强，射孔段为 2282.0～2287.0m、2304.0～2308.0m，由于是改造层位，分析认为是该段压裂缝发育引起，综合能量差、时差各向异性、平均各向异性以及各向异性成像图认为，2294.0～2309.5m 各向异性及能量差显示最强，压裂缝发育程度最高。

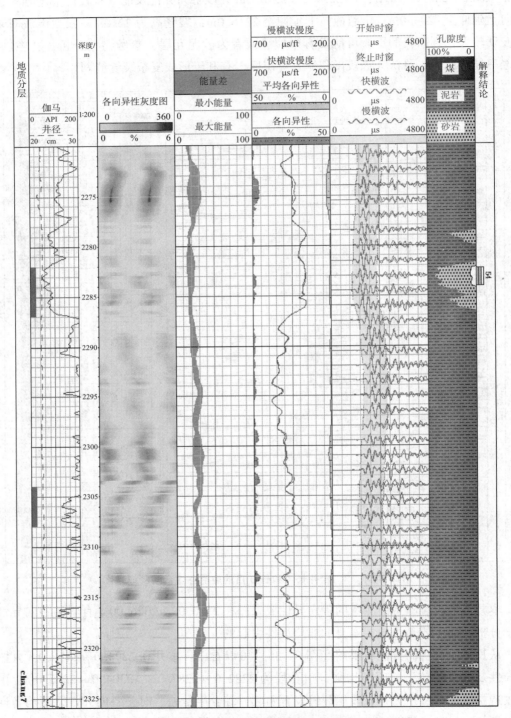

图 6-35　木 78 井长 7 地层压裂施工前各向异性显示成果图

图 6-36 为木 78 井地应力分布曲线，其中黑色虚线为长 7 页岩储层段，红色实线为已经压裂井段裂缝缝高。从图 6-36 可知，实际压裂后裂缝缝高为 22m，压裂井段均在页岩储层内。统计分析木 78 井在页岩段平均地应力为 44.61MPa，而在砂岩段平均地应力为 41.82MPa，可以看出页岩段相对于邻层砂岩段来讲地应力偏大，不利于裂缝扩展。

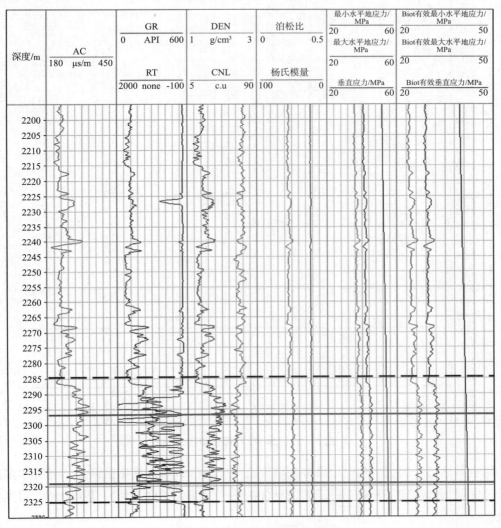

图 6-36　木 78 井地应力曲线

图 6-37 为木 78 井可压裂性曲线，黑色虚线为长 7 页岩储层段，红色实线为已经压裂井段裂缝缝高，已压裂井段均处于页岩储层段，统计分析木 78 井脆性指数曲线和可压裂性曲线，可知木 78 井在页岩段平均脆性指数和可压裂性指数为 0.377 和 0.404，而在砂岩段为 0.402 和 0.456，压裂井段脆性指数和砂岩段相近，相对而言有利于复杂缝网形成；且页岩段可压裂性指数较砂岩段也偏小，相同条件下改造体积偏小，不利于长期稳产。

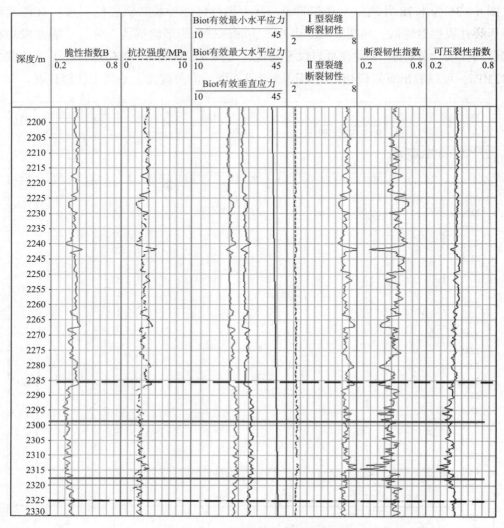

图6-37 木78井可压裂性曲线

综合前述已压裂页岩油储层段井裂缝形态研究及压裂后效果测试结果，对鄂尔多斯盆地长7储层页岩油储层和致密砂岩裂缝延伸扩展（特别是纵向延伸）情况分析，得到如下结论：

（1）长7页岩油储层裂缝不同于常规长7致密砂岩压裂裂缝，而是为了产生较为复杂的裂缝系统，改造体积范围应较常规压裂大，但在实际压裂过程中由于页岩储层地应力偏高，裂缝起裂和扩展较为困难，导致单纯在页岩储层压裂规模和裂缝形态普遍低于预期设计。

（2）长7页岩油储层段物性普遍较差，且页岩油储层相对于致密砂岩天然裂缝发育程度较低，导致仅在页岩油储层内形成改造裂缝时其产量普遍较低甚至没有工业开采产量（如宁70井、木58井、罗254井等）。

（3）长 7 页岩油储层地应力普遍高于邻层砂岩层段，并且缺乏明显的隔夹层，导致在压裂施工中裂缝易扩展进入砂岩层段（如耿 295 井、里 189 井等）。

（4）长 7 页岩油储层脆性指数、可压裂性指数明显低于邻层砂岩段，裂缝扩展进入邻层砂岩储层后，由于砂岩井段地应力偏小、天然微裂缝发育且脆性指数和可压性指数均较高，有利于形成具有较高产能的缝网体系。

（5）分析已有压裂井资料，可以看出压裂井在页岩储层段地应力较砂岩层段偏高，裂缝缝高在延伸过程中易突破到砂岩储层；另外，砂岩段储层物性要好于页岩储层段，这是部分压裂井产油的主要原因。

（6）结合理论研究及测试结果，偶极声波测试、测试压裂分析裂缝高度结果吻合，长 7 油页岩井经压裂改造，在油页岩层形成了一定的裂缝，但裂缝更易窜至砂岩。

6.1.2　长 8 致密砂岩储层

为了评价储层改造工艺的适应性和改造参数的针对性，在上述研究成果的基础上，对研究区取心井的前期储层改造效果进行了分析。

1. 板 58 井

板 58 井，长 8^2 油藏，油层段为 2049.8 ~ 2054.3m，厚度 4.5m；射孔段 2050.0 ~ 2054.0m，厚度 4.0m，射开程度 88.9%；2016 年 11 月压裂施工，具体施工参数如表 6 - 7 所示：加砂 40.00m³，砂比为 10.0%，排量为 3.00m³/min。根据测井电性和物性统计（表 6 - 8），参考研究区储层分类标准可知，目的层段声波时差测井值属于 Ⅱ 类，表明孔隙发育程度较好，但电阻率属于 Ⅲ 类，含油饱和度也属于 Ⅲ 类，测井解释结果为油水同层，快速色谱解释结果为干层，岩心录井显示为油迹（图 6 - 38）。根据压后试油结果统计，日产油 0，日产水 23m³。

表 6 - 7　压裂施工参数统计

压裂工艺	基本参数			支撑剂、压裂液及用量					压力参数		
	砂量/m³	砂比/%	排量/(m³/min)	支撑剂类型	交联类型	胍胶浓度/%	前置液量/m³	入地液量/m³	破压/MPa	工压/MPa	停压/MPa
单上封 + 滑溜水	40.0	10.0	3.0	石英砂	—	0.08	100.0	510.9	26.2	25.0	15.3

表 6 - 8　储层电性和物性参数统计

层位	射孔段/m	电性参数			物性参数			
		电阻率/Ω·m	时差/(μs/m)	解释结果	孔隙度/%	渗透率/$10^{-3}μm^2$	含油饱和度/%	岩心录井显示
长 8^2	2050.0 ~ 2054.0	30.67	229.13	油水同层	10.20	0.08	44.75	油迹

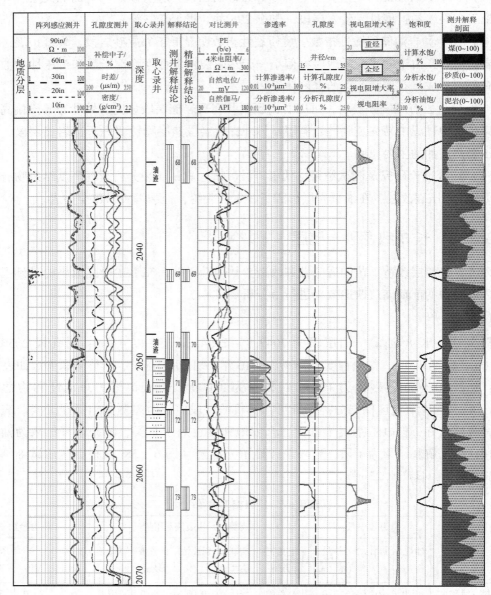

图6-38 板58井长8²段四性关系曲线

根据目的层段岩心观察（图6-39）和化验分析可知，岩心观察含油性差，铸体薄片镜下观察发现粒间孔发育，X衍射全岩分析表明石英含量低，长石含量高，脆性指数为46%，属于Ⅲ类储层。虽然孔隙度较高，属于Ⅰ类储层，但渗透性差，属于Ⅲ类储层。可见对于板58井而言储层电性和物性条件差、脆性矿物含量低是压裂效果不好的主要原因。

(a)岩心照片

(b)铸体薄片

图6－39　板58岩心观察

2. 板64井

在长8地层1879.00～1895.50m综合解释为油层，1896.80～1899.00m综合解释为差油层，射孔段为1882.00～1887.00m。压裂改造方式为光油管＋油套同注＋二氧化碳前置，压裂液为EM30滑溜水，加砂60.00m³，砂比为14.70%，排量为6.00m³/min，破裂压力：油管为31.00MPa，套管为22.00MPa。试油结果：产油7.30t/d，产水15.50m³/d。

长8目的层压前各向异性成果图显示：射孔段及附近地层有弱的各向异性显示，结合常规及电成像资料，分析认为各向异性主要是由地层非均质性引起的，见图6－40。长8目的层压后各向异性成果图显示：各向异性及能量差在1837.00～1903.00m显示较强，射孔段为1882.00～1887.00m，由于是改造层位，对比压前、压后资料分析认为强的各向异性是由压裂改造后形成的压裂缝引起的。综合能量差、时差各向异性、平均各向异性以及各向异性成像图分析认为：裂缝向上延伸至1837.00m，向下延伸至1903.00m，延伸高度为66.00m。本井长8经压裂改造后，在储层内形成了压裂缝，并且向上部地层延伸。

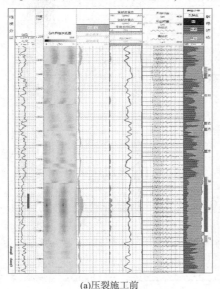

(a)压裂施工前

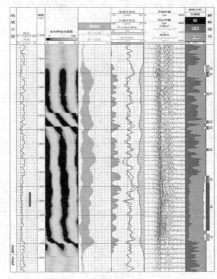

(b)压裂施工后

图6－40　板64井长8地层压裂施工前后各向异性显示

　　根据四性关系图（图6-41）统计，目的层段1882.00~1887.00m，自然伽马 *GR* 测井值小于50API，属于Ⅰ类储层，声波时差 *AC* 测井值在250μs/m，属于Ⅰ类储层，电阻率大于60Ω·m，属于Ⅱ类储层，含油饱和度大于50%，测井渗透率接近 $1 \times 10^{-3} \mu m^2$，测井解释结果为油层，岩心录井显示为油斑。由于该井不是取心井，故没有岩心和化验分析资料，但从电性和物性参数来看，均要好于板58井，且压裂工艺也不同，加砂量大、排量大，压裂过程中前置二氧化碳增能助排。

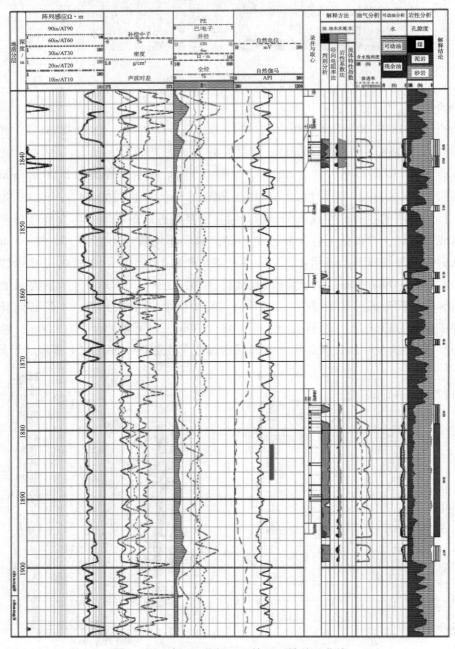

图6-41　板64井长8目的层四性关系曲线

3. 乐79井

乐79井，长8¹油藏，油层段为1671～1674m，厚度3m；射孔段1671～1674m，厚度3m，射开程度100%；2016年11月压裂施工，具体施工参数如表6－9所示：加砂65.7m³，砂比为12.0%，排量为6.00m³/min。根据测井电性和物性统计（表6－10），参考研究区储层分类标准可知，目的层段声波时差测井值属于Ⅰ类，表明孔隙发育程度较好，但电阻率属于Ⅲ类，含油饱和度也属于Ⅱ类，测井解释结果为差油层，快速色谱解释结果为差油层，岩心录井显示为油斑（图6－42）。根据压后试油结果统计，日产油0.0t，日产水12.2m³。

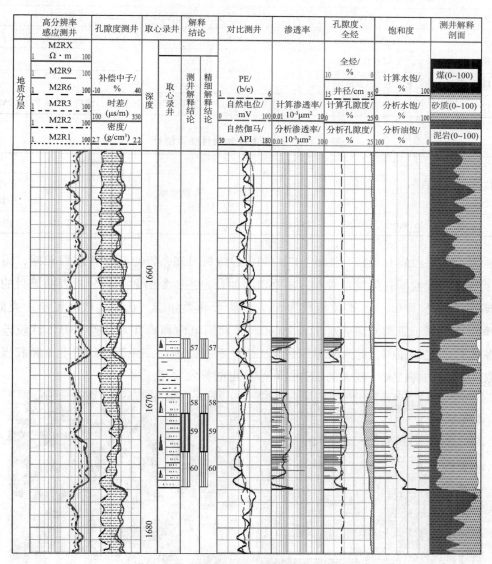

图6－42 乐79井长8¹段四性关系曲线

表 6 - 9　乐 79 井长 8^1 层压裂施工数据

序　号	参　数	油　管	套　管
1	破裂压力/MPa	20.7	15.6
2	工作压力/MPa	13 ~ 18	9 ~ 22
3	停泵压力/MPa	15.1	12.6
4	前置液量/m³	101.1	
5	携砂液量/m³	542.2	
6	顶替液量/m³	11.6	
7	入地总液量/m³	654.9	
8	加砂量/m³	65.7 （40/70 目 15.4，20/40 目 50.3）	
9	施工排量/（m³/min）	1.6	0 ~ 4.4
10	平均砂比/%	12.0	
11	砂浓度/（kg/m³）	196.5	
12	测压降	测压降 15min，油管压力降到 10.3MPa，油管压力降到 10.2MPa	

表 6 - 10　储层电性和物性参数统计

层　位	射孔段/m	电性参数			物性参数			
		电阻率/Ω·m	时差/（μs/m）	解释结果	孔隙度/%	渗透率/10^{-3}μm²	油饱/%	岩心录井显示
长 8^1	1671.0 ~ 1674.0	49.52	238.65	差油层	9.80	0.05	52.09	油斑

　　根据目的层段岩心观察（图 6 - 43）和化验分析可知，岩心观察含油性较差，铸体薄片镜下观察发现粒间孔隙发育较差，主要以溶蚀孔为主，X 衍射全岩分析表明该目的层段黏土矿物含量高（19%），脆性指数为 52%，属于 II 类储层。孔隙度较高属于 I 类储层，渗透率很低，属于 III 类储层。对于乐 79 井而言储层电性和物性条件差，可压性较差是压裂效果不好的主要原因，此外根据压裂施工工艺和参数统计，井下控砂浓度 + 胍胶压裂工艺可能对储层伤害较大，较大的加砂量和液量可能导致储层压窜。

(a)岩心照片

(b)铸体薄片、溶孔发育

图 6 - 43　乐 79 岩心观察

4. 宁143 井

宁143 井长 8¹ 油藏，油层段为 1705.6 ~ 1714.8m，厚度 9.2m；射孔段 1706.0 ~ 1710.0m，厚度 4m，射开程度 43.5%；2017 年 4 月压裂施工，具体施工参数如表 6 – 11 所示：加砂 40m³，砂比为 9.0%，排量为 6.00m³/min，工艺为体积压裂 + 滑溜水。根据测井电性和物性统计（表 6 – 12），参考研究区储层分类标准可知，目的层段声波时差测井值属于Ⅲ类，表明孔隙发育程度差，但电阻率属于Ⅰ类，含油饱和度接近Ⅱ类储层的下限，测井解释结果为差油层，快速色谱解释结果为差油层，岩心录井显示为油斑（图 6 – 44）。根据压后试油结果统计，日产油为油花，日产水 8.4m³。

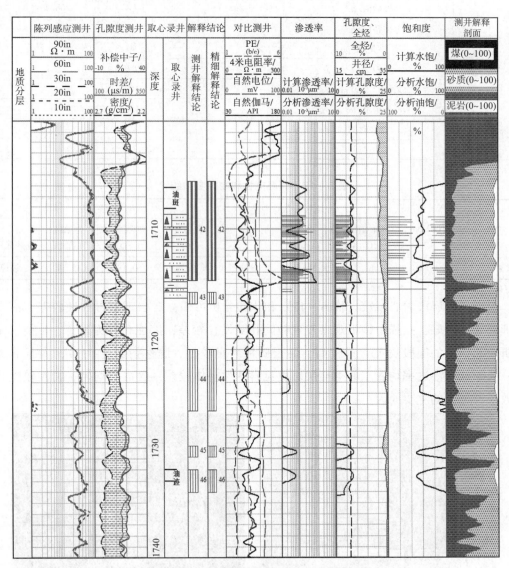

图 6 – 44　宁 143 井长 8¹ 段四性关系曲线

表6-11 宁143井长8¹层压裂施工参数

施工井段		1706.0~1710.0m	
		油管	套管
施工数据	破压/MPa	25.4	24.9
	工作压力/MPa	17.7~19.3	16.8~19.6
	停泵压力/MPa	10	10.1
	排量/(m³/min)	2.0	4.0
	低替/m³	18.8	/
	前置液/m³	33.6	60.1
	携砂液/m³	134.2	268.7
	顶替液/m³	5.7	13.5
	砂量/m³	40	
	砂比/%	9.9	
	砂浓度/(kg/m³)	161	
	入地液/m³	515.8	
	停泵时间	11:30	
	施工时间	2017/4/5	

表6-12 储层电性和物性参数统计

层 位	射孔段/m	电性参数			物性参数			
		电阻率/Ω·m	时差/(μs/m)	解释结果	孔隙度/%	渗透率/10⁻³μm²	含油饱和度/%	岩心录井显示
长8¹	1706.0~1710.0	87.74	213.44	差油层	6.50	0.18	45.77	油斑

根据目的层段岩心观察（图6-45）和化验分析可知，岩心观察含油性较差，沿水平层理缝含油性好，扫描电镜下观察发现粒间孔隙发育较差，溶蚀孔较为发育，X衍射全岩分析表明该目的层段石英含量较高，黏土矿物含量较低，脆性指数为51%，属于Ⅱ类储层。孔隙度和渗透率均属于Ⅱ类储层。可见含油性整体较差，含油不均匀，物性较差是压裂效果不理想的主要原因。

(a)岩心照片

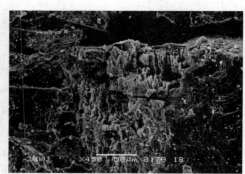

(b)扫描电镜照片，溶蚀孔发育

图6-45 宁143岩心观察

5. 宁175井

宁175井长 8^1 油藏，油层段为 1858.3 ~ 1874.0m，厚度 15.7m；射孔段 1862.0 ~ 1866.0m，厚度 4m，射开程度25.5%；2017年4月压裂施工，具体施工参数如表6－13所示：加砂60m³，砂比为9.0%，排量为6.00m³/min，工艺为体积压裂＋滑溜水＋基液。根据测井电性和物性统计（表6－14），参考研究区储层分类标准可知，目的层段声波时差测井值属于Ⅱ类，表明孔隙发育程度差，但电阻率属于Ⅱ类，含油饱和度属于Ⅰ类，测井解释结果为油层，岩心录井显示为油斑（图6－46）。根据压后试油结果统计，日产油41.06t，日产水0，压裂效果好。从施工参数可知该油藏入地液量达到了781.8m³，大于其他井，说明压裂规模大。

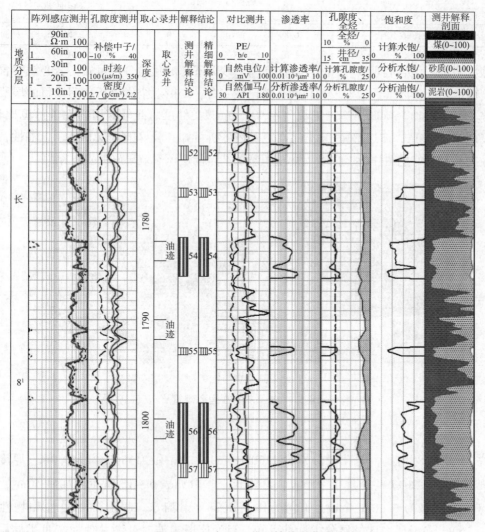

图 6－46 宁175井四性关系曲线

表 6 – 13　压裂施工参数统计

压裂工艺	基本参数			支撑剂、压裂液及用量					压力参数		
	砂量/m³	砂比/%	排量/(m³/min)	支撑剂类型	交联类型	胍胶浓度/%	前置液量/m³	入地液量/m³	破压/MPa	工压/MPa	停压/MPa
体积压裂 + 滑溜水 + 基液	60	9.8	6.0	石英砂	—	0.25	151.4	781.8	33.2/30.1	21.0/20.5	13.6/12.8

表 6 – 14　储层电性和物性参数统计

层　位	射孔段/m	电性参数			物性参数			
		电阻率/Ω·m	时差/(μs/m)	解释结果	孔隙度/%	渗透率/$10^{-3}\mu m^2$	含油饱和度/%	岩心录井显示
长 8^1	1862.0 ~ 1866.0	58.62	226.89	油层	8.70	0.17	56.65	油斑

根据目的层段岩心观察（图 6 – 47）和同一砂体下部的化验分析可知，岩心观察含油性较好，砂体下部铸体薄片观察发现粒间孔隙比较发育，X 衍射全岩分析表明该目的层段石英含量高，黏土矿物含量低，脆性指数为 61%，属于 I 类储层。此外储层物性条件也比较好，孔隙度属于 I 类储层，渗透率属于 II 类储层。上述分析可知，较好的储层物性、含油性，较发育的粒间孔和良好的可压性，以及大规模压裂工艺是储层压裂效果好的主要原因。

(a)岩心照片　　　　　　　　(b)铸体薄片照片，溶蚀孔发育，1874m

图 6 – 47　宁 175 岩心观察

6. 悦 74 井

悦 74 井长 8^2 油藏，射孔段分别为 2130.0 ~ 2132.0m 和 2138.0 ~ 2140.0m，厚度 4m，射开程度 80%；2017 年 4 月压裂施工，具体施工参数如表 6 – 15 所示：加砂 50m³，砂比为 10.0%，排量为 6.00m³/min，工艺为体积压裂 + 滑溜水。根据测井电性和物性统计（表 6 – 16），参考研究区储层分类标准可知，目的层段声波时差测井值属于 III 类储层，表明孔隙发育程度差，但电阻率属于 I 类，含油饱和度属于 II 类，测井解释结果为差油层，岩心录井显示为油斑（图 6 – 48）。此外，孔隙度属于 I 类，渗透率属于 II 类储层。根据压后试油结果统计，日产油1.11t，日产水1.7m³，压裂效果一般。从施工参数可知该油藏入地液量较大，达到了664.4m³，压裂规模较大。

表6-15　压裂施工参数统计

压裂工艺	基本参数			支撑剂、压裂液及用量					压力参数		
	砂量/m³	砂比/%	排量/(m³/min)	支撑剂类型	交联类型	胍胶浓度/%	前置液量/m³	入地液量/m³	破裂压力/MPa	工作压力/MPa	停泵压力/MPa
体积压裂+滑溜水	50.0	10.0	6.0	石英砂	/	0.08	120.0	664.4	16.5/13.3	21.2/19.5	12.3/12.5

表6-16　储层电性和物性参数统计

层位	射孔段/m	电性参数			物性参数			
		电阻率/Ω·m	时差/(μs/m)	解释结果	孔隙度/%	渗透率/10⁻³μm²	含油饱和度/%	岩心录井显示
长8²	2130.0~2132.0 2138.0~2140.0	71.15	217.52	差油层	9.60	0.14	46.25	油斑

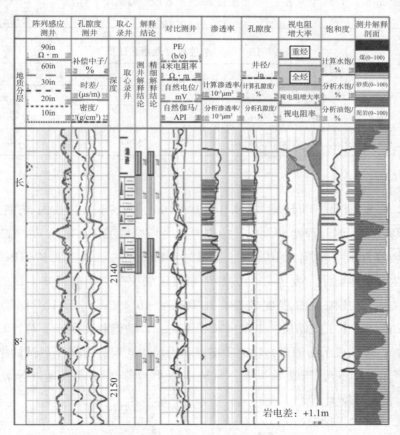

图6-48　悦74井四性关系曲线

7. 庆94井

庆94井长8^1油藏，射孔段分别为2256.0～2260.0m，厚度4m，射开程度100%；2017年5月压裂施工，具体施工参数如表6-17所示：加砂40m³，砂比为9.7%，排量为5.00m³/min，工艺为体积压裂+滑溜水。根据测井电性和物性统计（表6-18），参考研究区储层分类标准可知，目的层段声波时差属于Ⅲ类储层，孔隙发育程度差，孔隙度仅为5.9%，属于Ⅲ类储层；渗透率为0.12×10⁻³μm²，属于Ⅱ类储层；电阻率属于Ⅰ类，含油饱和度属于Ⅱ类，测井解释结果为差油层，岩心录井显示为油斑，快速质谱显示为差油层。根据压后试油结果统计，日产油0.60t，日产水0.70m³，压裂效果一般。从施工参数可知该油藏入地液量较大，达到了536.6m³，压裂规模较大。

表6-17　压裂施工参数统计

压裂工艺	基本参数			支撑剂、压裂液及用量					压力参数		
	砂量/m³	砂比/%	排量/(m³/min)	支撑剂类型	交联类型	胍胶浓度/%	前置液量/m³	入地液量/m³	破裂压力/MPa	工作压力/MPa	停泵压力/MPa
体积压裂+滑溜水	40.0	9.7	5.0	石英砂	—	0.08	100.3	536.6	25.8/28.9	21.7/20.8	12.7/12.0

表6-18　储层电性和物性参数统计

层位	射孔段/m	电性参数			物性参数			
		电阻率/Ω·m	时差/(μs/m)	解释结果	孔隙度/%	渗透率/10⁻³μm²	含油饱和度/%	岩心录井显示
长8^1	2256.0～2260.0	95.9	214.37	差油层	5.90	0.12	54.85	油斑

8. 悦71井

悦71井长8^1油藏，油层段1989.0～1996.0m，厚7m。射孔段分别为1989.0～1993.0m，厚度4m，射开程度57.1%；2017年6月压裂施工，具体施工参数如表（表6-19）所示：加砂50m³，砂比为10.3%，排量为4.00m³/min，工艺为体积压裂+滑溜水。根据测井电性和物性统计（表6-20），参考研究区储层分类标准可知，目的层段声波时差属于Ⅱ类储层，孔隙发育程度较好，孔隙度为10.4%，属于Ⅰ类储层；渗透率为0.77×10⁻³μm²，属于Ⅰ类储层；电阻率属于Ⅰ类，含油饱和度属于Ⅱ类，测井解释结果为差油层，岩心录井显示为油斑，快速质谱显示为油水同层。根据压后试油结果统计，日产油0，日产水23.6m³，压裂效果差。从施工参数可知该油藏入地液量较大，达到了647.3m³，压裂规模较大。

表6-19　压裂施工参数统计

压裂工艺	基本参数			支撑剂、压裂液及用量					压力参数		
	砂量/m³	砂比/%	排量/(m³/min)	支撑剂类型	交联类型	胍胶浓度/%	前置液量/m³	入地液量/m³	破裂压力/MPa	工作压力/MPa	停泵压力/MPa
体积压裂+滑溜水	50.0	10.3	4.0	石英砂	—	0.08	141.4	647.3	33.0/29.2	18.9/21.1	14.1/14.5

表6-20　储层电性和物性参数统计

层位	射孔段/m	电性参数			物性参数			
		电阻率/Ω·m	时差/(μs/m)	解释结果	孔隙度/%	渗透率/10⁻³μm²	含油饱和度/%	岩心录井显示
长8¹	1989.0~1993.0	73.28	224.09	油层	10.40	0.77	50.56	油斑

根据岩心观察和铸体薄片（图6-49）鉴定，目的层段含油性较好，但孔隙发育程度很差，薄片下可见大量的碳酸盐胶结物，根据X衍射脆性指数计算，目的层段脆性指数可达54%，这主要与方解石含量高有关，石英含量很低。可以认为，该目的层段测井解释与储层实际误差较大。

(a)岩心观察

(b)铸体薄片，1993.42m

图6-49　悦71岩心观察

9. 乐88井

乐88井长8¹油藏，油层段1631.5~1636.0m，厚4.5m。射孔段分别为1632.0~1635.0m，厚度3m，射开程度66.7%；2017年6月压裂施工，具体施工参数如表6-21所示：加砂30m³，砂比为9.8%，排量为3.00m³/min，工艺为常规压裂+滑溜水。根据测井电性和物性统计（表6-22），参考研究区储层分类标准可知，目的层段声波时差属于Ⅲ类储层，孔隙发育程度差，孔隙度为5.30%，属于Ⅲ类储层；渗透率为0.12×10⁻³μm²，属于Ⅱ类储层；电阻率属于Ⅰ类，含油饱和度属于Ⅲ类，测井解释结果为差油层，岩心录井显示为油斑，快速质谱显示为差油层（图6-50）。根据压后试油结果统计，日产油0，日产水3.2m³，压裂效果差。从施工参数可知该油藏入地液量较小，为402.6m³，压裂规模小。

表6-21　压裂施工参数统计

压裂工艺	基本参数			支撑剂、压裂液及用量					压力参数		
	砂量/m³	砂比/%	排量/(m³/min)	支撑剂类型	交联类型	胍胶浓度/%	前置液量/m³	入地液量/m³	破裂压力/MPa	工作压力/MPa	停泵压力/MPa
常规压裂+滑溜水	30.0	9.8	3.0	石英砂	—	0.08	80.0	402.6	36.5	31.1	10.3

表6-22　储层电性和物性参数统计

层位	射孔段/m	电性参数			物性参数			
		电阻率/Ω·m	时差/(μs/m)	解释结果	孔隙度/%	渗透率/$10^{-3}\mu m^2$	含油饱和度/%	岩心录井显示
长8^1	1632.0~1635.0	75.2	211.77	差油层	5.30	0.12	41.38	油斑

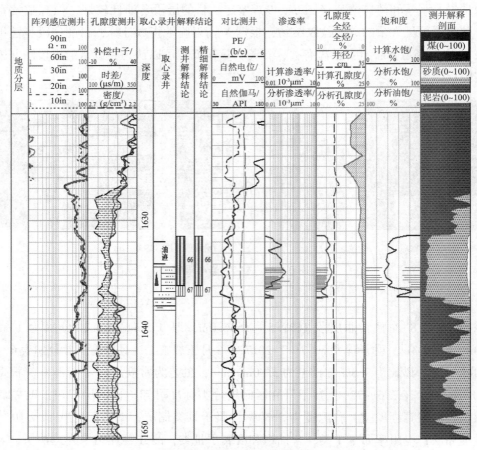

图6-50　乐88井四性关系曲线

根据岩心观察和铸体薄片（图6-51）鉴定，目的层段含油性一般，孔隙发育程度差，主要是溶蚀孔，薄片下可见含量较高的碳酸盐胶结物，根据X衍射结果脆性指数计算，目的层段脆性指数可达59%，这主要与石英和方解石含量高有关。综合上述分析可以认为，该井压裂效果不好的主要原因与储层物性差、含油性差有关。

(a)岩心观察照片

(b)铸体薄片，1634.49m

图6-51　乐88岩心观察

10. 乐89井

乐89井长8¹油藏，射孔段分别为1680.0～1684.0m，厚度4m，射开程度43.5%；2017年6月压裂施工，具体施工参数如表（表6-23）所示：加砂60m³，砂比为10%，排量为6.00m³/min，工艺为体积压裂+滑溜水。根据测井电性和物性统计（表6-24），参考研究区储层分类标准可知，目的层段声波时差属于Ⅱ类储层，孔隙发育程度较差，孔隙度为7.4%，属于Ⅱ类储层；渗透率为$0.10×10^{-3}\mu m^2$，属于Ⅱ类储层；电阻率属于Ⅰ类，含油饱和度属于Ⅰ类，测井解释结果为油层，岩心录井显示为油斑，快速质谱显示为油层（图6-52）。根据压后试油结果统计，日产油0，日产水13.5m³，压裂效果差。从施工参数可知该油藏入地液量大，为766.6m³，压裂规模大。

表6-23　压裂施工参数统计

压裂工艺	基本参数			支撑剂、压裂液及用量					压力参数		
	砂量/m³	砂比/%	排量/(m³/min)	支撑剂类型	交联类型	胍胶浓度/%	前置液量/m³	入地液量/m³	破裂压力/MPa	工作压力/MPa	停泵压力/MPa
常规压裂+滑溜水	60.0	10.0	6.0	石英砂	—	0.08	150.0	766.6	36.4/24.2	23.0/19.0	9.6/9.8

表6-24　储层电性和物性参数统计

层位	射孔段/m	电性参数			物性参数			
		电阻率/Ω·m	时差/(μs/m)	解释结果	孔隙度/%	渗透率/$10^{-3}\mu m^2$	含油饱和度/%	岩心录井显示
长8¹	1680.0～1684.0	97.07	225.55	油层	7.40	0.10	58.65	油斑

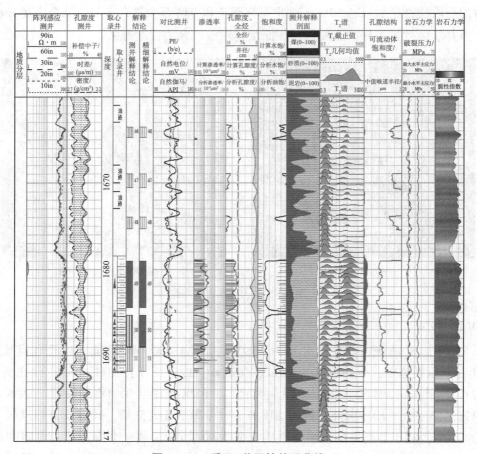

图 6 -52 乐 89 井四性关系曲线

根据岩心观察和扫描电镜（图 6 -53）鉴定，目的层段含油性好，孔隙发育程度较差，根据 X 衍射结果脆性指数计算，目的层段石英含量低，黏土含量较高，脆性指数仅为 42%，属于Ⅲ类储层。综合上述分析可以认为，该井压裂效果不好的主要原因与储层可压性较差有关。

(a)岩心观察照片

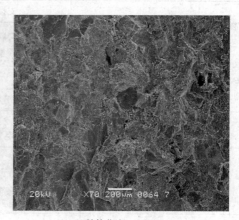

(b)铸体薄片，1684.8m

图 6 -53　乐 89 岩心观察

11. 塔44井

塔44井长8¹油藏，射孔段分别为2034.4～2037.3m和2046.4～2050.3m，厚度6.8m；2017年6月压裂施工，具体施工参数如表6-25所示：加砂76m³，砂比为10%，排量为4.00m³/min，工艺为水力喷射定点多级压裂+滑溜水+基液。根据测井电性和物性统计（表6-26），参考研究区储层分类标准可知，目的层段声波时差属于Ⅱ类储层，孔隙发育程度较差，为7.10%，属于Ⅱ类储层；渗透率为$0.04 \times 10^{-3} \mu m^2$，属于Ⅲ类储层；电阻率属于Ⅲ类，含油饱和度属于Ⅱ类，测井解释结果为差油层，岩心录井显示为油斑，快速质谱显示为差油层。根据压后试油结果统计，日产油1.11t，日产水4.0m³，压裂效果一般。从施工参数可知该油藏入地液量大，为1086.7m³，压裂规模大。

表6-25 压裂施工参数统计

压裂工艺	基本参数			支撑剂、压裂液及用量					压力参数		
	砂量/m³	砂比/%	排量/(m³/min)	支撑剂类型	交联类型	胍胶浓度/%	前置液量/m³	入地液量/m³	破裂压力/MPa	工作压力/MPa	停泵压力/MPa
水力喷射定点多级压裂+滑溜水+基液	76.0	10.0	4.0	石英砂	—	0.25	215.3	1086.7	29.1/26.0	28.4/16.7	11.5/11.4

表6-26 储层电性和物性参数统计

层位	射孔段/m	电性参数			物性参数			
		电阻率/Ω·m	时差/(μs/m)	解释结果	孔隙度/%	渗透率/$10^{-3}\mu m^2$	含油饱和度/%	岩心录井显示
长8¹	2034.4～2037.3 2046.4～2050.3	52.62	221.32	差油层	7.10	0.04	49.06	油斑

根据岩心观察和铸体薄片（图6-54）鉴定，目的层段含油性较好，孔隙发育程度差，主要是溶蚀孔，根据X衍射石英含量低，脆性指数计算结果，目的层段脆性指数仅为

(a)岩心照片

(b)铸体薄片，2038m

图6-54 塔44岩心观察

44%，属于Ⅲ类储层，可压性差。综合上述分析可以认为，该井压裂效果一般的主要原因与储层物性差、含有性差和可压性差有关。但是不同于其他井的压裂方式，以及大规模入地液量使压裂规模较大，故取得了部分压裂效果。

6.2　压裂效果评价

6.2.1　长7页岩油储层

1. 压后未产油井

已有的压裂井数据资料分析可知，压裂时裂缝扩展完全在长7页岩储层内（未扩展到邻层物性较好砂岩段）的宁70井、木58井、罗254井、盐118井、正53井、正76井、正79井等试油结果显示这些井均不产油（表现为油花），只产水，没有经济开采价值。

2. 压后产油井

此类井从压裂井数据资料分析可知，压裂过程中裂缝不仅在长7页岩储层内扩展，且裂缝缝高已进入邻层物性和可压性较好的砂岩储层段，并且缝高在砂岩段内延伸距离较大，如耿295井、里189井、木53井等，试油结果显示压后均有较好的经济开采价值商业原油产出。

1) 耿295井

耿295井压后试油结论：日产油20.49t，日产水0。图6-55为耿295试采曲线，从图中可看出：累计生产333d，目前日产液1.52m³，日产油1.18t，递减速度为10.4%，自然递减率为1.04%/月；其含水率处于较低的水平，小于20%。

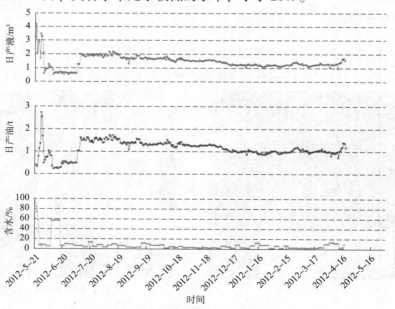

图6-55　耿295井压裂后试采变化曲线

压裂后日产液量和日产油量和含水量开始变化幅度较大，而在后期开发过程中保持
1.1t/d 的稳定生产，总体经济开采价值不高。

2）里 189 井

里 189 井压裂后试油结果为：日产油 13.18t，日产水 0。图 6 - 56 为里 189 试采曲线，从图中可看出：累计生产 87d，目前灌水停产，停产前日产液 0.60m³，日产油 0.17t，投产时间短自然递减率还需后期跟踪。

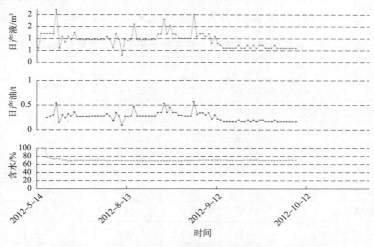

图 6 - 56 里 189 井压裂后试采变化曲线

压裂后日产液量和日产油量变化幅度较大，含水量开始急剧下降，而在随后的开发过程中稳定保持在 10% 左右。

3）木 53 井

木 53 井压裂后试油结果为：日产油 10.8t，日产水 11.5m³。图 6 - 57 为木 53 试采曲线，从图中可看出：累计生产 52d，目前日产液 0.59m³，日产油 0.47t，压裂后日产液量

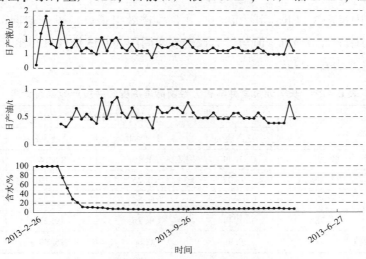

图 6 - 57 木 53 井压裂后试采变化曲线

和日产油量变化幅度较大，含水量开始急剧下降，随后的开发过程中稳定保持在 10% 左右，投产时间短，自然递减率还需后期跟踪。

3. 邻层砂岩对比

根据长 7 油页岩井与长 7 致密砂岩周围邻井试排效果统计结果（表 6 - 27），6 口实验井平均试排日产油 7.4t，日产水 3.8m³，与长 7 致密砂岩周围邻井试排效果（平均日产油 9.5t）相比，就经济开采价值来看，较邻层致密砂岩井，页岩段井经济开采价值较差，存在着有一定的差距，但耿 295、里 189 井及木 53 井占 50% 的油页岩井均达到了工业油流。

表 6 - 27　长 7 油页岩井与长 7 致密砂岩周围邻井试排效果统计表

类　型	井　号	层　位	施工参数			试油结果	
			砂量/m³	砂比/%	排量/(m³/min)	日产油/t	日产水/m³
油页岩井	耿 295	长 7³	22.4	6.3	5.0	20.5	0.0
	里 189	长 7³	80.0	12.0	12.0	13.2	0.0
	木 53	长 7³	40.0	10.3	6.0	10.8	11.5
	宁 70	长 7³	70.0	14.0	6.0	油花	3.4
	正 92	长 7³	20.0	10.3	6.0	0.0	3.2
	木 58	长 7³	37.0	10.0	5.7	0.0	4.4
平均值		—	44.9	10.5	6.8	7.4	3.8
致密砂岩井	庄 21	长 7¹	45.0	8.6	6.0	6.9	0.0
	庄 191	长 7²	50.0	11.0	6.5	5.5	0.0
	午 216	长 7¹	60.0	11.9	7.0	21.6	0.0
	宁 76	长 7¹	75.0	8.0	8.4	8.3	0.0
	宁 105	长 7²	60.0	14.9	8.0	5.1	0.0
邻井平均值		—	58.0	10.9	7.2	9.5	0.0

6 口实验井中投产 3 口井，其中耿 295 井是投产效果最好，投产初期产液量平均日产液达到 1.44m³，日产油 1.12t，但与长 7 致密砂岩周围邻井试排效果相比，有较大的差距，试采后效果较差（表 6 - 28）。

表 6 - 28　长 7 油页岩井与长 7 致密砂岩周围邻井投产效果统计表

岩　性	井　号	投产初期（前三个月）			
		日产液 m³	日产油 t	含水/%	动液面/m
油页岩	耿 295	1.43	1.12	11.14	—
	里 189	0.97	0.25	73.19	—
	木 53	—	—	—	—
	木 78	1.44	1.25	19.23	—
平均值		0.96	0.66	25.89	

岩　　性	井　　号	投产初期（前三个月）			
		日产液 m³	日产油 t	含水/%	动液面/m
致密砂岩	庄191	5.77	4.24	14.81	758.33
	午216	3.94	2.63	21.45	—
	庄230	3.70	2.81	13.60	822.33
	宁76	1.76	0.57	68.15	737.67
	庄21	—	—	—	—
平均值		3.03	2.05	23.60	463.67

截至目前，投产满 3 个月的页岩段井初期平均单井产油量 0.66t/d，在鄂尔多斯盆地长 7 致密砂岩混合水压裂 37 口井中，投产满 3 个月的井初期平均单井产量 3.2t/d，其中：探评井投产初期平均单井产量 3.2t/d；开发井投产初期平均单井产量 3.3t/d。

庄 230 井投产近两年，根据压裂后试采曲线（图 6－58）来看，投产初期（半年）递减速度为 42.6%，自然递减率高为 2.13%/月（虚线之前，为产量递减期），但从第 7 月开始开始趋于稳定（虚线之后，为产量稳定期），呈现一条直线状态。长 7 致密砂岩整体呈现出投产初期递减速度快，自然递减率高，但后期趋于平稳的递减特点。

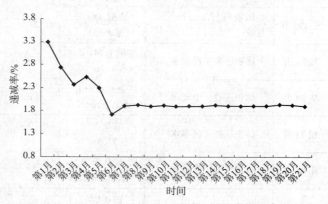

图 6－58　庄 230 井长 7 致密砂岩压裂后试采变化曲线

图 6－59 为长 7 页岩油井与长 7 致密砂岩周围邻井月自然递减率对比图。考虑到投产时间不同带来对比递减速度的差异，递减率描述产量的递减性质比递减速度更全面，从图中可知，长 7 页岩油比长 7 致密砂岩的产量递减慢，但由于投产井数少、投产时间短，还需进一步跟踪评价分析。

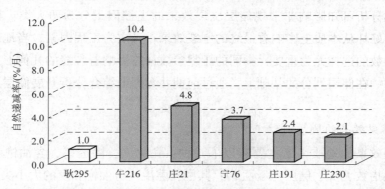

图 6－59　长 7 页岩油井与长 7 致密砂岩周围邻井月自然递减率对比图

6.2.2 长8致密砂岩储层

针对长8致密砂岩储层，选取典型井对长8储层压裂效果进行了分类评价，其评价效果总结见表6-29。

表6-29 长8致密砂岩压裂效果评价和原因总结

井 号	压裂工艺	试油效果	压裂效果	主要原因
板58井	单上封+滑溜水	油 0.0t/d 水 23m³/d	差	含油性差，电性和物性条件差，脆性矿物含量低
板64井	光油管+油套同注+二氧化碳前置	油 7.30t/d 水 15.50m³/d	好	含油性好，电性和物性条件好，压裂工艺中二氧化碳前置起到了增能和提高返排的作用
乐79井	井下控砂浓度+胍胶压裂	油 0.0t/d 水 12.2m³/d	差	电性和物性条件差，脆性矿物含量低，压裂工艺不适合
宁143井	体积压裂+滑溜水	油花 水 8.4m³/d	有效果	含油性整体较差、含油不均匀、物性较差
宁175井	体积压裂+滑溜水+基液	油 41.06t/d 水 0m³/d	好	较好的储层物性、含油性，较发育的粒间孔和良好的可压性，压裂规模大
悦74井	体积压裂+滑溜水	油 1.11t/d 水 1.7m³/d	一般	含油性较差，但物性条件好，压裂规模较大
庆94井	体积压裂+滑溜水	油 0.60t/d 水 0.70m³/d	一般	含油性较好，渗透性较好，压裂规模较大
悦71井	体积压裂+滑溜水	油 0.0t/d 水 23.6m³/d	差	测井解释与储层不符，孔隙发育程度差，碳酸盐含量高
乐88井	常规压裂+滑溜水	油 0.0t/d 水 3.2m³/d	差	储层物性差、含油性差
乐89井	常规压裂+滑溜水	油 0.0t/d 水 13.5m³/d	差	可压性差
塔44井	水力喷射定点多级压裂+滑溜水+基液	油 1.11t/d 水 4.0m³/d	一般	储层物性差，含油性差和可压性差，但压裂工艺适合

6.2.3 压裂效果因素分析

通过上述分析可知影响非常规储层压裂效果的主控因素分为两大类：首先是地质因素，地质因素好坏从本质上影响着最终的压裂效果；其次为工程因素，当地质条件相似的条件下压裂参数的选择尤为重要，不同的压裂参数最终影响着裂缝的几何形态，从而最终影响压裂效果。在储层划分的基础上，通过前期井数据的综合分析开展储层压裂效果主控因素分析。

1. 影响压裂效果的地质因素

影响压裂效果的地质因素主要有以下6种：孔隙度、渗透率、含油饱和度、脆性指数、可压裂性指数 *Frac*、储层可压性 *FI*；其中孔隙度、含油饱和度的大小决定了储层的丰度，渗透率的大小决定了原油从基质到裂缝的流动能力，脆性指数、可压裂性指数 *Frac*、

储层可压性 *FI* 的大小决定了储层的可压裂性以及压后裂缝的几何形态。故针对以上 6 种影响因素开展相关性分析（图 6 - 60、图 6 - 61、图 6 - 62），确定地质条件下压裂效果的主要影响因素。

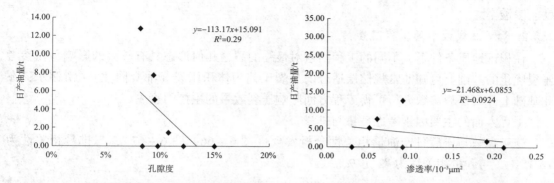

图 6 - 60　测井解释孔隙度与日产油量相关性　　　图 6 - 61　测井解释渗透率与日产油量相关性

孔隙度与日产油量之间的相关性为 29.00%，渗透率与日产油量之间的相关性为 9.24%，含油饱和度与日产油量之间的相关性为 19.41%，由于孔隙度、渗透率、含油饱和度均为测井解释，故在测井准确解释的基础上选择地质"甜点"时应首先参考孔隙度，其次是含油饱和度，最后才是渗透率。

在优选地质"甜点"后，也需要考虑脆性矿物含量与产油量之间的关系（图 6 - 63、图 6 - 64、图 6 - 65），从而确定出脆性指数在某一范围能取得较好的压裂效果。

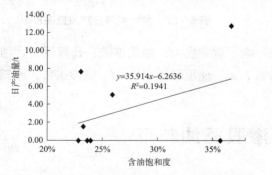

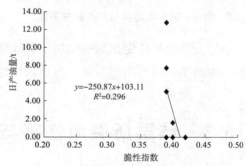

图 6 - 62　测井解释含油饱和度与日产油量相关性　　　图 6 - 63　脆性指数与日产油量关系图

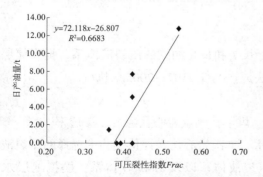

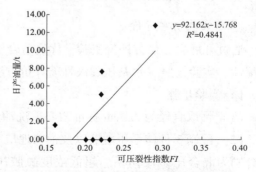

图 6 - 64　可压裂性指数与日产油量关系图　　　图 6 - 65　储层可压性与日产油量关系图

通过脆性指数与日产油量之间的相关性为 29.60%、可压裂性指数与日产油量之间的相关性为 66.83%、储层可压性与日产油量之间的相关性为 48.41%，确定出影响储层压裂效果的主控地质因素为：可压裂性指数、储层可压性、脆性指数、孔隙度、含油饱和度、渗透率。

2. 影响压裂效果的工程因素

在相近地质条件下，不同的工程因素对最终的裂缝几何形态具有较大的影响，在参考压裂优化的基础上可知非常规储层适合的压裂工艺为体积压裂（油套同注）+ 滑溜水，在此基础上开展压裂参数分析可得工程方面影响压裂效果的主控因素。

工程方面的主要因素考虑砂量与排量。

施工参数与压后日产油量相关性分析发现（图 6-66、图 6-67），与排量相关性为 51.15%，与砂量相关性为 72.17%。

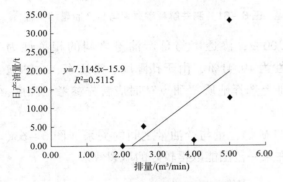

图 6-66　排量与日产油量关系图　　　　图 6-67　加砂量与日产油量关系图

通过上述分析确定出影响储层压裂效果影响因素依次为，地质参数：孔隙度、含油饱和度、渗透率；岩石力学参数：可压裂性指数 $Frac$、储层可压裂性 FI、脆性指数；施工参数：砂量、排量。

6.3　储层压裂液伤害与渗吸驱油特征

6.3.1　储层压裂液伤害特征

1. 压裂液伤害评价

通过开展岩心伤害评价实验，优选适合于长 7 和长 8 油藏的压裂液体系，提高储层的适配性。实验按照《水基压裂液性能评价方法》（SY/T 5107—2005）执行。

1）实验步骤

（1）钻取直径为 2.5cm 标准岩心，洗油、烘干，测量岩心孔隙度、渗透率。

（2）配制 3 种体系压裂液以及模拟地层水，本次岩心伤害评价实验中选择的压裂液体系分别为混合压裂液体系、超低浓度胍胶压裂液体系以及 EM30S 体系；模拟地层水为 $CaCl_2$ 水型，矿化度 25000mg/L（表 6-30）。

（3）在模拟地层温度压力的条件下进行高压饱和模拟地层水，待驱替仪出口端出液量为 3~5PV 时即认为此时岩心中饱和模拟地层水；将驱替后的岩心扫描核磁共振获取相应的 T_2 谱、同时使用气测渗透率计算扩展型 SDR 公式中的 C、m、n 等参数。

（4）使用不同体系的压裂液驱替岩心，待驱替仪出口端出液量为 5PV 时认为此时岩心中饱和压裂液，保持地层温度压力继续充注 24h，模拟压裂液对基质地层的伤害。

（5）使用模拟地层水缓慢驱替岩心中的压裂液，驱替时间不得少于 48h 且出液量不得少于 5PV，从而保证将岩心中压裂液驱替完全；扫描核磁共振获取相应的 T_2 谱。

（6）通过对压裂液伤害前后水信号 T_2 谱进行分析对比，计算核磁渗透率从而进一步计算岩心伤害程度。

2）实验结果分析

（1）混合压裂液体系（0.25% EM30 + 0.5% TOF - 2 + 0.5% TOS - 1）。

使用混合压裂液体系进行岩心伤害评价实验的岩心分别为 9 号、37 号、50 号、88 号、91 号、27 号、34 号（表 6 - 30）。

表 6 - 30 岩心地区层位及压裂液体系统计表

岩心编号	井 号	地 区	层 位	压裂液体系
46	悦 71	合水	长 6	EM30S 体系（0.10% EM30S）
17	乐 88	合水	长 7	EM30S 体系（0.10% EM30S）
20	乐 88	合水	长 8	EM30S 体系（0.10% EM30S）
54	悦 74	合水	长 8	EM30S 体系（0.10% EM30S）
65	午 134	华庆	长 8	EM30S 体系（0.10% EM30S）
83	白 81	镇北	长 8	EM30S 体系（0.10% EM30S）
86	板 58	合水	长 6	超低浓度胍胶体系（0.20%~0.25% 羟丙基胍胶）
16	乐 88	合水	长 7	超低浓度胍胶体系（0.20%~0.25% 羟丙基胍胶）
40	塔 44	合水	长 8	超低浓度胍胶体系（0.20%~0.25% 羟丙基胍胶）
93	宁 175	合水	长 8	超低浓度胍胶体系（0.20%~0.25% 羟丙基胍胶）
97	庆 94	合水	长 8	超低浓度胍胶体系（0.20%~0.25% 羟丙基胍胶）
31	白 66	华庆	长 8	超低浓度胍胶体系（0.20%~0.25% 羟丙基胍胶）
26	白 81	镇北	长 8	超低浓度胍胶体系（0.2%~0.25% 羟丙基胍胶）
9	板 58	合水	长 6	混合压裂液体系（0.25% EM30）
37	塔 44	合水	长 7	混合压裂液体系（0.25% EM30）
50	悦 71	合水	长 8	混合压裂液体系（0.25% EM30）
88	庆 94	合水	长 8	混合压裂液体系（0.25% EM30）
91	宁 143	合水	长 8	混合压裂液体系（0.25% EM30）
34	白 66	华庆	长 8	混合压裂液体系（0.25% EM30）
27	白 81	镇北	长 8	混合压裂液体系（0.25% EM30）

通过水信号 T_2 谱（图 6 - 68）的形态反映出混合体系压裂液伤害实验后，岩心的孔喉结构产生了较为明显变化且变化主要集中于 1~1000ms 孔喉。

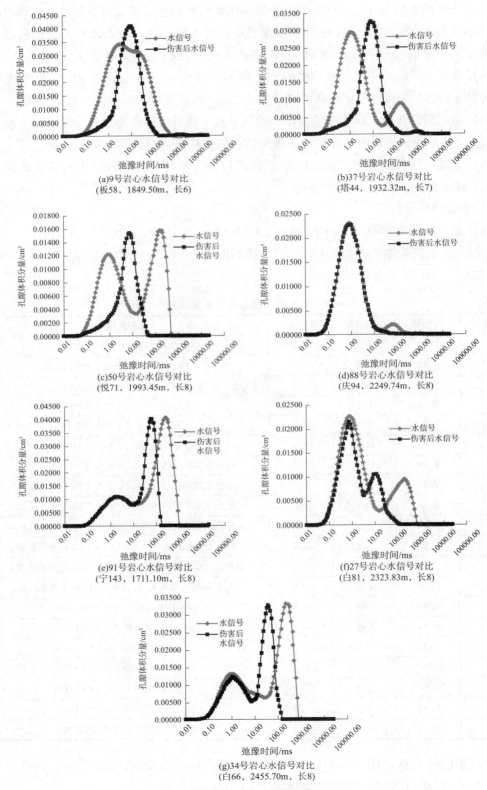

(a)9号岩心水信号对比
(板58，1849.50m，长6)

(b)37号岩心水信号对比
(塔44，1932.32m，长7)

(c)50号岩心水信号对比
(悦71，1993.45m，长8)

(d)88号岩心水信号对比
(庆94，2249.74m，长8)

(e)91号岩心水信号对比
(宁143，1711.10m，长8)

(f)27号岩心水信号对比
(白81，2323.83m，长8)

(g)34号岩心水信号对比
(白66，2455.70m，长8)

图 6－68　混合体系压裂液伤害前后 T_2 谱

合水地区长 8 储层伤害前后孔隙度相对变化量介于 4.90%~52.53%，均值为 27.77%，岩心伤害程度介于 7.14%~29.75%，均值为 19.16%。

纵向对比合水地区长 6、长 7 储层（表 6-31），长 8 储层孔隙度相对变化量均值低于长 6、长 7 储层；岩心伤害程度低于长 6 但高于长 7；横向对比镇北、华庆地区长 8 储层（表 6-31），合水长 8 储层孔隙度相对变化量均值低于镇北长 8 储层且高于华庆地区长 8 储层；岩心伤害程度均低于镇北、华庆地区长 8 储层。

表 6-31　混合压裂液体系岩心伤害前后统计表

岩心编号（井号，层位）	伤害前孔隙度/%	伤害后孔隙度/%	岩心伤害前后孔隙度相对变化量/%	伤害前岩心核磁渗透率/$10^{-3}\mu m^2$	伤害后岩心核磁渗透率/$10^{-3}\mu m^2$	岩心伤害程度/%
9（板 58，长 6）	5.80	3.58	38.28	0.075	0.057	24.00
37（塔 44，长 7）	2.70	1.92	28.89	0.034	0.035	-2.94
50（悦 71，长 8）	4.15	1.97	52.53	0.034	0.027	20.59
88（庆 94，长 8）	3.06	2.91	4.90	0.014	0.013	7.14
91（宁 143，长 8）	10.39	7.70	25.89	0.121	0.085	29.75
27（白 81，长 8）	3.70	2.63	28.92	0.029	0.018	37.93
34（白 66，长 8）	5.90	4.43	24.92	0.079	0.051	35.44

（2）超低浓度胍胶压裂液体系（0.20%~0.25% 羟丙基胍胶 + 复合助排剂 + 黏土稳定剂 + 调节剂 + 超低浓度高效交联剂 + 破胶剂）。

使用超低浓度胍胶压裂液体系进行岩心伤害评价实验的岩心分别为 86 号、16 号、40 号、93 号、97 号、26 号、31 号（表 6-30）。

通过水信号 T_2 谱（图 6-69）的形态反映出混合体系压裂液伤害实验后，岩心的孔喉结构产生了较为明显变化且主要变化集中于 1~100ms 孔喉。

合水地区长 8 储层伤害前后孔隙度相对变化量介于 1.52%~43.64%，均值为 21.86%，岩心伤害程度介于 5.56%~29.90%，均值为 21.50%。

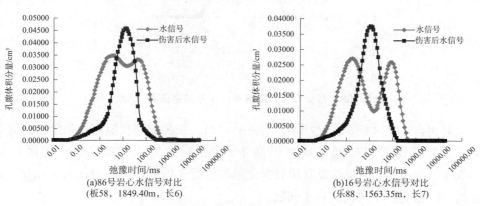

图 6-69　超低浓度胍胶体系压裂液伤害前后 T_2 谱

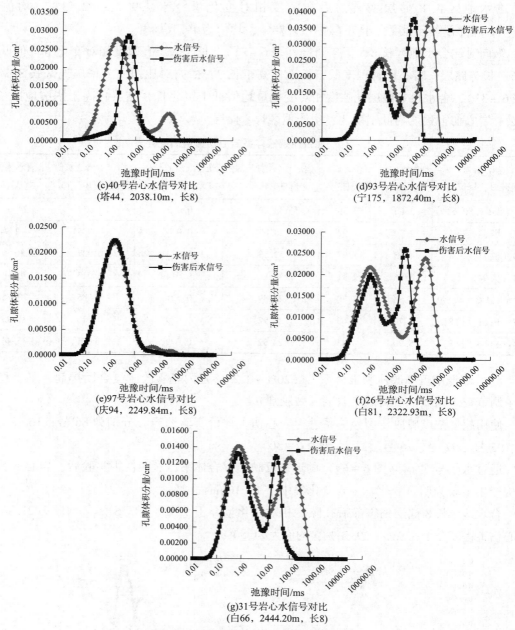

图 6-69　超低浓度胍胶体系压裂液伤害前后 T_2 谱（续）

纵向对比合水地区长6、长7储层（表6-32），长8储层孔隙度变化量均值低于长6、长7储层；岩心伤害程度低于长6但高于长7；横向对比镇北、华庆地区长8储层（表6-32），合水长8储层孔隙度相对变化量均值低于镇北、华庆地区长8储层；岩心伤害程度均低于镇北、华庆地区长8储层。

表6-32 超低浓度胍胶体系压裂液岩心伤害前后统计表

岩心编号 （井号，层位）	伤害前 孔隙度/%	伤害后 孔隙度/%	岩心伤害前后孔隙度相对变化量/%	伤害前岩心核磁渗透率/$10^{-3}\mu m^2$	伤害后岩心核磁渗透率/$10^{-3}\mu m^2$	岩心伤害程度/%
86（板58，长6）	7.45	4.63	37.85	0.092	0.061	33.70
16（乐88，长7）	4.56	3.36	26.32	0.062	0.050	19.35
40（塔44，长8）	3.30	1.86	43.64	0.031	0.022	29.03
93（宁175，长8）	4.80	3.82	20.42	0.097	0.068	29.90
97（庆94，长8）	3.30	3.25	1.52	0.018	0.017	5.56
26（白81，长8）	4.38	3.17	27.63	0.062	0.033	46.77
31（白66，长8）	3.30	2.18	33.94	0.035	0.016	54.29

（3）EM30S压裂液体系（0.10% EM30S +0.5% TOS-1）。

使用EM30S压裂液体系进行岩心伤害评价实验的岩心分别为46号、17号、20号、54号、83号、65号（表6-30）。

通过水信号 T_2 谱（图6-70）的形态反映出混合体系压裂液伤害实验后，岩心的孔喉结构产生了较为明显变化且主要变化集中于10～100ms孔喉。

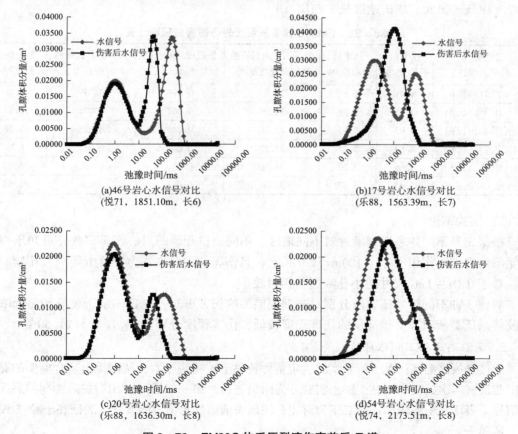

(a)46号岩心水信号对比
（悦71，1851.10m，长6）

(b)17号岩心水信号对比
（乐88，1563.39m，长7）

(c)20号岩心水信号对比
（乐88，1636.30m，长8）

(d)54号岩心水信号对比
（悦74，2173.51m，长8）

图6-70 EM30S体系压裂液伤害前后 T_2 谱

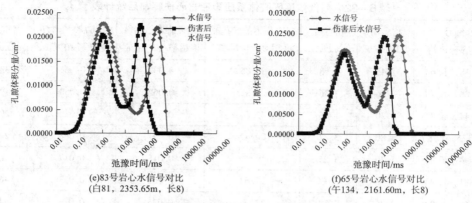

(e)83号岩心水信号对比　　　　　　　　　(f)65号岩心水信号对比
(白81，2353.65m，长8)　　　　　　　　(午134，2161.60m，长8)

图6-70　EM30S 体系压裂液伤害前后 T_2 谱（续）

合水地区长 8 储层伤害前后孔隙度相对变化量介于 23.16%~31.53%，均值为 27.35%，岩心伤害程度介于 9.76%~37.50%，均值为 23.63%。

纵向对比合水地区长 6、长 7 储层（表6-33），长 8 储层孔隙度变化量均值均低于长 6、长 7 储层；岩心伤害程度低于长 6 但高于长 7；横向对比镇北、华庆地区长 8 储层（表6-33），合水长 8 储层孔隙度相对变化量均值低于镇北、华庆地区长 8 储层；岩心伤害程度均低于镇北、华庆地区长 8 储层。

表6-33　EM30S 体系压裂液岩心伤害前后统计表

岩心编号 （井号，层位）	伤害前 孔隙度/%	伤害后 孔隙度/%	岩心伤害前后孔隙度相对变化量/%	伤害前岩心核磁渗透率/$10^{-3}\mu m^2$	伤害后岩心核磁渗透率/$10^{-3}\mu m^2$	岩心伤害程度/%
46（悦71，长6）	2.91	2.11	27.49	0.075	0.039	48.00
17（乐88，长7）	3.25	2.08	36.00	0.062	0.051	17.74
20（乐88，长8）	3.93	3.02	23.16	0.040	0.025	37.50
54（悦74，长8）	4.63	3.17	31.53	0.041	0.037	9.76
83（白81，长8）	3.66	2.39	34.70	0.050	0.032	36.00
65（午134，长8）	5.65	3.67	35.04	0.065	0.038	41.54

3）实验结论

根据 3 种不同体系压裂液针对不同地区、不同层位开展的岩心伤害实验，可知压裂液对储层伤害主要作用于 10~100ms 尺寸孔喉，且伤害的主要方式为导致中等-大孔喉的减少，对于 0.01~1ms 尺寸的小孔喉影响相对较小。

对比 3 种不同体系压裂液分别对非常规储层的伤害可知：混合体系压裂液和超低浓度胍胶体系压裂液对非常规储层的伤害程度较低，伤害程度分别为 19.16% 和 21.50%。

2. 高温高压黏土膨胀评价

通过开展高温高压黏土膨胀实验，定量评价黏土矿物膨胀率，从而提出适合储层的黏土稳定建议。本次高温高压黏土膨胀实验分为两组进行，第一组通过对比添加防膨剂前后压裂液信号，表征黏土膨胀率；第二组为对比充注压裂液前后水信号的变化，表征黏土膨胀率。

实验一：

（通过对比添加防膨剂前后压裂液信号的变化表征黏土膨胀率）

1）实验步骤

（1）钻取直径为2.5cm标准岩心，将钻取的同一块岩心截取为两块，分别记录为X-A与X-B，洗油、烘干，测量岩心孔隙度、渗透率。

（2）配制平行压裂液样本，其中一份添加防膨剂，另一份不添加防膨剂（EM30S），过滤获取相应的压裂液滤液。

（3）在模拟地层温度和压力的基础上开展岩心压裂液驱替，对X-A与X-B两块岩心分别注入不加防膨剂的压裂液和添加防膨剂的压裂液，待驱替仪出口端出液量为5PV时即认为此时岩心中饱和压裂液；将驱替后的岩心扫描核磁共振获取相应的T_2谱。

（4）通过核磁共振测量获取岩心的核磁孔隙度并通过扩展的SDR模型计算相应的核磁渗透率。

（5）对比添加防膨剂与不添加防膨剂岩心的T_2谱以及核磁渗透率计算的基础上表征黏土膨胀率。

2）实验结果分析

岩心压裂液信号T_2图谱（图6-71）反映出，岩心孔喉结构未发生明显变化，岩心孔喉变化主要集中在中等-大尺寸孔喉之中，其中中等孔喉的变化范围介于0%~3.6%，大孔喉的变化范围介于0.2%~6.1%。

通过扩展的SDR公式计算岩心的核磁渗透率，通过核磁渗透率的变化可反映黏土水化膨胀对岩心的影响（图6-72）。

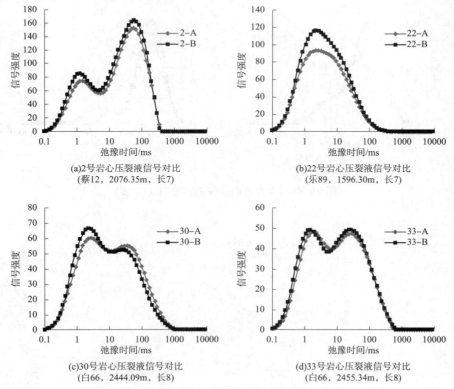

(a)2号岩心压裂液信号对比
（蔡12，2076.35m，长7）

(b)22号岩心压裂液信号对比
（乐89，1596.30m，长7）

(c)30号岩心压裂液信号对比
（白66，2444.09m，长8）

(d)33号岩心压裂液信号对比
（白66，2455.34m，长8）

图6-71　岩心岩心压裂液信号对比

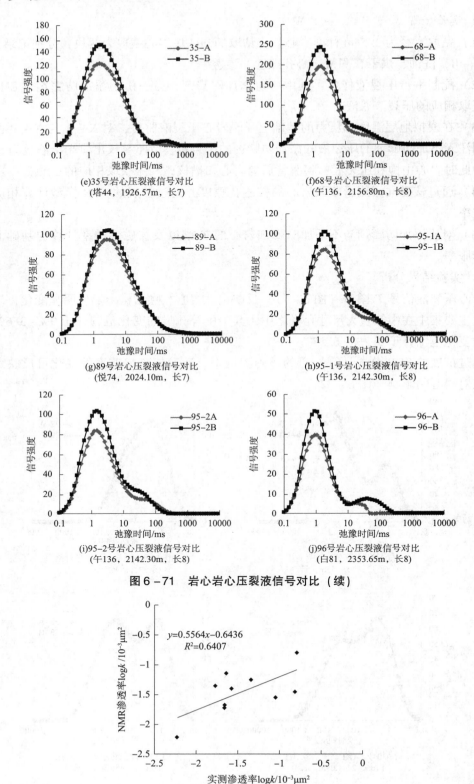

(e)35号岩心压裂液信号对比
（塔44，1926.57m，长7）

(f)68号岩心压裂液信号对比
（午136，2156.80m，长8）

(g)89号岩心压裂液信号对比
（悦74，2024.10m，长7）

(h)95-1号岩心压裂液信号对比
（午136，2142.30m，长8）

(i)95-2号岩心压裂液信号对比
（午136，2142.30m，长8）

(j)96号岩心压裂液信号对比
（白81，2353.65m，长8）

图6-71　岩心岩心压裂液信号对比（续）

图6-72　核磁渗透率与气测渗透率的相关性

表6-34 岩心核磁孔渗参数统计表

岩心编号 （井号，层位）	A B	核磁孔 隙度/%	孔隙度绝对 变化量/%	孔隙度相对 变化量/%	核磁渗透率/ $10^{-3}\mu m^2$	渗透率绝对变 化量/$10^{-3}\mu m^2$	渗透率相对 变化量/%
2（蔡12，长7）	A	7.69	0.85	11.10	0.195	0.009	5.00
	B	8.54			0.204		
22（乐89，长7）	A	4.89	1.12	22.90	0.053	0.01	18.90
	B	6.01			0.063		
30（白66，长8）	A	4.04	0.05	1.24	0.082	0.001	1.20
	B	4.09			0.081		
33（白66，长8）	A	3.34	-0.60	-18.00	0.065	-0.012	-18.50
	B	2.74			0.053		
35（塔44，长7）	A	5.28	1.22	23.10	0.047	0.01	21.30
	B	6.5			0.057		
68（午136，长8）	A	6.49	2.01	31.00	0.049	0.014	28.60
	B	8.5			0.063		
89（悦74，长7）	A	6.27	-0.22	-3.50	0.065	-0.001	-1.50
	B	6.05			0.064		
95-1（午136，长8）	A	3.33	0.85	25.50	0.029	0.008	27.60
	B	4.18			0.037		
95-2（午136，长8）	A	3.39	0.83	24.40	0.029	0.005	17.20
	B	4.22			0.034		
96（白81，长8）	A	1.24	0.44	35.40	0.008	0.002	25.00
	B	1.68			0.010		

注：A 不添加防膨剂，B 为添加防膨剂。

由表6-34可知，核磁孔隙度变化量介于 -0.22% ~ 2.01%，均值0.66%，孔隙度变化率介于 -18% ~ 35.5%，均值为15.31%；核磁渗透率变化量介于（0.002 ~ 0.008）× $10^{-3}\mu m^2$，均值 0.005 × $10^{-3}\mu m^2$，核磁渗透率变化率介于 -18.5% ~ 28.6%，均值为12.48%；

实验二：

（通过对比添加防膨剂前后水信号的变化定量表征黏土膨胀率）

1）实验步骤

（1）钻取直径为2.5cm标准岩心，将钻取的同一块岩心截取为两块，分别记录为 X - A 与 X - B，洗油、烘干，测量岩心孔隙度、渗透率。

（2）配制模拟地层水，$CaCl_2$水型，矿化度25000mg/L；压裂液样本其中一份添加防膨剂一份不添加防膨剂（EM30S），过滤获取相应的压裂液滤液；

（3）在模拟地层温度和压力的基础上开展岩心模拟地层水驱替，对 X－A 与 X－B 两块岩心注入模拟地层水，待驱替仪出口端出液量为 5PV 时即认为此时岩心中饱和模拟地层水；将饱和模拟地层水的岩心扫描核磁共振获取相应的 T_2 谱。

（4）使用压裂液滤液驱替岩心中的模拟地层水，其中 X－A 岩心注入未添加防膨剂压裂液，X－B 岩心注入添加防膨剂的压裂液；待驱替仪出口端出液量为 5PV 时继续充注 24h，模拟由于压裂液直流在基质岩心引起的黏土水化膨胀。

（5）使用模拟地层水充注岩心，模拟压裂液返排，待驱替仪出口端出液量为 10PV 即可认为此时岩心中仅存在模拟地层水，扫描核磁共振获得相应的 T_2 谱。

（6）通过核磁共振测量获取岩心的核磁孔隙度并通过扩展的 SDR 模型计算相应的核磁渗透率。

（7）对比添加防膨剂与不添加防膨剂压裂液充注以及返排后岩心的 T_2 谱，在核磁渗透率计算的基础上表征黏土膨胀率。

2）实验结果分析

岩心压裂液信号 T_2 图谱（图 6－73）反映出，部分岩心孔喉结构变化较为明显，岩心孔喉变化主要集中在中等－大尺寸孔喉之间。

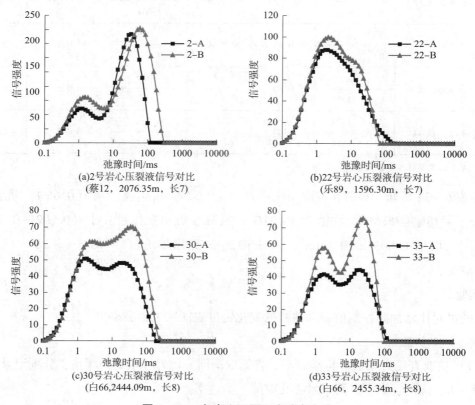

(a)2号岩心压裂液信号对比
（蔡12，2076.35m，长7）

(b)22号岩心压裂液信号对比
（乐89，1596.30m，长7）

(c)30号岩心压裂液信号对比
（白66,2444.09m，长8）

(d)33号岩心压裂液信号对比
（白66，2455.34m，长8）

图 6－73　各岩心不同尺度孔喉占比

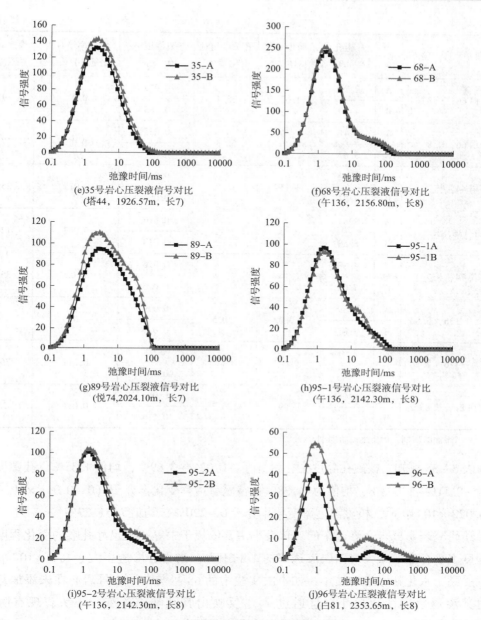

图6-73　各岩心不同尺度孔喉占比（续）

表6-35　岩心孔渗参数统计表

岩心编号（井号，层位）		核磁孔隙度/%	孔隙度变化绝对值/%	孔隙度相对变化量/%	核磁渗透率/$10^{-3}\mu m^2$	渗透率绝对变化量/$10^{-3}\mu m^2$	渗透率相对变化量/%
2（蔡12，长7）	A	6.54	3.69	56.4	0.137	0.09	6.6
	B	10.23			0.227		
22（乐89，长7）	A	3.84	1.19	31.0	0.039	0.01	25.6
	B	5.03			0.049		

岩心编号（井号，层位）	A B	核磁孔隙度/%	孔隙度变化绝对值/%	孔隙度相对变化量/%	核磁渗透率/10⁻³μm²	渗透率绝对变化量/10⁻³μm²	渗透率相对变化量/%
30（白66，长8）	A	2.77	1.62	58.4	0.043	0.04	93
	B	4.39			0.083		
33（白66，长8）	A	2.41	1.26	52.3	0.035	0.02	57.1
	B	3.67			0.055		
35（塔44，长7）	A	5.92	1.11	18.8	0.047	0.012	25.5
	B	7.03			0.059		
68（午136，长8）	A	7.84	0.74	9.4	0.016	0.002	12.5
	B	8.58			0.018		
89（悦74，长7）	A	4.88	2.14	43.9	0.056	0.02	35.7
	B	7.02			0.076		
95-1（午136，长8）	A	3.89	-0.02	-0.5	0.009	0	0
	B	3.87			0.009		
95-2（午136，长8）	A	3.91	0.68	17.4	0.03	0.011	36.7
	B	4.59			0.041		
96（白81，长8）	A	0.86	1.09	126.7	0.005	0.011	220
	B	1.95			0.016		

注：A 不添加防膨剂，B 为添加防膨剂。

由表 6-35 可知，核磁孔隙度变化量介于 -0.02%~3.69%，均值 1.35%，孔隙度变化率介于 -0.51%~126.7%，均值为 41.38%；核磁渗透率变化量介于 $(0 \sim 0.09) \times 10^{-3} \mu m^2$，均值 $0.022 \times 10^{-3} \mu m^2$，核磁渗透率变化率介于 0~220%，均值为 51.27%。

上述研究表明，岩心渗透率的变化大小主要依赖于中等-大尺寸孔喉的变化程度，在一定程度上小孔喉的减少对储层渗透率的影响不大；当岩心渗透率大于 $0.1 \times 10^{-3} \mu m^2$ 时渗透率受黏土水化膨胀影响较小，如本次实验中的 68 号与 95-1 号岩心在未添加黏土防膨剂时其渗透率的变化较小，且通过 T_2 谱反映出其孔喉结构变化不大；现有防膨剂（TOS-1）在本次实验中具有较好的防膨效果，可作为优选防膨剂。

6.3.2 压裂液渗吸驱油特征

早期渗吸驱油现象的研究主要集中在裂缝性油藏，随着研究的深入发现渗吸驱油现象也同样存在于经过压裂改造后的致密储层，由于致密储层高毛管力等因素的影响，易产生压裂液返排率较低的现象。深入研究压裂液渗吸驱油机理对致密储层开发具有重大的意义。压裂液渗吸驱油现象是指储层在经过压裂改造后，压裂液自发进入基质孔隙置换出原油的现象。常见实验方法如下：

1. 实验方法选择

1）体积法

传统的体积法测量渗吸驱油效率主要利用渗吸瓶进行实验，通过将实验岩心完全浸没在装有渗吸液的渗吸瓶中（图6-74），当渗吸液将原油替换出来以后，在密度差的作用下原油将进入渗吸瓶上方细管中，通过观察渗吸一段时间后渗吸瓶上方细管中原油体积从而计算渗吸驱油效率以及该渗吸时段内渗吸驱油速率。

体积法测量渗吸效率具有操作简便，效果直观等优点，目前被研究者广泛使用。同时渗吸法对渗吸驱油效率的计算，会由于部分渗吸出的原油滞留于岩心表面未进入渗吸瓶上方毛细管中即原油体积读数具有滞后现象而产生一定的误差。

图6-74 体积法测量渗吸
效率示意图

2）质量法

质量法是体积法的改进，克服了由于原油体积读数滞后现象造成的实验误差。质量法测量主要利用高精度天平与岩心相连，将岩心完全浸没于渗吸液中开始自发渗吸（图6-75），由于渗吸液与原油密度存在差值，在渗吸过程中岩心质量会发生变化，通过记录高精度天平读数，对比岩心自发渗吸前后质量之差以及渗吸液与原油密度差即可计算渗吸效率。

质量法具有操作简便、效果直观等优点，相较于体积法，表征渗吸驱油效率误差有所降低，测量精度得到了提高。

3）核磁共振法

核磁共振法表征渗吸现象是指将渗吸实验与核磁共振技术相结合，通过定量表征孔隙流体中氢信号的变化，反映孔隙流体的变化状况。当水中加入顺磁物质 Mn^{2+} 离子后，其自旋矢化效应减弱乃至无法识别从而达到去除水中氢信号的目的。随着渗吸的进行岩心孔隙中的原油被渗吸液替换，其氢信号将会发生变化。核磁共振法的高精度定量表征是体积法、质量法无法实现的，通过核磁共振 T_2 图谱不仅能计算岩心总渗吸驱油效率，同时还能计算不同尺度孔隙渗吸驱油效率以及该尺度孔隙的渗吸驱油贡献程度。

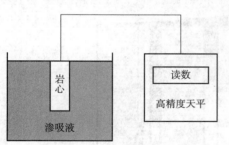

图6-75 质量法测量渗吸效率示意图

本书通过室内实验与核磁共振技术相结合，分别评价长7页岩和长8（包括部分长6）致密砂岩储层压裂液渗吸驱油效率，并分析各影响因素的控制下渗吸驱油效率。从而实现岩心尺度压裂液渗吸驱油定量表征。

  2. 长 7 页岩油储层

  1）渗吸机理

  对于渗吸而言，一般包括逆向渗吸和顺向渗吸两种，当润湿相吸入的方向和非润湿相排出的方向相反时，这个过程叫做逆向渗吸，如图 6-76 所示。一般在毛管力作用远大于浮力作用时，发生逆向渗吸。低渗透储层岩心渗透率较低，油水在孔隙中的流动阻力较大，多发生逆向渗吸。

  当润湿相吸入的方向和非润湿相排出的方向相同时，这个过程叫做顺向渗吸，如图 6-77 所示。一般裂缝性亲水中高渗地层中渗吸中后期，在浮力、毛管力的作用下，水自低部位吸入岩心，而油从高部位流出，即发生顺向渗吸。

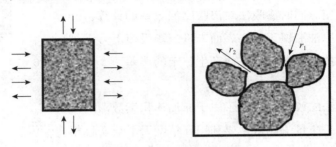

图 6-76　逆向渗吸示意图

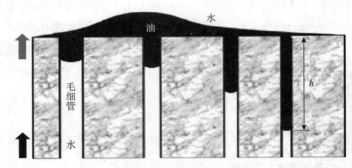

图 6-77　顺向渗吸示意图

  2）实验方法

  通过测量不同压裂液体系在相同时间内的 T_2 谱的变化值（图 6-78），分析不同压裂液体系的驱油效率。本次实验为避免原油信号对实验结果的干扰，模拟原油采用的是不含氢核的氟油（常温下黏度为 5.1 mPa·s）。可以更直观地看到压裂液渗吸驱油的过程。同时还进行了同等体积下压裂液与地层水的核磁共振测试，得到不同压裂液体系两者之间的一个换算比值，即压裂液体系 1 与 50000 mg/L 的 Mn^{2+} 水的核磁共振 T_2 谱信号强度比值为 28.72，压裂液体系 8（其中体系 1 和体系 8 配方详见本书第 3 章内容）与 50000 mg/L 的 Mn^{2+} 水的核磁共振 T_2 谱信号强度比值为 31.16。通过岩心在完全饱和模拟地层水时的核磁共振 T_2 谱换算，得到同等孔隙体积下岩心完全饱和压裂液时的信号强度，从而计算各个时刻的渗吸驱油效率及渗吸驱油速率。

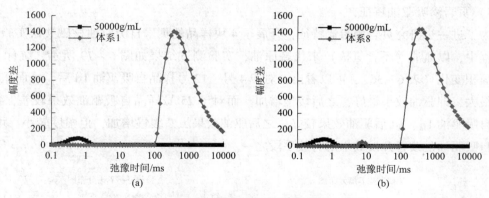

图6-78　不同压裂液体系的核磁共振 T_2 谱

实验过程中，因为采用浓度为 50000mg/L 的 Mn^{2+} 消除了水信号，所以驱替实验过程中所获得的核磁共振信号只反映压裂液的变化，驱油效率计算公式为：

$$E = \frac{A_0 - A_1}{A_0} \times 100\% \qquad (6-1)$$

式中，E 为驱油效率；A_0 为饱和压裂液条件下 T_2 谱与 X 轴包围面积；A_1 为饱和氟油后岩心中束缚水 T_2 谱与 X 轴包围面积。

3）实验流程

本书中核磁共振法评价压裂液渗吸效率实验步骤如下：

（1）在标准岩心上钻取直径约 25mm 的岩心，测量岩心直径、长度。

（2）将岩心放置于苯与酒精体积比为 1：3 的萃取容器中洗油。

（3）待洗油结束后，将岩心放置恒温箱中加热至 105℃ 保持温度不变 48h；取出测量岩心干重。

（4）采用稳态法测量岩心渗透率。

（5）由于致密储层孔喉半径小，常规的抽真空饱和不能使岩心孔隙完全饱和水，故使用高压驱替装置驱替岩心饱和模拟地层水，测量岩心湿重，计算岩心孔隙度。

（6）使用高压驱替系统驱替锰水（Mn^{2+} 离子浓度 50000mg/L），待出液端出液量约为 5PV 时测量核磁共振图谱，继续驱替至 10PV 时测量核磁共振图谱，两次核磁共振图谱无明显差异时即可认为岩心孔隙中已完全饱和锰水。

（7）使用高压驱替系统低速驱替氟油（常温下黏度 5.1mPa.s）待出液端出液量 5PV 时认为岩心已饱和氟油，测量岩心 T_2 谱。

（8）配制压裂液并放置水浴锅中加热至 45℃ 并保持稳定 2h（模拟地层温度），开始进行渗吸实验。

（9）测量核磁共振时间分别为渗吸不同时间，如 24h，51h，75h，96h，120h，测量 T_2 谱。

（10）完成上述实验步骤后重新洗油。

4）页岩渗吸驱油特征

为了进一步研究页岩的渗流特征，开展了4块样品的页岩自吸驱油核磁共振实验，实验过程中，以氟油（不含氢核）来代替原油，实验测试结果如图6-79所示，统计 T_2 谱峰值面积变化（表6-36），可以看出，对于4号、12号样品自吸驱油1d后，峰面积变化幅度最大，即驱油效果最好，之后缓慢增加。而对于25号样品自吸驱油效果较差，45号样品自吸驱油1d、2d后驱油效果较好，之后驱油效果虽然缓慢增加，但幅度较小。可见，页岩自吸驱油是改善开发效果的有效手段之一。

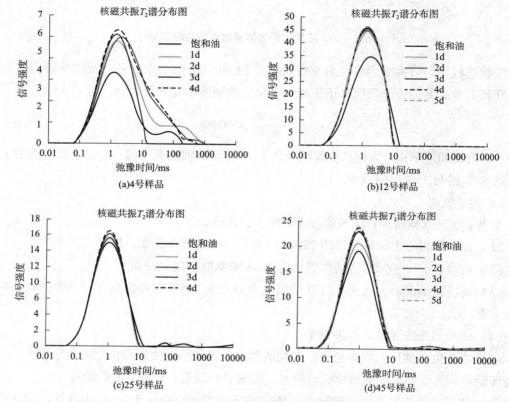

图6-79 4块样品的自吸驱油结果

表6-36 4块样品的自吸驱油实验对比

样品编号	测试时间	T_2 谱面积	增加量	增加幅度/%
4	饱和油	87.73	0	0.00
	1d	141.98	54.25	61.84
	2d	157.72	15.74	11.09
	3d	115.11	-42.61	-27.02
	4d	165.08	49.97	43.41

样品编号	测试时间	T_2谱面积	增加量	增加幅度/%
12	饱和油	764.7	0	0.00
	1d	913.32	148.62	19.44
	2d	936.53	23.21	2.54
	3d	946.03	9.5	1.01
	4d	949.54	3.51	0.37
	5d	959.28	9.74	1.03
25	饱和油	300.63	0	0.00
	1d	303.85	3.22	1.07
	2d	309.31	5.46	1.80
	3d	322.42	13.11	4.24
	4d	328.09	5.67	1.76
45	饱和油	370.15	0	0.00
	1d	434.56	64.41	17.40
	2d	449.33	14.77	3.40
	3d	463.16	13.83	3.08
	4d	474.94	11.78	2.54
	5d	476.05	1.11	0.23

3. 长 8 致密砂岩储层

为了对比分析不同渗吸条件下的效果差异，基于核磁共振驱替系统，开展了 6 块单一与双重介质样品的压裂液渗吸实验，实验样品信息如表 6 – 37 所示，实验样品渗透率最大为 $0.276 \times 10^{-3} \mu m^2$，最小仅为 $0.022 \times 10^{-3} \mu m^2$，孔隙度最大为 9.64%，最小为 4.32%，有两块样品含有微裂缝。

表 6 – 37　实验样品信息表

岩心编号	井　号	深度/m	层　位	孔隙度/%	渗透率/$10^{-3} \mu m^2$	渗吸驱油效率/%
13	板 58	2054.86	长 8	9.64	0.276	27.63
20	乐 88	1636.30	长 8	6.83	0.143	38.06
55	宁 143	1940.65	长 8	5.24	0.053（含裂缝）	17.28
72	乐 79	1675.17	长 8	7.77	0.153	12.43
84	宁 175	1874.40	长 8	6.06	0.026	4.58
94	悦 71	1993.41	长 8	4.32	0.022（含裂缝）	15.96
72	乐 79	1675.17	长 8	7.77	0.131	9.52
81	乐 79	1675.20	长 8	6.98	0.369	7.51
99	塔 44	2034.40	长 8	5.00	0.030	11.08

　　根据 9 块样品的压裂液自发渗吸核磁共振测试（图 6 – 80）可知，渗吸驱油效率最小为 4.58%、最大为 38.06%，平均为 16.01%，对比发现渗吸驱油效率与孔隙度和渗透率之间无明显的相关关系，但微裂缝影响较为明显，含微裂缝样品的渗吸驱油效率明显要高于同级别样品。而且根据渗吸时间也发现，当渗吸时间达到 200h 后，渗吸驱油效率增加幅度微弱，而且储层伤害程度明显增强，根据统计，合理的自发渗吸时间介于 124 ~ 200h 之间，现场建议焖井时间为 5 ~ 8d。

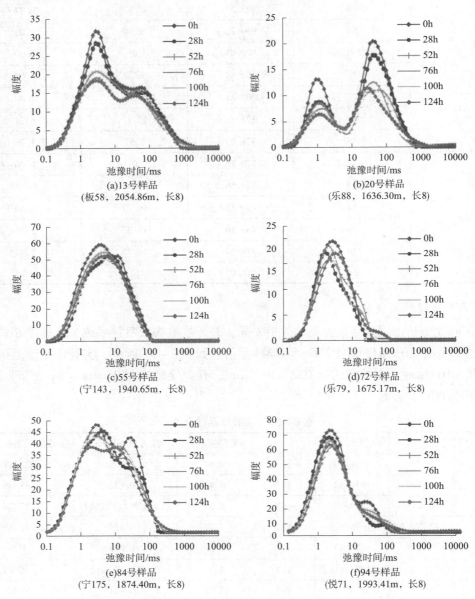

图 6 – 80　不同渗吸时间的核磁共振 T_2 谱

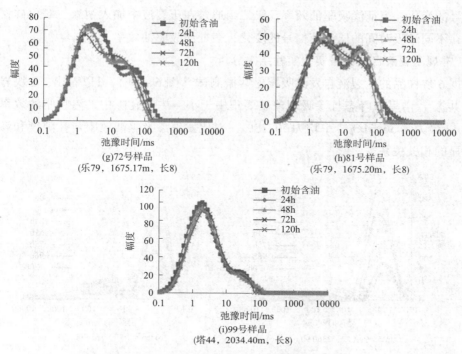

图6-80 不同渗吸时间的核磁共振 T_2 谱（续）

4. 长6致密砂岩储层

为了对比分析长6储层岩心不同渗吸条件下的效果差异，基于核磁共振驱替系统，开展了10块样品的压裂液渗吸实验，实验样品信息如表6-38所示，实验样品渗透率最大为 $3.48 \times 10^{-3} \mu m^2$，最小仅为 $0.13 \times 10^{-3} \mu m^2$，孔隙度最大为19.94%，最小为6.50%。其中压裂液体系1和体系8配方详见本书第3章内容。

表6-38 实验样品信息表

组 别	岩心编号	井 号	深度/m	层 位	渗透率/$10^{-3} \mu m^2$	孔隙度/%	渗吸驱油效率/%	压裂液类型
I	1	孟20	2273.70	长6	2.77	15.060	36.61	体系1
	22	板79	1705.30	长6	0.21	7.550	10.64	体系1
	44	悦72	2066.80	长6	0.13	6.990	19.10	体系1
	53	孟22	2360.90	长6	3.48	19.940	21.68	体系8
	46	乐25	1633.00	长6	0.25	7.790	17.17	体系8
	30	板79	1705.30	长6	0.14	6.500	16.49	体系8
II	53	孟22	2360.90	长6	3.48	19.940	28.15	体系8
	14	乐7	1758.10	长6	0.18	6.700	12.42	体系8
	1	孟20	2273.70	长6	2.77	15.060	38.87	体系1
	4	乐25	1633.00	长6	0.28	11.370	23.25	体系1

通过开展压裂液渗吸实验，定量评价渗吸驱油效率，从而优化排液制度，确定合理关井时间。本次压裂液渗吸驱油实验分为两组进行，第一组通过对比岩心不同渗吸时间的压

裂液信号的变化，表征渗吸驱油效率；第二组通过在压裂液中加入纳米二氧化硅材料后对比岩心在不同渗吸时间的压裂液信号的变化，表征渗吸驱油效率。

1）常规压裂液自发渗吸实验实验结果分析

根据 6 块样品的压裂液自发渗吸核磁共振测试（图 6 – 81）可以看出，6 块岩心样品的核磁共振 T_2 谱呈双峰态且渗吸现象主要集中于小 – 中等孔隙中。渗吸驱油效率最小为 10.64%、最大为 36.61%，平均为 20.28%，对比发现渗吸驱油效率与孔隙度和渗透率之间无明显的相关关系。

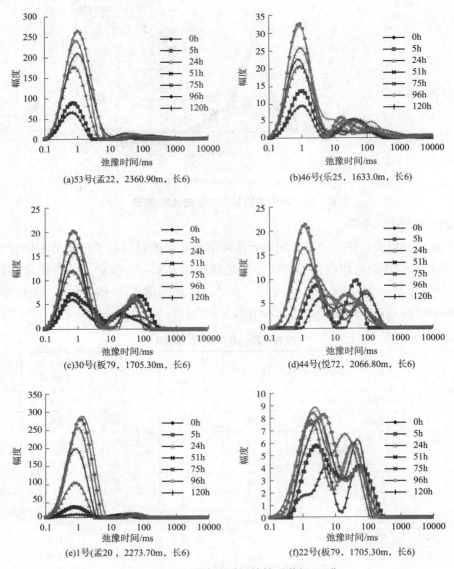

(a)53号(孟22，2360.90m，长6)

(b)46号(乐25，1633.0m，长6)

(c)30号(板79，1705.30m，长6)

(d)44号(悦72，2066.80m，长6)

(e)1号(孟20，2273.70m，长6)

(f)22号(板79，1705.30m，长6)

图 6 – 81　不同渗吸时间的核磁共振 T_2 谱

通过 6 块岩心自发渗吸与渗吸速率曲线对比发现（图 6 – 82），0～5h 内，30 号岩心的渗吸驱油效率上升最快即渗吸速率最大，后随渗吸时间的增加，渗吸速率减小。1 号岩

心在 24～51h 内，渗吸速率有所上升。其余 5
块岩心均在 75～96h 内渗吸速率有所提升，后
均在 120h 处达到平衡。

2）纳米体系压裂液自发渗吸实验实验结
果分析

在压裂液中加入纳米二氧化硅材料后对比
岩心在不同渗吸时间的压裂液信号的变化，表
征渗吸驱油效率。

纳米材料驱油是以水溶液为传递介质，通
过膜驱剂分子作用于岩石界面，形成纳米及单
层膜来提高驱油效率和原油采收率。通过核磁

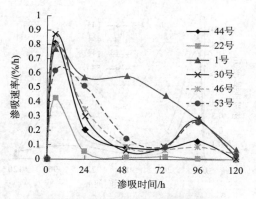

图 6－82　不同岩心渗吸速率对比

共振 T_2 谱分析（图 6－83），4 块岩心的核磁共振 T_2 谱呈双峰态且渗吸现象主要集中于小
－中等孔隙中。根据 4 块样品的压裂液自发渗吸核磁共振测试，渗吸驱油效率最小为
12.42%、最大为 38.87%，平均为 25.67%。分别将两组实验中 1 号和 53 号的实验结果进
行对比，可以看出 53 号驱油效率增加了 6.47%，1 号驱油效率增加了 2.26%，说明加入
纳米二氧化硅的压裂液更有利于提高渗吸驱油效率。

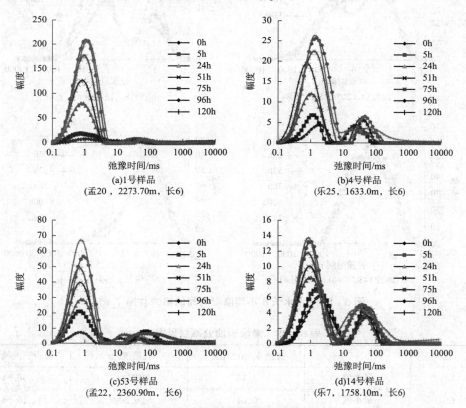

(a)1号样品
(孟20，2273.70m，长6)

(b)4号样品
(乐25，1633.0m，长6)

(c)53号样品
(孟22，2360.90m，长6)

(d)14号样品
(乐7，1758.10m，长6)

图 6－83　不同渗吸时间的核磁共振 T_2 谱

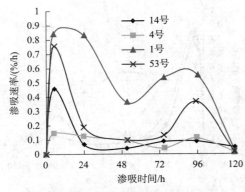

图6-84 不同岩心渗吸速率对比

通过岩心渗吸速率对比图（图6-84）可知0~5h内，1号岩心的渗吸驱油效率上升最快即渗吸速率最大，后随着渗吸时间的增加逐渐减小。在渗吸时间到达96h，4块岩心的渗吸速率均有小幅度上升，在120h后达到平衡状态。

将合水长6层位与长8层位的渗吸驱油效率进行对比，长6的渗透率较好，渗吸驱油效率最高为36.61%，最小为10.64%，平均为20.28%。合水长8储层的渗吸驱油效率最高为38.06%，最小为4.58%，平均为16.01%。在相同渗吸时间内长6渗吸驱油效率均值为20.28%，高于长8层位（图6-85、表6-39）。

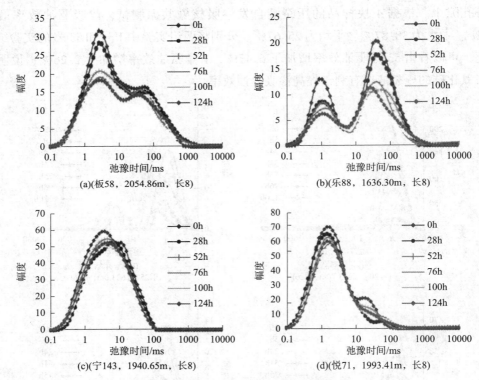

图6-85 合水长8不同渗吸时间的核磁共振 T_2 谱

表6-39 渗吸驱油效率结果对比

层 位		渗透率/$10^{-3}\mu m^2$	孔隙度/%	渗吸驱油效率/%
长6	最大值	1.18	17.28	36.61
	最小值	0.01	6.20	10.64
	平均值	0.13	8.80	20.28

续表

层　位		渗透率/$10^{-3}\mu m^2$	孔隙度/%	渗吸驱油效率/%
	最大值	0.37	12.39	38.06
长8	最小值	0.01	4.40	4.58
	平均值	0.10	6.76	16.01

根据渗吸驱油效率及渗吸驱油速率可以看出（图 6-85），0h 到 24h 的这段时间内的渗吸驱油效率增幅大，当渗吸时间到达 120h 时，渗吸驱油幅度减弱。综合分析，根据储层物性差异，其合理的自发渗吸时间介于 72~120h 之间，根据单井地层条件现场建议焖井时间为 3~5d。

6.3.3　压裂液返排制度与关井时间

基于压裂液伤害与渗吸驱油特征，建立了对应的压裂液返排制度和关井时间方案。

1. 排液制度

建议延长组储层排液制度综合考虑水力裂缝刚开始闭合时机，即将裂缝开始闭合时对应的井口压力值作为开井时机信号。裂缝闭合前井口压力快速下降，所需时间较短；之后，井口压力下降缓慢，裂缝闭合速度逐渐放缓，虽然裂缝进一步闭合能减少支撑剂回流，但耗时较多且不利于原油产出，因此将裂缝闭合时对应的井口压力值作为开井返排的参考标志。

制度一，在地层渗透率小于 $0.3\times10^{-3}\mu m^2$ 条件下，该类油井随着关井时间的增加，虽然压后开井时日产油量增加，但有效期很短、产油速度快速下降，累积产水量及累积产油量都在减少，返排率也不断下降。因此，排液制度应合理安排，压后关井时间不宜过长，以免累积产油量过多下降及压裂液滞留在地层中对地层造成伤害。压裂结束后，水力裂缝内压力高于地层破裂压力，裂缝处于开启状态，过早开井返排将造成支撑剂大量回流，不利于维持裂缝高导流能力，建议此类井压后焖井时间为 72h，压后关井时间不宜过短。

制度二，地层渗透率在 $(0.3~3)\times10^{-3}\mu m^2$ 条件下，该类油井地层条件较好，压后开井时日产油量有效期较稳定，累积产水量及累积产油量变化幅度较小，返排率相对稳定。此类油井排液制度应遵循关井时间适中，建议此类井压后焖井时间为 96h，以避免地层伤害为原则，保证压后水力裂缝处于开启状态。

制度三，在地层渗透率大于 $3\times10^{-3}\mu m^2$ 条件下，该类油井地层条件好，自发渗吸驱油效率高，压后开井时日产油量增加稳定，有效期较长、产油速度稳定，累积产水量及累积产油量下降速度缓慢，返排率稳定。针对此类井，排液制度应合理安排，以免累积产油量过多下降及地层伤害。压裂结束后，不宜过早开井返排，因此，建议此类井压后焖井时间为 120h，以减小支撑剂回流量，维持裂缝高导流能力。

2. 关井时间方案

综合合水延长组压裂液自发渗吸规律研究，0~24h 内渗吸驱油效率增幅大，渗吸驱油速率较快；当渗吸时间到达 120h 时，渗吸驱油效率幅度减弱，自发渗吸作用基本停止。综合分析，合理的自发渗吸时间介于 120~150h 之间，从自发渗吸驱油角度考虑现场建议焖井时间为 5d。

（1）在地层渗透率小于 $0.3 \times 10^{-3} \mu m^2$ 条件下，其自发渗吸驱油效率整体低于 20%，从自发渗吸速度曲线观察可得，在 72h 附近，自发渗吸过程基本停止，建议此类井压后焖井时间为 72h。

（2）在地层渗透率在 $(0.3~3) \times 10^{-3} \mu m^2$ 条件下，其自发渗吸驱油效率高于 20%，从自发渗吸速度曲线观察可得，在 96h 附近，自发渗吸过程基本停止，建议此类井压后焖井时间为 96h。

（3）在地层渗透率大于 $3 \times 10^{-3} \mu m^2$ 条件下，其自发渗吸驱油效率较高，自发渗吸速度曲线有两个峰值，在 120h 附近，自发渗吸过程基本停止，建议此类井压后焖井时间为 120h。

6.3.4　压裂液渗吸驱油影响因素分析

1. 原油黏度影响

1）实验设计及材料

为研究原油黏度对渗吸效果的影响，实验所用岩心取自合水地区长 8 储层，岩心物性如表 6－40 所示，润湿性测试显示岩心均亲水，实验过程中岩心完全浸没于渗吸液中，通过岩心 T_2 谱信号强度的变化计算岩心在不同原油黏度下的渗吸驱油效率。

表 6－40　岩心数据统计表

岩心编号	直径/mm	长度/mm	孔隙度/%	渗透率/$10^{-3} \mu m^2$
3	25.0	43.6	11.72	0.423
17	25.1	41.1	6.94	0.016
27	25.0	45.2	12.36	0.731

实验模拟用油为合水地区长 8 储层地面脱气原油与精制煤油按照体积比 1：3，1：4，1：5 配制而成。常温（20℃）、常压（101.35kPa）条件下模拟用油黏度分别为 3.67mPa·s、3.39mPa·s、3.27mPa·s 密度分别为 0.82 g/cm³、0.78 g/cm³、0.76 g/cm³。实验所用渗吸液黏度接近于压裂液黏度（7.21mPa·s），Mn^{2+} 浓度 25000mg/L。

2）实验结果与分析

3 号岩心：观察核磁共振 T_2 谱（图 6－86、图 6－87、图 6－88）形态发现，3 号岩心油信号 T_2 谱呈双峰态且左峰高于右峰，原油主要集中在弛豫时间 0.1~1000ms 的孔隙。原油黏度分别为 3.67mPa·s，3.39mPa·s，3.27mPa·s 时 3 号岩心自发渗吸 120h 渗吸驱油效率分别为 36.4%、40.6%、42.4%，随着渗吸驱油时间的增加，渗吸驱油速率呈减小趋势。

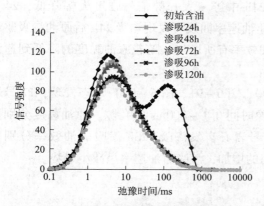

图6-86 3号岩心原油黏度3.67mPa·s
渗吸驱油效率及渗吸驱油速率

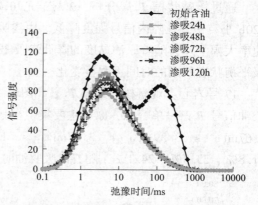

图6-87 3号岩心原油黏度3.39mPa·s
渗吸驱油效率及渗吸驱油速率

原油黏度分别为3.67mPa·s、3.39mPa·s、3.27 mPa·s，3号岩心渗吸24h渗吸驱油效率分别为18.5%、22.9%、24.6%；渗吸48h渗吸驱油效率分别为29.3%、34.6%、36.7%；渗吸72h渗吸驱油效率分别为33.9%、38.8%、40.6%；渗吸96h渗吸驱油效率分别为36.0%、40.0%、41.8%；渗吸120h渗吸驱油效率分别为36.4%、40.6%、42.4%。

原油黏度分别为3.67mPa·s、3.39mPa·s、3.27 mPa·s，3号岩心0~24h渗吸驱油速率分别为0.77%/h、0.95%/h、1.03%/h；24~

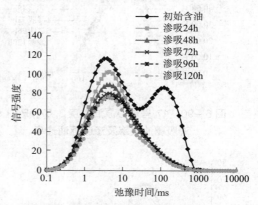

图6-88 3号岩心原油黏度3.27mPa·s
渗吸驱油效率及渗吸驱油速率

48h渗吸驱油速率分别为0.45%/h、0.49%/h、0.50%/h；48~72h渗吸驱油速率分别为0.19%/h、0.18%/h、0.16%/h；72~96h渗吸驱油速率分别为0.09%/h、0.05%/h、0.05%/h；渗吸120h渗吸驱油速率分别为0.02%/h，0.03%/h，0.03%/h（图6-89）。

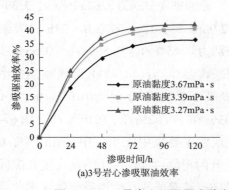

(a)3号岩心渗吸驱油效率

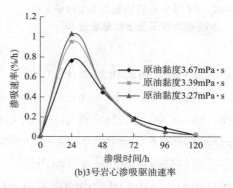

(b)3号岩心渗吸驱油速率

图6-89 3号岩心不同原油黏度渗吸驱油效率及渗吸驱油速率对比

通过核磁共振 T_2 谱分析，3 号岩心 0 ~ 24h 中等 – 大孔隙信号强度大幅降低，24 ~ 120h 小 – 中等孔隙内信号强度降低。由渗吸驱油速率曲线可发现渗吸 24h 后原油渗吸驱油速率大幅下降，随着原油黏度的降低渗吸驱油效率有所增加，随着原油黏度的降低到达渗吸平衡状态所用的时间无明显变化。

17 号岩心：观察核磁共振 T_2 谱（图 6 – 90、图 6 – 91、图 6 – 92）形态发现，17 号岩心油信号 T_2 谱呈单峰态，原油主要集中在弛豫时间 0.1 ~ 300ms 的孔隙。原油黏度分别为 3.67mPa·s、3.39mPa·s、3.27mPa·s，17 号岩心自发渗吸 120h 渗吸驱油效率分别为 21.8%、23.3%、24.1%，随着渗吸驱油时间的增加，渗吸驱油速率呈减小趋势。

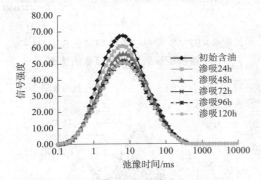

图 6 – 90　17 号岩心原油黏度 3.67mPa·s
渗吸驱油效率及渗吸驱油速率

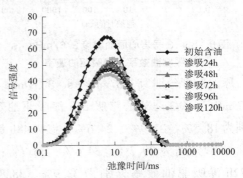

图 6 – 91　17 号岩心原油黏度 3.39mPa·s
渗吸驱油效率及渗吸驱油速率

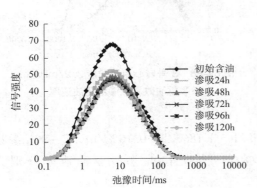

图 6 – 92　17 号岩心原油黏度 3.27mPa·s
渗吸驱油效率及渗吸驱油速率

原油黏度分别为 3.67mPa·s、3.39mPa·s、3.27 mPa·s，17 号岩心渗吸 24h 渗吸驱油效率分别为 10.8%、12.0%、13.1%；渗吸 48h 渗吸驱油效率分别为 16.9%、18.5%、19.9%；渗吸 72h 渗吸驱油效率分别为 19.7%、21.7%、23.2%；渗吸 96h 渗吸驱油效率分别为 21.0%、22.8%、23.8%；渗吸 120h 渗吸驱油效率分别为 21.8%、23.3%、24.1%。

原油黏度分别为 3.67mPa·s、3.39mPa·s、3.27mPa·s，17 号岩心 0 ~ 24h 渗吸驱油速率分别为 0.45%/h、0.50%/h、0.55%/h；24 ~ 48h 渗吸驱油速率分别为 0.25%/h、0.27%/h、0.28%/h；48 ~ 72h 渗吸驱油速率分别为 0.12%/h、0.13%/h、0.14%/h；72 ~ 96h 渗吸驱油速率分别为 0.05%/h、0.05%/h、0.03%/h；96 ~ 120h 渗吸驱油速率分别为 0.03%/h、0.02%/h、0.01%/h（图 6 – 93）。

通过核磁共振 T_2 谱分析，17 号岩心渗吸现象主要集中于小 – 中等孔隙中，0 ~ 120h 小 – 中等孔隙信号强度降低、大孔隙内信号上升的现象；这是由于不同尺度孔隙间毛管力的差值所造成的小 – 中等孔隙中的原油向大孔隙运移造成的。由渗吸驱油速率曲线可发现渗吸 24h 后原油渗吸驱油速率大幅下降，随着原油黏度的降低渗吸驱油效率有所上升，随着原油黏度的降低到达渗吸平衡状态所用的时间相对减小。

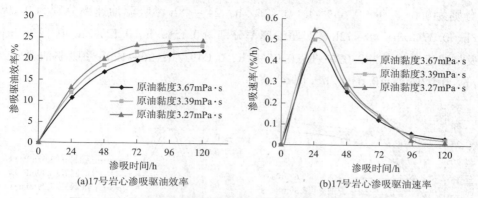

(a)17号岩心渗吸驱油效率

(b)17号岩心渗吸驱油速率

图6-93 17号岩心不同原油黏度渗吸驱油效率及渗吸驱油速率

27号岩心：观察核磁共振 T_2 谱（图6-94、图6-95、图6-96）形态发现，T_2 谱呈双峰态且左峰高于右峰，原油主要集中在弛豫时间 0.1 ~ 1000ms 的孔隙。原油黏度分别为 3.67mPa·s、3.39mPa·s、3.27mPa·s，27号岩心自发渗吸120h渗吸驱油效率分别为 27.8%、29.4%、30.7%。

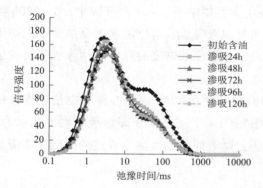

图6-94 27号岩心原油黏度3.67mPa·s 渗吸驱油效率及渗吸驱油速率

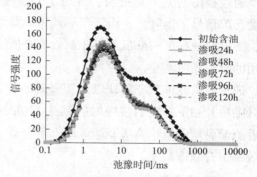

图6-95 27号岩心原油黏度3.39mPa·s 渗吸驱油效率及渗吸驱油速率

原油黏度分别为 3.67mPa·s、3.39mPa·s、3.27mPa·s，27号岩心渗吸24h渗吸驱油效率分别为 15.5%、16.3%、17.2%；渗吸48h渗吸驱油效率分别为 22.4%、24.8%、26.1%；渗吸72h渗吸驱油效率分别为 25.9%、27.7%、28.9%；渗吸96h渗吸驱油效率分别为 27.5%、28.9%、29.9%；渗吸120h渗吸驱油效率分别为 27.8%、29.4%、30.7%。

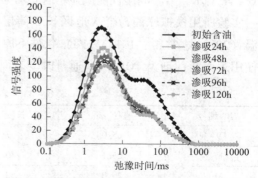

图6-96 27号岩心原油黏度3.27mPa·s 渗吸驱油效率及渗吸驱油速率

原油黏度分别为 3.67mPa·s、3.39mPa·s、3.27 mPa·s，27 号岩心 0~24h 渗吸驱油速率分别为 0.65%/h、0.68%/h、0.72%/h；24~48h 渗吸驱油速率分别为 0.29%/h、0.35%/h、0.37%/h；48~72h 渗吸驱油速率分别为 0.15%/h、0.12%/h、0.12%/h；72~96h 渗吸驱油速率分别为 0.07%/h、0.05%/h、0.04%/h；96~120h 渗吸驱油速率分别为 0.01%/h、0.02%/h、0.03%/h（图 6-97）。

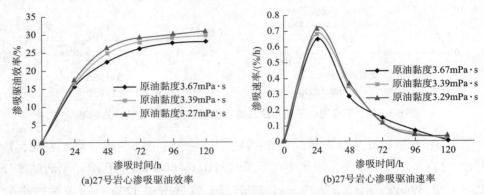

(a)27号岩心渗吸驱油效率   (b)27号岩心渗吸驱油速率

图 6-97　27 号岩心不同原油黏度渗吸驱油效率及渗吸驱油速率对比

通过核磁共振 T_2 谱分析，27 号岩心渗吸现象主要集中于小-中等孔隙中，0~120h 各尺度孔隙信号强度降低；由渗吸驱油速率曲线可发现渗吸 24h 后原油渗吸驱油速率大幅下降，随着原油黏度的降低渗吸驱油效率有所上升，随着原油黏度的降低到达渗吸平衡状态所用的时间相对减小。

通过渗吸驱油效率曲线以及渗吸驱油速率曲线发现 0~24h 内岩心渗吸驱油速率大幅上升随后开始下降，当渗吸时间到达 120h 渗吸驱油速率接近于 0 即渗吸达到平衡状态。随着原油黏度的减小渗吸驱油效率有所上升，但是随着原油黏度减小程度的降低，渗吸驱油效率上升幅度减小。

2. 界面张力影响

1）实验设计及材料

为研究不同界面张力对渗吸效果的影响，实验所用岩心取自合水地区长 8 储层，物性如表 6-41 所示，岩心润湿性测试显示岩心均为亲水，实验过程中岩心完全浸没于渗吸液中。

实验所用模拟原油为合水地区长 8 储层原油与精制煤油按照体积比 1:3 配制而成。常温（20℃）、常压（101.35kPa）条件下原油黏度为 3.67mPa·s，密度为 0.82g/cm³；实验使用表面活性剂为 TOF-1，通过改变表面活性剂质量分数的大小控制界面张力的变化。

表 6-41　岩心数据统计表

岩心编号	直径/mm	长度/mm	孔隙度/%	渗透率/$10^{-3}\mu m^2$
9	25.0	47.1	6.87	0.082
11	25.1	40.8	6.88	0.089
21	25.0	50.2	6.97	0.075

2）实验结果与分析

通过对相近物性岩心在不同界面张力渗吸液中的渗吸驱油实验，记录相同时间不同岩心的信号强度的大小，从而获取岩心的渗吸驱油效率以及不同时间内的渗吸驱油速率。

观察核磁共振 T_2 谱形态发现，9 号岩心原油信号 T_2 谱呈现出单峰态［图 6 - 98（a）］，11 号岩心和 21 号岩心呈现为双峰态［图 6 - 98（d）、图 6 - 98（g）］，原油主要集中在为弛豫时间 0.1 ~ 1000ms 的孔隙。表 6 - 41 反映出 3 块岩心的孔隙度、渗透率相接近，故可通过对比 3 块岩心在不同界面张力条件下的渗吸驱油效率以及渗吸驱油速率，研究界面张力对渗吸驱油现象的影响。由岩心核磁共振 T_2 谱发现 9 号岩心的自发渗吸驱油主要集中在弛豫时间 0.1 ~ 10ms 的孔喉范围内，11 号岩心以及 21 号岩心自发渗吸驱油出现在各种尺度的孔喉之间。

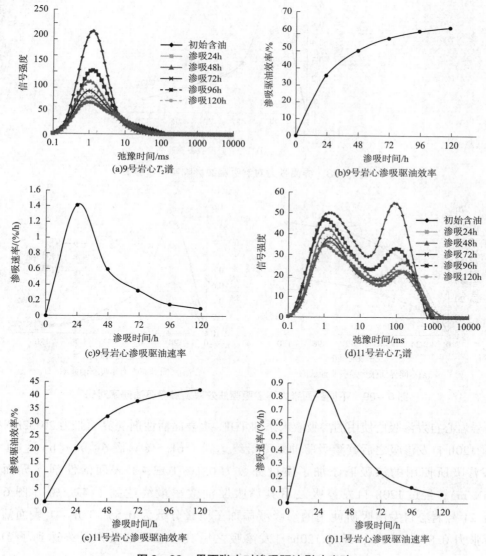

图 6 - 98 界面张力对渗吸驱油影响实验

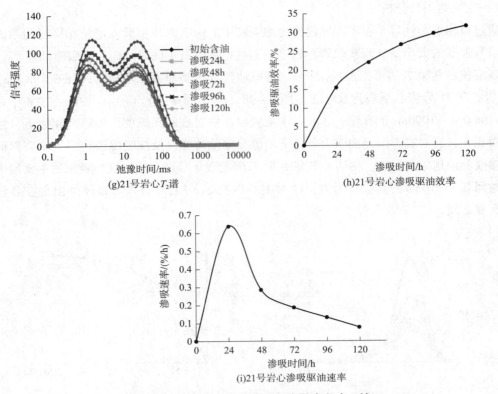

(g)21号岩心T_2谱   (h)21号岩心渗吸驱油效率

(i)21号岩心渗吸驱油速率

图6-98 界面张力对渗吸驱油影响实验 (续)

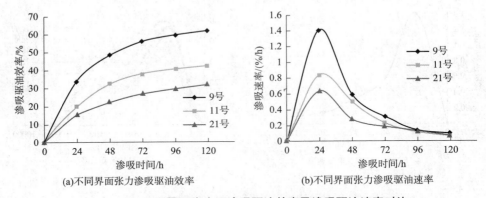

(a)不同界面张力渗吸驱油效率   (b)不同界面张力渗吸驱油速率

图6-99 不同界面张力下渗吸驱油效率及渗吸驱油速率对比

9号岩心自发渗吸所使用的渗吸液未添加TOF-1表面活性剂（界面张力20.32mN/m），在经过120h自发渗吸之后其渗吸驱油效率最终达到了61.5%［图6-98（b）］；11号岩心自发渗吸所使用的渗吸液添加了质量分数为0.1% TOF-1表面活性剂（界面张力2.43mN/m），经过120h自发渗吸之后其渗吸驱油效率最终达到了42.1%［图6-98（e）］；21号岩心自发渗吸所使用的渗吸液添加了质量分数为0.5% TOF-1表面活性剂（界面张力0.84 mN/m），经过120h自发渗吸之后其渗吸驱油效率最终达到了31.5%［图6-98（h）］。

9 号岩心渗吸 24h 渗吸驱油效率为 33.9%；渗吸 48h 渗吸驱油效率为 48.1%；渗吸 72h 渗吸驱油效率为 55.7%；渗吸 96h 渗吸驱油效率为 59.1%；渗吸 120h 渗吸驱油效率为 61.5%。

9 号岩心 0～24h 渗吸驱油速率为 1.41%/h，24～48h 渗吸驱油速率为 0.59%/h，48～72h 渗吸驱油速率为 0.32%/h，72～96h 渗吸驱油速率为 0.14%/h，96～120h 渗吸驱油速率为 0.10%/h ［图 6-98（c）］。

11 号岩心渗吸 24h 渗吸驱油效率为 20.1%；渗吸 48h 渗吸驱油效率为 32.1%；渗吸 72h 渗吸驱油效率为 37.7%；渗吸 96h 渗吸驱油效率为 40.5%；渗吸 120h 渗吸驱油效率为 42.1%。

11 号岩心 0～24h 渗吸驱油速率为 0.84%/h，24～48h 渗吸驱油速率为 0.50%/h，48～72h 渗吸驱油速率为 0.23%/h，72～96h 渗吸驱油速率为 0.12%/h，96～120h 渗吸驱油速率为 0.07%/h ［图 6-98（f）］。

21 号岩心渗吸 24h 渗吸驱油效率为 15.3%；渗吸 48h 渗吸驱油效率为 22.1%；渗吸 72h 渗吸驱油效率为 26.6%；渗吸 96h 渗吸驱油效率为 29.7%；渗吸 120h 渗吸驱油效率为 31.5%。

21 号岩心 0～24h 渗吸驱油速率为 0.64%/h，24～48h 渗吸驱油速率为 0.28%/h，48～72h 渗吸驱油速率为 0.19%/h，72～96h 渗吸驱油速率为 0.13%/h，96～120h 渗吸驱油速率为 0.08%/h ［图 6-98（i）］。

通过 3 种不同界面张力条件下的渗吸驱油效率曲线以及渗吸驱油速率曲线对比（图 6-99），发现随着界面张力的升高，渗吸驱油效率明显提升；界面张力较高时渗吸驱油速率较高，随着渗吸时间的增加，渗吸驱油速率下降，随着表面活性剂的加入（界面张力变化），渗吸驱油速率下降幅度呈减小趋势并且较低界面张力渗吸驱油速率的减小幅度较小，渗吸 120h 后 3 块岩心的渗吸驱油速率均接近于 0，即达到渗吸平衡状态。

通过岩心渗吸驱油效率以及渗吸驱油速率对比图（图 6-99）可知 0～24h 内，9 号岩心的渗吸驱油效率上升最快即渗吸驱油速率最大，当渗吸时间到达 120h 达到平衡状态，11 号岩心在 120h 达到平衡状态，21 号岩心在 120h 达到平衡状态。

通过本次实验，发现在致密储层渗吸驱油过程中，由于表面活性剂的加入，降低了油水界面张力，从而导致渗吸主动力毛管力下降，油水两相前缘的毛管力不足以克服黏滞力，导致部分小孔隙中的原油无法动用，从而导致了较低的渗吸驱油效率。

3. 矿化度影响

1）实验设计及材料

为研究矿化度对渗吸效果的影响，实验所用岩心取自合水地区长 8 储层，物性如表 6-42 所示，润湿性测试显示岩心均为亲水性，实验过程中岩心完全浸没于渗吸液中。实验所用模拟地层油为合水地区长 8 储层原油与精制煤油按照体积比 1:3 配制而成。常温（20℃）、常压（101.35kPa）条件下原油黏度为 3.67mPa·s，密度为 0.82g/cm³。

表6-42　岩心数据统计表

岩心编号	直径/mm	长度/mm	孔隙度/%	渗透率/$10^{-3}\mu m^2$
72	25.0	40.6	5.77	0.131
81	25.1	41.9	4.98	0.369
99	25.0	42.1	3.05	0.033

2）实验结果与分析

通过核磁共振 T_2 谱分析，自发渗吸后3块岩心 T_2 谱均有右移的趋势。72号、81号两块岩心均为双峰态且左峰高于右峰，主要含油孔隙弛豫时间介于0.1～100ms；99号岩心为单峰态，主要含油孔隙弛豫时间介于0.1～10ms。

矿化度分别为25000mg/L 和 35000mg/L，72号岩心渗吸24h渗吸驱油效率分别为6.5%、7.8%；渗吸48h渗吸驱油效率分别为8.7%、11.3%；渗吸72h渗吸驱油效率分别为10.1%、13.0%；渗吸96h渗吸驱油效率分别为10.9%、13.9%；渗吸120h渗吸驱油效率分别为11.2%、14.6%。

矿化度分别为25000mg/L 和 35000mg/L，72号岩心0～24h渗吸驱油速率分别为0.27%/h、0.33%/h；24～48h渗吸驱油速率分别为0.09%/h、0.15%/h；48～72h渗吸驱油速率分别为0.06%/h、0.07%/h；72～96h渗吸驱油速率分别为0.03%/h、0.04%/h；96～120h渗吸驱油速率分别为0.01%/h、0.03%/h。随着矿化度的增加渗吸驱油速率整体呈现增大趋势。

通过核磁共振 T_2 谱（图6-100、图6-101）分析，72号岩心渗吸现象主要集中于小-中等孔隙中，0～120h小-中等孔隙内信号强度降低，大孔隙内信号强度无明显变化。由渗吸驱油速率曲线（图6-102）可发现渗吸24h后原油渗吸驱油速率大幅下降，随着矿化度的增加渗吸驱油效率有所增加。

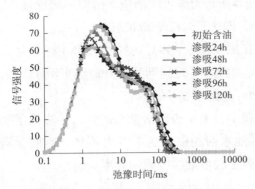

图6-100　72号岩心矿化度25000mg/L
渗吸驱油效率及渗吸驱油速率

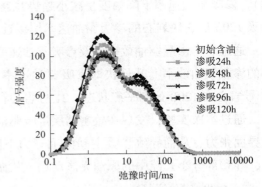

图6-101　72号岩心矿化度35000mg/L
渗吸驱油效率及渗吸驱油速率

矿化度分别为25000mg/L 和 35000mg/L，81号岩心渗吸24h渗吸驱油效率分别为7.1%、8.9%；渗吸48h渗吸驱油效率分别为10.6%、13.6%；渗吸72h渗吸驱油效率分别为12.6%、16.4%；渗吸96h渗吸驱油效率分别为14.3%、17.9%；渗吸120h渗吸驱油效率分别为14.6%、18.5%。

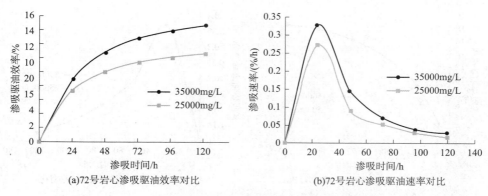

(a)72号岩心渗吸驱油效率对比　　　　(b)72号岩心渗吸驱油速率对比

图6-102　72号岩心不同矿化度渗吸驱油效率及渗吸驱油速率对比

矿化度分别为 25000mg/L 和 35000mg/L，81 号岩心 0～24h 渗吸驱油速率分别为 0.30%/h、0.37%/h；24～48h 渗吸驱油速率分别为 0.15%/h、0.20%/h；48～72h 渗吸驱油速率分别为 0.08%/h、0.12%/h；72～96h 渗吸驱油速率分别为 0.05%/h、0.06%/h；96～120h 渗吸驱油速率分别为 0.02%/h、0.03%/h。随着矿化度的增加渗吸驱油速率整体呈现增大趋势（图6-105）。

通过核磁共振 T_2 谱分析，81 号岩心渗吸现象主要集中于小－中等孔隙中，0～120h 小－中等孔隙信号强度持续降低，72～120h 大孔隙信号强度先上升再降低，这是由于小－中等孔隙中原油在毛管力差值的作用下进入大孔隙从而造成 72～96h 大孔隙信号强度上升。由渗吸驱油速率曲线可发现渗吸 24h 后原油渗吸驱油速率大幅下降，随着矿化度的增加渗吸驱油效率有所增加。

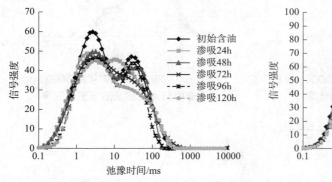

图6-103　81号岩心矿化度25000mg/L 渗吸驱油效率及渗吸驱油速率

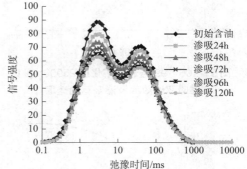

图6-104　81号岩心矿化度35000mg/L 渗吸驱油效率及渗吸驱油速率

矿化度分别为 25000mg/L 和 35000mg/L，99 号岩心渗吸 24h 渗吸驱油效率分别为 4.8%、5.8%；渗吸 48h 渗吸驱油效率分别为 7.5%、8.7%；渗吸 72h 渗吸驱油效率分别为 8.9%、10.4%；渗吸 96h 渗吸驱油效率分别为 9.3%、11.0%；渗吸 120h 渗吸驱油效率分别为 9.3%、11.2%。

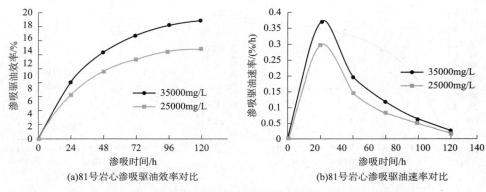

(a)81号岩心渗吸驱油效率对比   (b)81号岩心渗吸驱油速率对比

图6-105　81号岩心不同矿化度渗吸驱油效率及渗吸驱油速率对比

矿化度分别为 25000mg/L 和 35000mg/L，99 号岩心 0～24h 渗吸驱油速率分别为 0.20%/h、0.24%/h；24～48h 渗吸驱油速率分别为 0.11%/h、0.12%/h；48～72h 渗吸驱油速率分别为 0.06%/h、0.07%/h；72～96h 渗吸驱油速率分别为 0.02%/h、0.03%/h；96～120h 渗吸驱油速率分别为 0.00%/h、0.01%/h。随着矿化度的增加渗吸驱油速率整体呈现增大趋势（图6-108）。

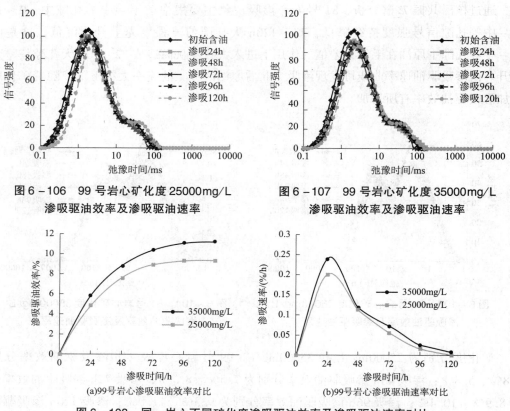

图6-106　99号岩心矿化度25000mg/L   图6-107　99号岩心矿化度35000mg/L
渗吸驱油效率及渗吸驱油速率   渗吸驱油效率及渗吸驱油速率

(a)99号岩心渗吸驱油效率对比   (b)99号岩心渗吸驱油速率对比

图6-108　同一岩心不同矿化度渗吸驱油效率及渗吸驱油速率对比

通过核磁共振 T_2 谱分析，99 号岩心渗吸现象主要集中于小 – 中等孔隙中，0～120h 各尺度孔隙信号强度持续降低，同时岩心 T_2 谱呈现右移趋势，这是由于小 – 中等孔隙中原油在毛管力差值的作用下进入大孔隙从而造成 72～96h 大孔隙信号强度上升。由渗吸驱油速率曲线可发现渗吸 24h 后原油渗吸驱油速率大幅下降，随着矿化度的增加渗吸驱油效率有所增加。

通过对比渗吸液矿化度 25000mg/L 与 35000mg/L，同一岩心的渗吸驱油效率以及渗吸驱油速率，发现随着矿化度的增加，3 块岩心的渗吸驱油效率均有提升，其提升幅度分别为 3.4%、3.9%、1.9%；对比渗吸驱油速率发现，矿化度 35000mg/L 渗吸液中渗吸驱油速率均高于矿化度 25000mg/L 渗吸液。

4. 脉冲作用影响

前人通过实验研究发现，相同条件下脉冲渗吸驱油效率高于自发渗吸驱油效率。脉冲作用（图 6 – 109）是指将储层流体作为压力传导介质，通过多次升压降压从而达到增强储层渗流能力的目的。

本实验通过平流泵周期性改变注

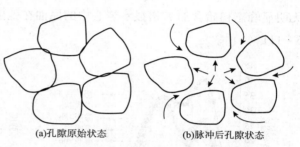

(a)孔隙原始状态　　　(b)脉冲后孔隙状态

图 6 – 109　脉冲示意图 [据白小红，罗向荣]

入压力来实现流体的压力传导，从而达到脉冲作用效果。通过同一岩心自发渗吸与脉冲渗吸的渗吸驱油效率、渗吸驱油速率、渗吸平衡时间的对比，确定脉冲渗吸对岩心渗吸驱油效率的影响。

1）实验设计及材料

为研究自发渗吸与脉冲渗吸对渗吸效果的影响，实验所用岩心取自合水长 8 储层，选取渗透率级别分别处于 $< 0.1 \times 10^{-3} \mu m^2$、$(0.1 \sim 1) \times 10^{-3} \mu m^2$ 以及 $> 1 \times 10^{-3} \mu m^2$；物性如表 6 – 43 所示，岩心均为亲水，实验过程中将人工造缝后的岩心放入岩心夹持器中（图 6 – 110），通过极慢的注入速度使得压裂液前缘在岩心毛管力的作用下吸入岩心基质，同时通过周期性的改变注入压力实现压力传导。

实验所用模拟地层油为合水地区长 8 储层原油与精制煤油按照体积比 1 : 3 配制而成，常温（20℃）条件下原油黏度为 3.67mPa·s，密度为 0.82g/cm³。实验所用渗吸液为 Mn^{2+}，浓度 25000mg/L。

表 6 – 43　岩心数据统计表

岩心编号	直径/mm	长度/mm	孔隙度/%	渗透率/$10^{-3}\mu m^2$
24	25.0	23.5	5.51	0.066
26	25.1	44.6	9.20	0.366
29	25.0	49.7	13.41	2.375

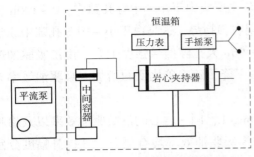

图6-110 LDY-150高温高压动态驱替
系统示意图

2）实验结果与分析

通过24、26、29号3块不同岩心在矿化度25000mg/L渗吸液中自发渗吸研究发现，24、26号两块岩心初始含油T_2谱呈现典型的双峰值，24号左峰高于右峰显示出岩心中的原油主要集中在弛豫时间1~10ms的孔隙内，26号岩心右峰高于左峰显示出岩心中的原油主要集中在弛豫时间10~100ms的孔隙内［图6-111（a）、图6-111（b）］，29号岩心无明显峰态初始含油T_2谱显示岩心中的原油在弛豫时间0.1~1000ms孔隙内均有分布［图6-111（c）］。

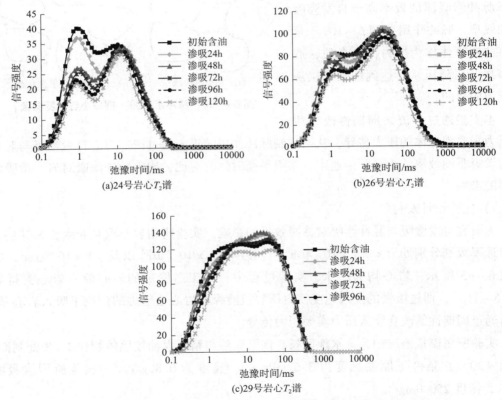

图6-111 未添加脉冲作用岩心渗吸效率及渗吸驱油速率

脉冲作用前24号岩心渗吸24h、48h、72h、96h、120h，渗吸驱油效率分别为8.7%、13.2%、15.3%、16.0%、16.2%；26号岩心渗吸24h、48h、72h、96h、120h，渗吸驱油效率分别为12.4%、18.6%、21.7%、23.3%、23.9%；29号岩心渗吸24h、48h、72h、96h、120h渗吸驱油效率分别为11.3%、16.8%、18.9%、19.4%、19.6%。

脉冲作用前24号岩心渗吸24h、48h、72h、96h、120h渗吸驱油速率分别为0.36%/h、

0.19%/h、0.09%/h、0.03%/h、0.01%/h；26 号岩心渗吸 24h、48h、72h、96h、120h
渗吸驱油速率分别为 0.52%/h、0.29%/h、0.13%/h、0.07%/h、0.03%/h；29 号岩心
渗吸 24h、48h、72h、96h、120h 渗吸驱油速率分别为 0.47%/h、0.23%/h、0.09%/h、
0.02%/h、0.01%/h。

通过 3 块岩心自发渗吸核磁共振 T_2 谱（图 6 - 111）可知，24 号岩心在经过 120h 渗吸
后渗吸驱油效率达到 16.2%，渗吸主要发生在弛豫时间 0.1 ~ 10ms 的孔隙中，该尺寸孔隙
渗吸贡献值达到 87.8%，0 ~ 24h 渗吸主要发生在弛豫时间 1 ~ 10ms 孔隙中，随着渗吸的
进行 0.1 ~ 1ms 孔隙中信号大幅度衰减；26 号岩心在经过 120h 渗吸后渗吸驱油效率达到
23.9%，渗吸主要发生在弛豫时间 1 ~ 100ms 的孔隙中，该尺寸孔隙渗吸贡献率达到
65.1%，0 ~ 24h 渗吸主要发生在弛豫时间 1 ~ 10ms 的孔隙中，随着渗吸的进行渗吸孔隙
尺度向中等 - 大孔隙偏移；29 号岩心在经过 120h 渗吸后渗吸驱油效率达到 19.6%，所有尺
度的孔隙均参与渗吸，其中弛豫时间 1 ~ 100ms 的孔隙渗吸贡献率达到 55.8%，0 ~ 24h 渗吸
主要发生在弛豫时间 0.1 ~ 1ms 的孔隙中，随着渗吸的进行出现小孔隙内信号强度降低，中
等 - 大孔隙内信号强度上升。通过渗吸驱油效率曲线与渗吸驱油速率曲线的研究发现渗吸初
期岩心渗吸驱油速率较高，随着渗吸的进行渗吸驱油速率大幅度降低，其中 24 号、29 号岩
心渗吸 96h 渗吸驱油速率已低于 0.1%/h，120h 时 3 块岩心的渗吸驱油速率均接近于 0。

脉冲作用后 24 号岩心渗吸 24h、48h、72h、96h、120h 渗吸驱油效率分别为 14.1%、
21.5%、25.3%、26.9%、27.6%；26 号岩心渗吸 24h、48h、72h、96h、120h 渗吸驱油
效率分别为 19.3%、28.8%、33.9%、36.6%、37.7%；29 号岩心渗吸 24h、48h、72h、
96h、120h 渗吸驱油效率分别为 15.2%、21.9%、25.4%、27.5%、28.2%。

脉冲作用后 24 号岩心渗吸 24h、48h、72h、96h、120h 渗吸驱油速率分别为 0.59%/h、
0.31%/h、0.16%/h、0.07%/h、0.03%/h；26 号岩心渗吸 24h、48h、72h、96h、120h
渗吸驱油速率分别为 0.80%/h、0.40%/h、0.21%/h、0.11%/h、0.08%/h；29 号岩心
渗吸 24h、48h、72h、96h、120h 渗吸驱油速率分别为 0.63%/h、0.28%/h、0.15%/h、
0.09%/h、0.07%/h。

通过 3 块岩心脉冲作用后渗吸核磁共振 T_2 谱（图 6 - 112）可知，24 号岩心在经过
120h 渗吸后渗吸驱油效率达到 27.6%，渗吸主要发生在弛豫时间 0.1 ~ 10ms 的孔隙中，
该尺寸孔隙渗吸贡献值达到 90.2%。0 ~ 24h 渗吸主要发生在弛豫时间 1 ~ 10ms 孔隙中，
随着渗吸的进行 0.1 ~ 1ms 孔隙中信号大幅度衰减；26 号岩心在经过 120h 渗吸后渗吸驱油
效率达到 37.7%，渗吸主要发生在弛豫时间 1 ~ 100ms 的孔隙中，该尺寸孔隙渗吸贡献率
达到 52.3%。0 ~ 24h 渗吸主要发生在弛豫时间 1 ~ 10ms 的孔隙中；29 号岩心在经过 120h
渗吸后渗吸驱油效率达到 28.7%，所有尺度的孔隙均参与渗吸，其中弛豫时间 0.1 ~ 10ms
的孔隙渗吸贡献率达到 46.7%。0 ~ 24h 渗吸主要发生在弛豫时间 10 ~ 100ms 的孔隙中，
随着渗吸的进行中等 - 大孔隙内信号强度降低较为明显。通过渗吸驱油效率曲线与渗吸驱
油速率曲线的研究，发现渗吸初期岩心渗吸驱油速率较高，随着渗吸的进行渗吸驱油速率

大幅度降低，120h 时 3 块岩心的渗吸驱油速率均大于 0，这表明岩心尚未达到平衡状态，120h 后渗吸仍将存在。

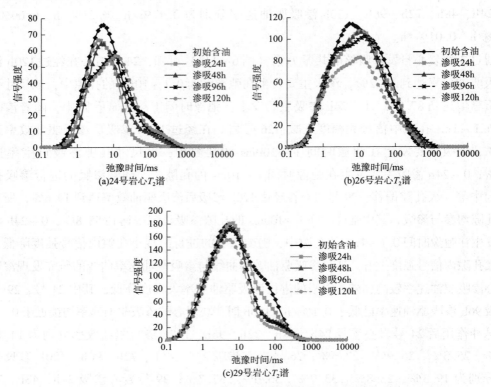

图 6 – 112 添加脉冲作用岩心渗吸效率及渗吸驱油速率

通过 3 块岩心自发渗吸与脉冲渗吸的渗吸驱油效率曲线与渗吸驱油速率曲线对比（图 6 – 113）发现，脉冲渗吸驱油效率相比自发渗吸均有较大幅度的提升，渗吸驱油速率也有所上升。同时发现随着脉冲渗吸岩心渗吸驱油速率在 120h 依然大于 0，动态渗吸会延长渗吸平衡时间。3 块岩心的动态渗吸驱油效率相较自发渗吸驱油效率提升比例分别为 70.3%、57.7%、43.9%，这表明脉冲渗吸对于渗透率低于 $0.1 \times 10^{-3} \mu m^2$ 的岩心渗吸驱油效率提升较高。

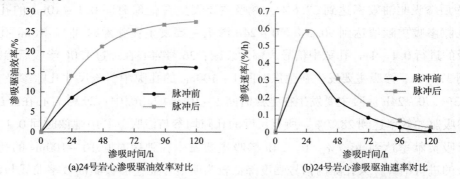

图 6 – 113 脉冲前后同一岩心渗吸效率及渗吸驱油速率对比

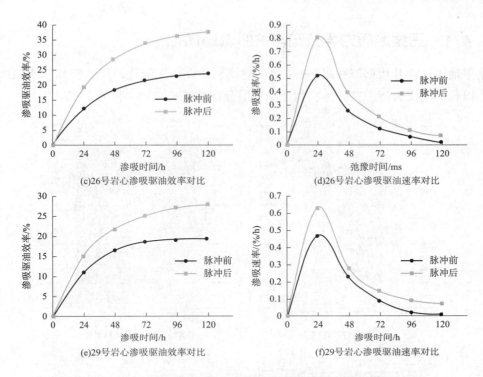

(c)26号岩心渗吸驱油效率对比   (d)26号岩心渗吸驱油速率对比

(e)29号岩心渗吸驱油效率对比   (f)29号岩心渗吸驱油速率对比

图6-113 脉冲前后同一岩心渗吸效率及渗吸驱油速率对比（续）

6.4 储层地质工程一体化技术

以三维模型为核心、以地质—储层综合研究为基础，构建地球物理、油藏地质、储层改造、钻采工程、经济评价一体化设计平台。实现地质、工程精细建模、实时修正，方案整体设计、交互优化，从方案源头支撑方案优化和实施，提高油藏开发和增产效果与综合效益，流程见图6-114。

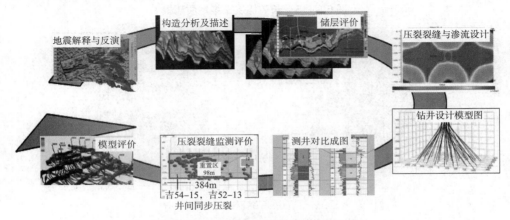

图6-114 地质工程交互优化工作流程

6.4.1　三维地质力学分布与井眼轨迹优化

基于地震、测井数据等利用 Petrol 地质建模软件等软件构建储层物性和三维地质力学分布，以长 7 储层为例。其砂体、物性和小层分布见图 6–115 ～图 6–117。

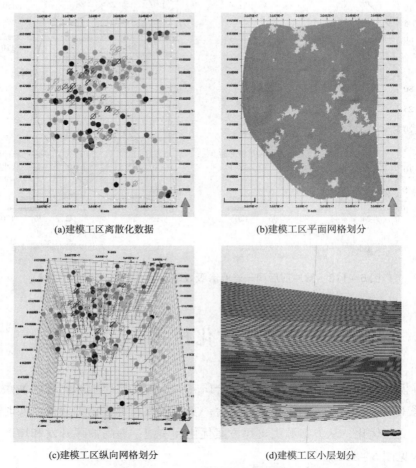

(a)建模工区离散化数据　　　　(b)建模工区平面网格划分

(c)建模工区纵向网格划分　　　　(d)建模工区小层划分

图 6–115　长 7 储层三维地质建模

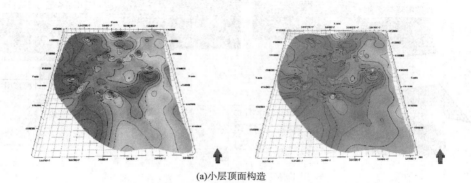

(a)小层顶面构造

图 6–116　长 7 储层各小层地质模型

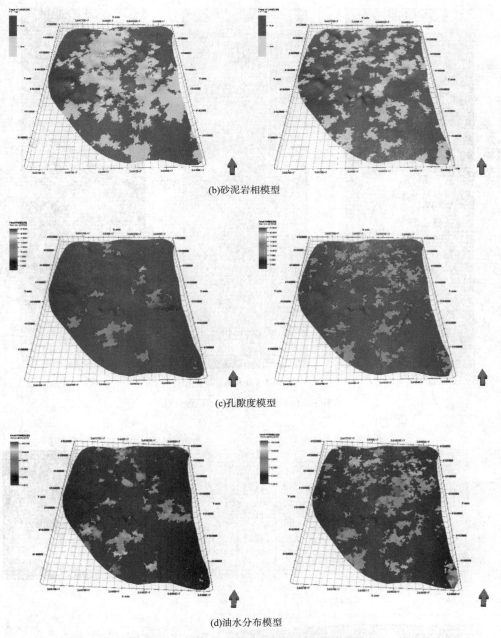

(b)砂泥岩相模型

(c)孔隙度模型

(d)油水分布模型

图6-116　长7储层各小层地质模型（续）

　　先选定工区范围，基于平面上测井数据体（部分地震数据）结合部分实验测试数据，对数据进行整理与解释，构建纵向上地层岩石的弹性参数、上覆岩层压力、地应力及确定方法、地层孔隙压力、地层破裂压力、地层坍塌压力、抗压/抗拉/抗剪等强度强度参数、内聚力、内摩擦角等数据，研究三维空间力学参数分布方法，再利用三维地质建模软件实现从地面至目的层的三维地质力学模型建立，见图6-118~图6-120。

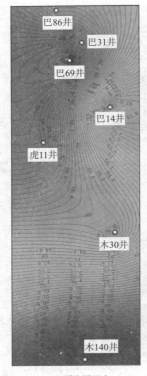 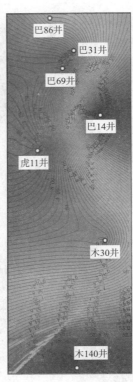 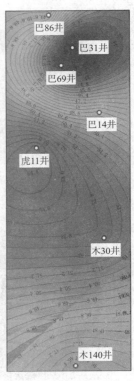

(a)上覆岩层压力　　　　　　(b)水平最大地应力　　　　　　(c)水平最小地应力

图 6－117　储层地应力平面分布

一维地质力学模型建立　　　　　　　　三维地质力学模型建立

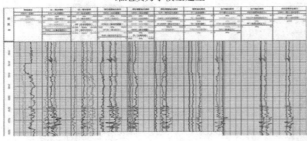 

测井解释

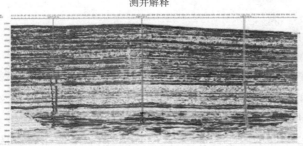 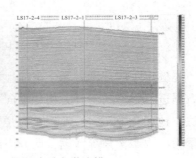

图 6－118　基于测井（或地震，用于钻前）数据地质力学建模

(a)孔隙压力　　　　　　　　　　(b)破裂压裂　　　　　　　　　　(c)坍塌压力

图6-119　三维地质力学参数分布

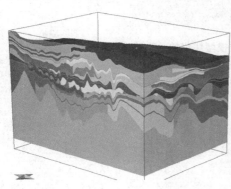 

图6-120　构建的三维地质建模

基于构建的三维地质力学模型基础上，在直井特别是水平井井眼轨迹设计时，考虑地质甜点、钻井工程力学要求以及后续压裂增产要求，形成基于地质与工程甜点的井眼轨迹设计方法，见图6-121~图6-123。

时间点1

时间点2

时间点3

图6-121　沿井眼轨迹的三维地质建模（实时）

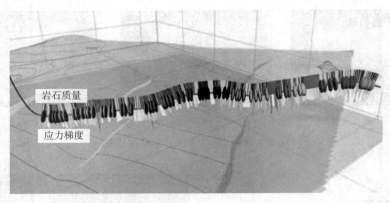

图 6 – 122　基于三维地质模型优化的井眼轨迹

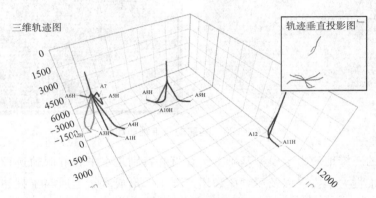

图 6 – 123　基于三维地质模型优化的井眼轨迹

6.4.2　三维地质力学基础上密切割压裂增产技术

在非常规油气体积改造技术的基础上，雷群等提出以"密切割"为主要特征的"缝控储量"改造优化设计技术及配套技术方法体系。将裂缝的长度、间距、缝高等与储集层物性、应力、井控储量相结合进行优化，优化目标是缝控产量（裂缝在目标时间内采出的油气量）与井控可采储量（井所在的油藏单元中油气储量）之比趋近 1，实现裂缝对地下储量地有效控制和动用。缝控压裂技术的核心就是需要明确 4 个关系：①岩石属性与裂缝扩展机理。②水平段长与布缝密度。③储集层流体渗流与裂缝流动耦合。④人工裂缝与井网井距匹配。缝控压裂技术的要点为：压裂早期介入，纵向上优选甜点和层系，模拟缝高扩展，确定纵向井间距；横向上模拟人工缝长，结合生产动态开展生产历史拟合，确定平面井间距，实现一次布井到位；结合三维应力场时空演化研究，实施交错布缝、优化裂缝参数，控制泄油面积及可采储量，实现一次布缝到位；通过优化施工规模，控制单井成本及产量递减，实现一次改造到位。

与建立三维地质模型类似，通过三维地震解释结果与水平井储层钻遇参数相结合，将地质甜点区的识别方法由前期的近井筒分析扩展到砂体三维空间分布，结合地应力参数，建立储层甜点区地质压裂一体化分类标准，设计和优化压裂施工参数。

通过三维地震预测井组储层展布（图6-124）、拉链式等施工设计（图6-125）、数值模拟（图6-126），实现裂缝设计由单井最大改造体积向井组最大缝控储量转变，保障井间优质储层充分改造。

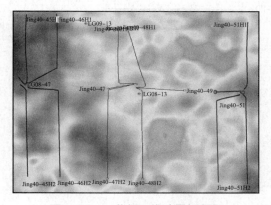

图6-124　井间三维地震解释图

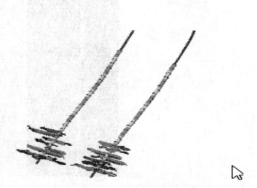

图6-125　井间拉链式压裂施工设计

根据储层的地质特征及物性参数，确定储层地质甜点分类标准。优先选择Ⅰ类和Ⅱ类储层进行压裂，优先考虑物性、含油饱和度和自然伽马、电阻率、声波时差参数。基于储层分类评价结果，不同分类级别采取针对性压裂工艺措施。强化Ⅰ+Ⅱ类特别是Ⅰ类储层改造程度，进一步提升段簇有效性，大幅提升缝网波及系数，提高单井产量，鄂尔多斯盆地致密储层缝网波及系数与单井EUR关系见图6-127。缝间距、簇数优化，差异化设计提高优质段贡献率，部分井甚至可应用暂堵剂形成复杂缝网。

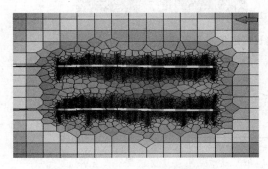

图6-126　地层压力变化预测

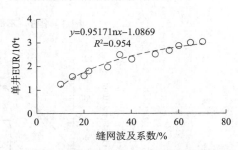

$$y=0.95171nx-1.0869$$
$$R^2=0.954$$

图6-127　鄂尔多斯盆地致密储层缝网波及系数与单井EUR关系

基于室内实验测试数据和测井数据体，综合地质力学参数、断裂韧性、地应力大小及差值以及微裂缝发育特征，建立准确的地层可压性评价模型，在地质甜点上进一步甄选压裂工程甜点，压裂工程甜点筛选方法见4.3章节内容。地质甜点分为Ⅰ类、Ⅱ类、Ⅲ类，压裂工程甜点也分为Ⅰ类、Ⅱ类、Ⅲ类，总共有9类组合。

首先，对段长进行优选，现场作业中段长需综合考虑压裂设备能力与经济成本，在现有常用施工参数基础上，并在确保压裂效果的条件下尽可能提高段长以降低成本。有限元分析软件 ABAQUS 模拟见图 6 - 128，评价不同段长下其改造体积（SRV）见图 6 - 129。根据模拟结果，长 7 储层 I 类地质甜点最优段长为 55m，II 类地质甜点最优段长为 70m，III 类地质甜点最优段长为 80m。

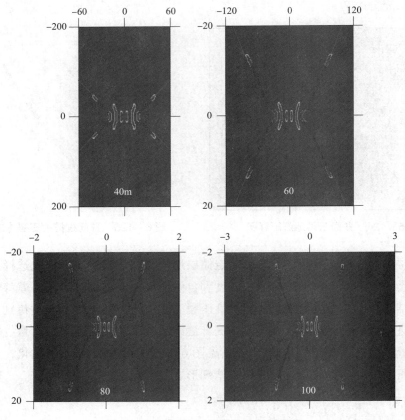

图 6 - 128　不同段长裂缝扩展示意图

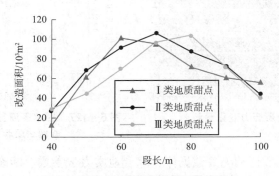

图 6 - 129　不同地质甜点下最优段长

应力阴影效应是缝间干扰的主要原因，见图 6 - 130。多裂缝同时扩展时，由于地应力的变化，裂缝之间存在排斥与吸引，裂缝扩展过程中发生转向。针对不同工程甜点确定合理的簇间距是保证储层改造效果的关键。

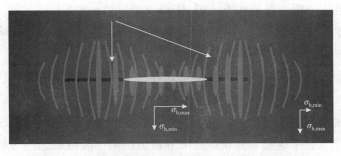

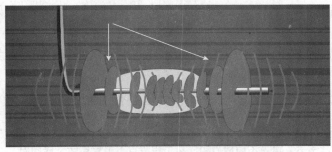

图 6 – 130　应力阴影影响示意图

其次，对簇数和簇间距进行优选，簇数与簇间距的选取应考虑地质因素和工程因素，在设计时遵循以下原则：按照地质条件和可压裂性评价方法，将井划分为 9 类，根据其特点选取合理的参数区间并分别进行数值模拟，寻找最佳作业参数；考虑储层可压裂性，对可压裂性好的储层，采用较少的簇数就能达到理想效果；对可压裂性差的储层，应采用较多的簇数易形成复杂缝网；考虑储层地质条件，对地质条件好的储层，采用较小的簇间距形成复杂缝网充分释放产能；对地质条件差的储层，可具体现场施工和开发要求优化段间距和簇间距。

对 9 类地层，分别取簇数为 4 簇、5 簇、6 簇；簇间距为 6m、8m、10m、12m 分别进行数值模拟，见图 6 – 131 和表 6 – 44。

(a)6簇，8m　　　　　　　　　　　　(b)6簇，12m

图 6 – 131　地质甜点 Ⅱ 与工程甜点 Ⅲ 压裂模拟

对模拟结果进行分析，得到如下认识：

（1）单段内裂缝同时起裂时，中间裂缝受多个裂缝应力阴影叠加影响，导致裂缝起裂程度不好，缝长较短。

（2）单段内裂缝同时起裂时，裂缝尖端均存在明显的应力集中，导致裂缝在扩展时表现出"相互排斥"的现象，且簇间距越小，这种现象越明显。

（3）簇数较多或簇间距过小，缝间干扰严重，在裂缝扩展初期易形成复杂缝网。

（4）簇间距过大，单缝控制储量低，有效渗流距离不能覆盖缝间区域。

（5）对于物性好的储层，充分发挥缝间应力干扰形成复杂缝网，充分释放产能，以提高改造体积。

（6）对于可压裂性差的地层，可通过缩小簇间距加剧缝间干扰，形成复杂缝网，提高导流能力。

通过数值模拟，确定不同地质条件和可压裂性地层合理的簇数和簇间距分别见表6-44。

表6-44　不同地质和压裂工程甜点下最优簇数及簇间距

工程甜点 地质甜点	Ⅰ类	Ⅱ类	Ⅲ类
Ⅰ类	4簇，8m	5簇，8m	6簇，6m
Ⅱ类	4簇，10m	4簇，10m	4簇，8m
Ⅲ类	4簇，12m	4簇，12m	4簇，10m

其他工艺参数如排量、液量、砂量、砂比等方面的影响，同样用此方法可以模拟工区范围内最优施工参数。

不同类型储层产出剖面测试（图6-132）表明致密Ⅰ类储层经济效益较好，但致密Ⅱ类、Ⅲ类储层产量倍数与投资倍数不匹配，仍需优化提升。其中Ⅲ类储层产量贡献占比低于5%。

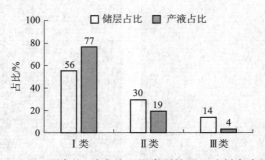

图6-132　页岩油/致密油不同类型储层示踪剂产液剖面

针对鄂尔多斯盆地Ⅰ类、Ⅱ类非常规储层主要增产对策包括：新型绳结暂堵提高多簇有效性10%以上，超细砂增加有效支撑缝长20%以上，差异化设计提高优质段贡献率

20%以上。根据实际成本控制，可不压Ⅲ类储层；如果压裂Ⅲ类储层，可分2种改造方式：①可减小簇间距，尽可能形成复杂缝；②保持单井改造规模不变的情况下，减少Ⅲ类储层改造段数，同时全面应用大段多簇布缝模式（图6-133），预计单井可控减段数2~3段，单井压裂改造成本可降低10%。

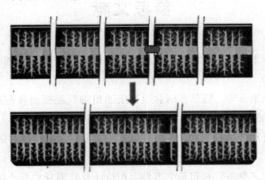

图6-133 大段多簇改造减少压裂段数示意图

缝控压裂技术在长庆油田陇东页岩油开发示范区应用58口井，井间距由600~1000m缩小至200~400m，段压裂簇数由2~3簇提至5~14簇，簇间距由22~30m缩小至5~12m，微地震监测裂缝控藏程度由50%~60%提升至90%以上，单井产量由10~12t/d提升至18t/d以上，首年递减率由40%~45%降至35%以下，助力长庆陇东页岩油示范区日产原油突破1000t。

参考文献

［1］付金华，董国栋，周新平，等．鄂尔多斯盆地油气地质研究进展与勘探技术［J］．中国石油勘探，2021，26（3）：19－40.

［2］张才利，刘新社，杨亚娟，等．鄂尔多斯盆地长庆油田油气勘探历程与启示［J］．新疆石油地质，2021，42（3）：253－263.

［3］李耀华．陆相致密油可动性影响因素研究——以鄂尔多斯盆地延长组为例［D］．中国石油大学（北京），2019.

［4］梁庆韶．鄂尔多斯盆地三叠系延长组长7事件沉积特征及其耦合关系［D］．成都理工大学，2020.

［5］陈斌．低渗透砂岩储层成岩差异性研究及产能评价—以鄂尔多斯盆地延安组、延长组为例［D］．西北大学，2020.

［6］马明．鄂尔多斯地区早古生代构造演化特征及其动力学背景［D］．西北大学，2020.

［7］杨华，牛小兵，徐黎明，等．鄂尔多斯盆地三叠系长7段页岩油勘探潜力［J］．石油勘探与开发，2016，43（4）：511－520.

［8］李吉君，史颖琳，章新文，等．岩油富集可采主控因素分析——以泌阳凹陷为例［J］．地球科学（中国地质大学学报），2014，39（7）：848－857.

［9］Jarvie，D. M．，Hill，R. J．，Ruble，T. E．et al．．Unconventional Shale－Gas Systems：The Mississippian Barnett Shale of North－Central Texas as One Model for Thermogenic Shale－Gas Assessment．AAPG Bull．2007，Bull．91（4）：475－499.

［10］Wang，F．and Gale，J．Screening Criteria for Shale－Gas Systems．Gulf Coast Association of Geological Societies Transactions 59：779－793，2009.

［11］Jin X，Subhash N．Shah．et al．Fracability Evaluation in Shale Reservoirs－An Integrated Petrophysics and Geomechanics Approach．SPE Hydraulic Fracturing Technology Conference，Woodlands，Texas，USA，4－6 February 2014．SPE 168589

［12］胡文瑞．地质工程一体化是实现复杂油气藏效益勘探开发的必由之路［J］．中国石油勘探，2017，22（1）：1－5.

［13］吴奇，梁兴，鲜成钢，等．地质－工程一体化高效开发中国南方海相页岩气［J］．中国石油勘探，2015，20（4）：1－23.

［14］谢军，张浩淼，佘朝毅，等．地质工程一体化在长宁国家级页岩气示范区中的实践［J］．中国石油勘探，2017，22（1）：21－28.

［15］刘涛，石善志，郑子君，等．地质工程一体化在玛湖凹陷致密砂砾岩水平井开发中的实践［J］．中国石油勘探，2018，23（2）：90－103.

［16］许建国，赵晨旭，宣高亮，等．地质工程一体化新内涵在低渗透油田的实践——以新立油田为例［J］．中国石油勘探，2018，23（2）：37－42.

［17］Cipolla C L，Fitzpatrick T，Williams M J，et al．Seismic－to－simulation for unconventional reservoir development［C］//SPE Reservoir Characterisation and Simulation Conference and Exhibition，October

2011, Abu Dhabi, UAE.

［18］赵福豪，黄维安，雍锐，等. 地质工程一体化研究与应用现状［J］. 石油钻采工艺，2021，43（2）：131 – 138.

［19］Downie R, Xu J, Grant D, et al. Utilization of microseismic event source parameters for the calibration of complex hydraulic fracture models［C］//SPE Hydraulic Fracturing Technology Conference, February 2013, The Woodlands, Texas, USA.

［20］蒋廷学，卞晓冰，左罗，等. 非常规油气藏体积压裂全生命周期地质工程一体化技术［J］. 油气藏评价与开发，2021，11（3）：297 – 304.

［21］雷群，翁定为，熊生春，等. 中国石油页岩油储集层改造技术进展及发展方向［J］. 石油勘探与开发，2021，48（5）：1 – 8.

［22］雷群，杨立峰，段瑶瑶，等. 非常规油气"缝控储量"改造优化设计技术［J］. 石油勘探与开发，2018，45（4）：719 – 726.

［23］雷群，管保山，才博，等. 储集层改造技术进展及发展方向［J］. 石油勘探与开发，2019，46（3）：580 – 587.

［24］宁方兴. 济阳坳陷页岩油富集主控因素［J］. 石油学报，2015，36（8）：905 – 914.

［25］张林晔，包友书，李钜源，等. 湖相页岩油可动性——以渤海湾盆地济阳坳陷东营凹陷为例［J］. 石油勘探与开发，2014，41（6）：641 – 649.

［26］邹才能，杨智，朱如凯，等. 中国非常规油气勘探开发与理论技术进展［J］. 地质学报，2015，89（6）：979 – 1007.

［27］吴奇，胥云，张守良，等. 非常规油气藏体积改造技术核心理论与优化设计关键［J］. 石油学报，2014，35（4）：706 – 714.

［28］孙建孟，韩志磊，秦瑞宝，等. 致密气储层可压裂性测井评价方法［J］. 石油学报，2015，36（1）：74 – 80.

［29］Sun Jianmeng, Han Zhilei, Qin Ruibao, et al. Log evaluation method of fracturing performance in tight gas reservoir［J］. ACTA Petrolei Sinica, 2015, 36（1）：74 – 80.

［30］李庆辉，陈勉，金衍，等. 页岩脆性的室内评价方法及改进［J］. 岩土力学与工程学报，2012，31（8）：1680 – 1685.

［31］Jin X C, Shah S N, Roegiers J C, et al. 2015. An integrated petrophysics and geomechanics approach for fracability evaluation in shale reservoirs［J］. SPE Journal, 2015, 20（3）：518 – 526.

［32］Rickman R, Mullen M, Petre, E, et al. A practical use of shale petrophysics for stimulation design optimization：all shale plays are not clones of the Barnett shale［R］. SPE115258, 2008.

［33］Kundert D P, Mullen M J. Proper Evaluation of shale gas reservoirs leads to a more effective hydraulic – fracture stimulation［R］. SPE123586, 2009.

［34］Daniel M J, Ronald J H, Tim E R. A comparative study of the Mississippian Barnett Shale, Fort Worth Basin, and Devonian Marcellus Shale, Appalachian Basin［J］. AAPG Bulletin, 2011, 91（4）：475 – 499.

［35］Bai M. Why are brittleness and fracability not equivalent in designing hydraulic fracturing in tight shale gas reservoirs［J］. Petroleum, 2016, 2（1）：1 – 19.

［36］Chong K K, Grieser W V, Passman A, et al. A completions guide book to shale – play development：A review of successful approaches toward shale – play stimulation in the last two decades［R］. SPE133874, 2010.

［37］唐颖，邢云，李乐忠，等. 页岩储层可压裂性影响因素及评价方法［J］. 地学前缘，2012，19（5）：

356 – 363.

[38] 袁俊亮, 邓金根, 张定宇, 等. 页岩气储层可压裂性评价技术 [J]. 石油学报, 2013, 34 (3): 523 – 527.

[39] 郭天魁, 张士诚, 葛洪魁. 评价页岩压裂形成缝网能力的新方法 [J]. 岩土力学, 2013, 34 (4): 947 – 954.

[40] 赵金洲, 许文俊, 李勇明, 等. 页岩气储层可压性评价新方法 [J]. 天然气地球科学, 2015, 26 (6): 1165 – 1172.

[41] Sui L L, Ju Y, Yang Y M, et al. A quantification method for shale fracability based on analytic hierarchy process [J]. Energy, 2016, 115: 637 – 645.

[42] Yuan J L, Zhou J L, Liu S J, et al. An improved fracability – evaluation method for shale reservoirs based on new fracture toughness – prediction models [J]. SPE Journal, 2017, 22 (5): 1704 – 1713.

[43] Zhu Y X, Carr T R. Estimation of fracability of the Marcellus shale: A case study from the MIP3H in Monongalia county, West Virginia, USA [R]. SPE191818, 2018.

[44] Wu J J, Zhang S H, Cao H, et al. Fracability evaluation of shale gas reservoir – A case study in the Lower Cambrian Niutitang formation, northwestern Hunan, China [J]. Journal of Petroleum Science and Engineering, 2018, 164: 675 – 684.

[45] 任岩, 曹宏, 姚逢昌, 等. 吉木萨尔致密油储层脆性及可压裂性预测 [J]. 石油地球物理勘探, 2018, 53 (3): 511 – 519.

[46] Perera M, Sampath K, Ranjith P, et al. Effects of pore fluid chemistry and saturation degree on the fracability of Australian Warwick siltstone [J]. Energies, 2018, 11 (10): 2795.

[47] He R, Yang Z Z, Li X G, et al. A comprehensive approach for fracability evaluation in naturally fractured sandstone reservoirs based on analytical hierarchy process method [J]. Energy Science & Engineering, 2019, 7 (2): 1 – 17.

[48] Ji G F, Li K D, Zhang G Z, et al. An assessment method for shale fracability based on fractal theory and fracture toughness [J]. Engineering Fracture Mechanics, 2019, 211: 282 – 290.

[49] 窦亮彬, 杨浩杰, Xiao Y. J., 等. 页岩储层脆性评价分析及可压裂性定量评价新方法研究 [J]. 地球物理学进展, 2021, 36 (2): 0576 – 0584.

[50] 张忠义, 陈世加, 姚泾利, 等. 鄂尔多斯盆地长 7 段致密储层微观特征研究 [J]. 西南石油大学学报 (自然科学版), 2016, 38 (6): 70 – 80.

[51] 李海波, 郭和坤, 杨正明, 等. 鄂尔多斯盆地陕北地区三叠系长 7 致密油赋存空间 [J]. 石油勘探与开发, 2015, 42 (3): 396 – 400.

[52] 王明磊, 张遂安, 关辉, 等. 致密油储层特点与压裂液伤害的关系——以鄂尔多斯盆地三叠系延长组长 7 段为例 [J]. 石油与天然气地质, 2015, 36 (5): 846 – 854.

[53] 薛永超, 田炜丰. 鄂尔多斯盆地长 7 致密油藏特征 [J]. 特种油气藏, 2014, 21 (3): 111 – 115.

[54] 钟高润, 张小莉, 杜江民, 等. 致密砂岩储层应力敏感性实验研究 [J]. 地球物理学进展, 2016, 31 (3): 1300 – 1306.

[55] 高永利, 牛慧赟, 关新, 等. 烃源岩上、下砂岩储层孔隙演化差异: 以合水地区长 7 和长 8 储层为例 [J]. 地质科技情报, 2018, 37 (2): 129 – 136.

[56] 李松. 镇北油田长 8 储层地质特征及有利区预测 [D]. 西安: 西安石油大学, 2014.

[57] 张纪智, 陈世加, 肖艳, 等. 鄂尔多斯盆地华庆地区长 8 致密砂岩储层特征及其成因 [J]. 石油与天然气地质, 2013, 34 (5): 679 – 684.

［58］高辉，何梦卿，赵鹏云，等．鄂尔多斯盆地长 7 页岩油与北美地区典型页岩油地质特征对比 ［J］．石油实验地质．2018，40（02）：133 – 140.

［59］邹才能，朱如凯，白斌，等．中国油气储层中纳米孔首次发现及其科学价值 ［J］．岩石学报，2011，27（6）：1857 – 1864.

［60］Curtis J B. Fractured shale – gas systems ［J］. AAPG Bulletin, 2002, 86（11）: 1921 – 1938.

［61］Loucks R G, Reed R M, Ruppel S C, et al. Morphology, genesis, and distrubution of nanometer – scale pores in siliceous mudstones of the Mississippian Barnett Shale ［J］. Journal of Sedimentary Research, 2009, 79（12）: 848 – 864.

［62］Sondergeld C H, Ambrose R J, Rai C S, et al. Micro – structrual studies of gas – shale ［R］. SPE 131771, 2010.

［63］Slatt M R, Brien R O. Pore types in the Barnett and Woodfood gas shales: Contribution to understanding gas storage and migration pathways in fine – grained rocks ［J］. AAPG Bulletin, 2011, 95（12）: 2017 – 2030.

［64］林森虎，邹才能，袁选俊，等．美国致密油开发现状及启示 ［J］．岩性油气藏，2011，23（4）：25 – 30.

［65］刘文卿，汤达祯，潘伟义，等．北美典型页岩油地质特征对比及分类 ［J］．科技通报，2016，32（11）：13 – 18.

［66］赵俊龙，张君峰，许浩，等．北美典型致密油地质特征对比及分类 ［J］．岩性油气藏，2015，27（1）：44 – 50.

［67］李倩，卢双舫，李文浩，等．威利斯顿盆地和西墨西哥湾盆地致密油成藏差异 ［J］．新疆石油地质，2016，37（6）：741 – 747.

［68］邹才能，杨智，崔景伟，等．页岩油形成机制、地质特征及发展对策 ［J］．石油勘探与开发，2013，40（1）：14 – 26.

［69］张文正，杨华，张伟伟，等．鄂尔多斯盆地延长组长 7 湖相页岩油地质特征评价 ［J］．地球化学，2015，44（5）：505 – 515.

［70］Mullen J, Lowry J C, Nwabuoku K C. Lessons learned developing the Eagle Ford shale ［C］. Proceedings of Tight Gas Completions Conference. Richardson: Society of Petroleum Engineers, 2010. SPE – 138446 – MS.

［71］Smith M G, Bustin R M. Production and preservation of organic matter during deposition of the Bakken Formation（Late Devonian and Early Mississippian）［J］. Palaeogeography, Palaeoclimatology, Palaeoeclogy, 1998, 142: 185 – 200.

［72］Walper J L. Plate tectonics and the origin of the Caribbean Sea and the Gulf of Mexico ［J］. Transactions – GCAGS, 1972, 22: 105 – 106.

［73］Salvador A. Late Triassic – Jurassic paleogeography and origin of Gulf of Mexico basin ［J］. AAPG Bulletin, 1987, 71（4）: 419 – 451.

［74］张妮妮，刘洛夫，苏天喜，等．鄂尔多斯盆地延长组长 7 段与威利斯顿盆地 Bakken 组致密油形成条件的对比及其意义 ［J］．现代地质，2013，27（5）：1120 – 1130.

［75］秦长文，秦璇．美国鹰滩和尼奥泊拉拉页岩油富集主控因素 ［J］．特种油气藏，2015，22（4）：34 – 38.

［76］曾祥亮，刘树根，黄文明，等．四川盆地志留系龙马溪组页岩与美国 Fort Wort 盆地 Barnett 组页岩地质特征对比 ［J］．地质通报，2011，30（2）：372 – 384.

［77］Modica C J, Lapierre S G. Estimation of kerogen porosity in source rocks as a function of thermal transformation：Example from the Mowry Shale in the Powder River Basin of Wyoming ［J］. AAPG Bulletin，2012，96（1）：87 – 108.

［78］Sonnenberg S A，Aris P. Petroleum geology of the giant Elm Coulee field，Williston Basin ［J］. AAPG Bulletin，2009，93（9）：1127 – 1153.

［79］Bai B J，Elgmati M，Zhang H，et al. Rock characterization of Fayetteville shale gas plays ［J］. Fuel，2013，105：645 – 652.

［80］Louck R G，Ruppel S T. Ruppel Mississippian Barnett Shale：Lithofacies and depositional setting of a deep water shale gas succession in the Fort Worth Basin，Texas ［J］. AAPG Bulletin，2007，91（4）：579 – 601.

［81］Montgomery S L，Jarvie D M，Bowker K A，et al. Mississippian Barnett Shale，Fort Worth Basin，northcentral Texas：Gas share play with multitrillion cubic foot potential ［J］. AAPG Bulletin，2005，89（2）：155 – 175.

［82］Kuhn P P，Primio R D，Ronald H，et al. Three – dimensional modeling study of the low – permeability petroleum system of the Bakken Formation ［J］. AAPG Bullen，2012，96（10）：1867 – 1897.

［83］Stephen A Sonnenberg，Aris Pramudito. Petroleum geology of the giant Elm Coulee field，Williston Basin ［J］. AAPG Bulletin，2009，9（39）：1127 – 1153.

［84］Martin R，Baihly J，Malpani R，et al. Understanding production from Eagle ford Austin chalk system ［R］. SPE 145117，2011：1 – 28.

［85］Fishman N. Linking Diagenesis with depositional environments as it bears on pore types and hydrocarbon storage – an example from the Cretaceous Eagle Ford formation，South Texas ［R］. Tulsa Geological Society Dinner Meeting，2015.

［86］杨华，李士祥，刘显阳，等. 鄂尔多斯盆地致密油、页岩油特征及资源潜力 ［J］. 石油学报，2013，34（01）：1 – 11.

［87］姚泾利，邓秀芹，赵彦德，等. 鄂尔多斯盆地延长组致密油特征 ［J］. 石油勘探与开发，2013，40（02）：150 – 158.

［88］王明磊，张遂安，张福东，等. 鄂尔多斯盆地延长组长 7 段致密油微观赋存形式定量研究 ［J］. 石油勘探与开发，2015，42（06）：757 – 762.

［89］Span R.，Wagner W.. A new equation of state for carbon dioxide covering the fluid region from the triple – point temperature to 1100 K at pressures up to 800 MPa ［J］. J. Phys. Chem. Ref. Data，1996，25（6）：1509 – 1596.

［90］刘光启，马连湘，刘杰. 化学化工物性数据手册（无机卷）［M］. 北京：化学工业出版社，2002.

［91］Fenghour A.，Wakeham W. A.，Vesovic V.. The viscosity of carbon dioxide ［J］. J. Phys. Chem. Ref. Data，1998，27（1）：31 – 44.

［92］Vesovic V.，Wakeham W. A.，Olchowy G. A.，et al. The transport properties of carbon dioxide ［J］. J. Phys. Chem. Ref. Data，1990，19（3）：763 – 808.

［93］廖传华，黄振仁. 超临界 CO_2 流体萃取技术 ［M］. 北京：化学工业出版社，2004.

［94］韩布兴. 超临界流体科学与技术 ［M］. 北京：中国石化出版社，2005.

［95］雷群，翁定为，管保山，等. 基于缝控压裂优化设计的致密油储集层改造方法 ［J］. 石油勘探与开发，2020，47（03）：592 – 599.

［96］吴松涛，孙亮，崔京钢，等. 正演模式下成岩作用的温压效应机理探讨与启示 ［J］. 地质论评，2014，60（04）：791 – 798.